LINDER BIOLOGIE

Sachsen

5

herausgegeben von
Wolfgang Jungbauer
und
Hans-Peter Konopka

Schroedel

Linder Biologie 5 Sachsen

Herausgeber
Dr. Wolfgang Jungbauer, Gunzenhausen
Hans-Peter Konopka, Recklinghausen

In Teilen ist dieses Werk eine Bearbeitung von
978-3-507-86540-2
978-3-507-86596-9
978-3-507-86600-3

Beratend beteiligt
Wolf-Dieter König, Bischofswerda
Sabine Klöber, Coswig

Druck A[1] / Jahr 2011
Alle Drucke der Serie A sind im Unterricht parallel verwendbar.

Redaktion Marcel Tiffert
Illustrationen
Birgitt Biermann-Schickling, Liselotte Lüddecke, Karin Mall, Tom Menzel, Heike Möller
Einbandgestaltung
Janssen Kahlert Design & Kommunikation GmbH
Typografie
Farnschläder & Mahlstedt, Hamburg
Druck und Bindung
westermann druck GmbH, Braunschweig

ISBN 978-3-507-**86900**-4

Inhalt

Vögel in ihren Lebensräumen 60

Säugetiere in ihren Lebensräumen 84

LINDER Biologie – Informieren/Lernen/Arbeiten

Dieses Biologiebuch bietet viel mehr als nur Informationen. Beim ersten Durchblättern fallen unterschiedlich gestaltete Seiten auf. Es ist gut, sich bereits hier mit dem Aufbau des Biologiebuches vertraut zu machen.

Einstiegsseiten. Jedes Hauptkapitel beginnt mit Materialien bzw. Aufgaben, die zum Thema passen und wichtige Anregungen geben. Diese Seiten sollen »Appetit« machen auf das, was in dem jeweiligen Kapitel kommt.

Grundseiten. Hier erhält man die wesentlichen Informationen zu einem Thema, also das Grundwissen. Mit den Aufgaben am Ende des Textes kann man prüfen, ob die Informationen verstanden wurden und ob sie angewendet werden können.

Methode. Auf diesen Seiten werden sowohl allgemeine Arbeitsmethoden, zum Beispiel Vorbereiten eines kurzen Vortrags, als auch fachspezifische Methoden, zum Beispiel das Arbeiten mit einem Bestimmungsschlüssel, beschrieben.

Aufgaben und Versuche. Hier sind Experimente und Aufgaben zu finden, die selbstständig oder in Gruppenarbeit zu bewältigen sind.

Streifzug. Hier werden Verknüpfungen zu anderen Fächern und Wissenschaften, zum Beispiel Physik, hergestellt.

Wissen kompakt. Wie in einem Lexikon sind hier Steckbriefe mit Abbildungen zu interessanten Tier- und Pflanzenarten zu finden. Durch diese Informationen wird das Grundwissen sinnvoll erweitert.

Zusammenfassung. Auf diesen Seiten werden die wichtigsten Inhalte eines Hauptkapitels vor dem Hintergrund der jeweiligen Erschließungsfelder wiederholt.

Vernetze dein Wissen. Diese Aufgaben dienen der Festigung und Vernetzung der vermittelten Inhalte über das jeweilige Hauptkapitel hinaus.

Samenpflanzen – Bau und Funktionen

Unterschiedliche Lebensräume

Pflanzen gibt es in fast allen Regionen der Erde. Vergleicht die unterschiedlichen Lebensräume miteinander. Erstellt eine Liste mit Faktoren, die für Pflanzenwachstum wichtig sind. Vergleicht eure Ergebnisse in der Klasse.

Sturmschäden

Nach einem heftigen Sturm kann man manchmal entwurzelte oder geborstene Bäume sehen.

Beschreibe die unterschiedlichen Auswirkungen des Sturms auf die Bäume in der Abbildung. Erläutere die Ursachen, die diesen Auswirkungen zugrunde liegen.

Wasserversorgung

Die Abbildung zeigt ein Experiment zur Wasseraufnahme bei Pflanzen. Beschreibe den Versuchsansatz. Stelle begründete Vermutungen über den Wasserstand in den Reagenzgläsern nach 3 Tagen an.

xx

1 Suche die abgebildeten Seiten im Buch und ordne sie dem jeweils entsprechenden Text zu. Verwende zur Suche auch das Inhaltsverzeichnis Seite 3–6 und das Register Seite 186–190.

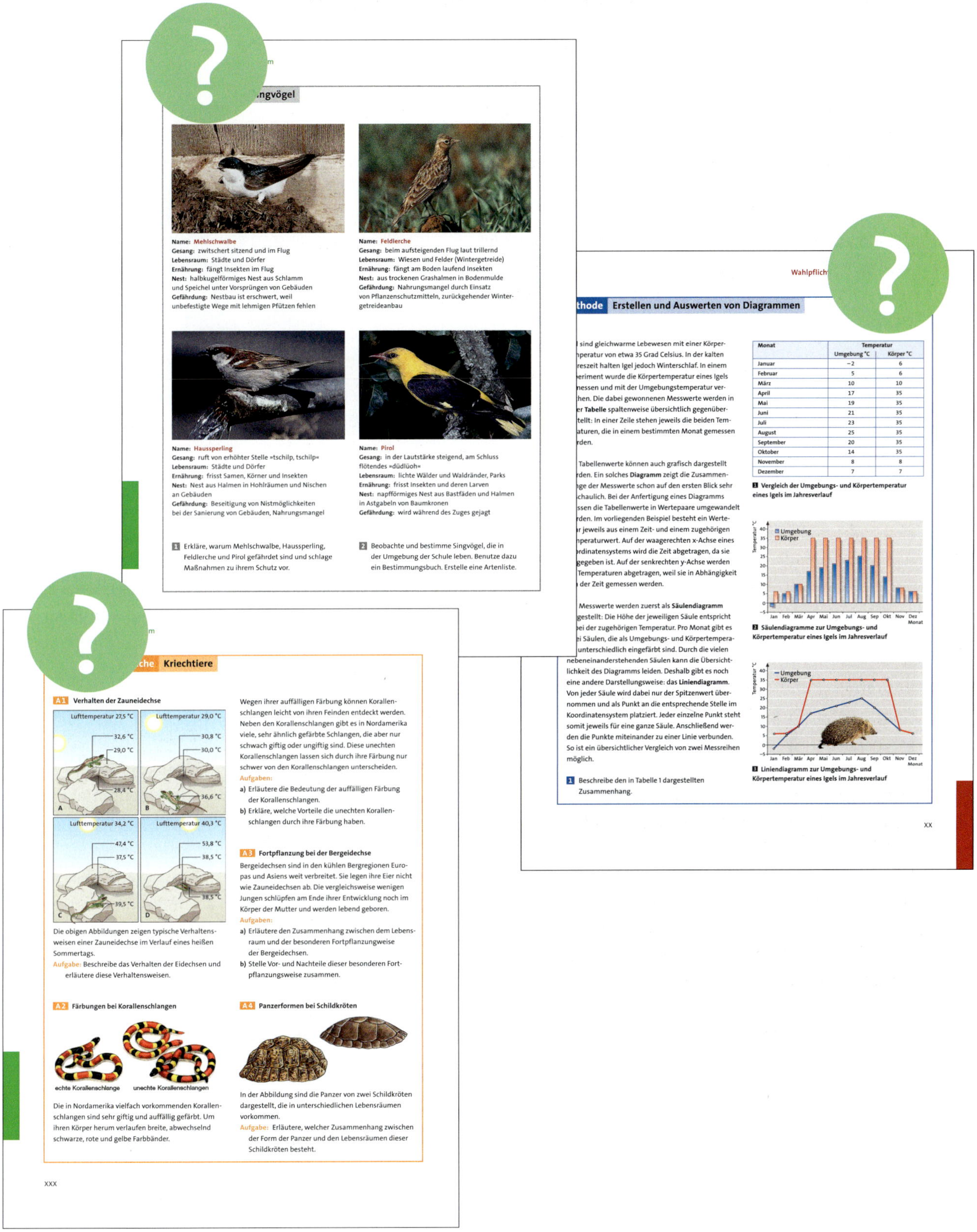

m

…ngvögel

Name: Mehlschwalbe
Gesang: zwitschert sitzend und im Flug
Lebensraum: Städte und Dörfer
Ernährung: fängt Insekten im Flug
Nest: halbkugelförmiges Nest aus Schlamm und Speichel unter Vorsprüngen von Gebäuden
Gefährdung: Nestbau ist erschwert, weil unbefestigte Wege mit lehmigen Pfützen fehlen

Name: Feldlerche
Gesang: beim aufsteigenden Flug laut trillernd
Lebensraum: Wiesen und Felder (Wintergetreide)
Ernährung: fängt am Boden laufend Insekten
Nest: aus trockenen Grashalmen in Bodenmulde
Gefährdung: Nahrungsmangel durch Einsatz von Pflanzenschutzmitteln, zurückgehender Wintergetreideanbau

Name: Haussperling
Gesang: ruft von erhöhter Stelle »tschilp, tschilp«
Lebensraum: Städte und Dörfer
Ernährung: frisst Samen, Körner und Insekten
Nest: Nest aus Halmen in Hohlräumen und Nischen an Gebäuden
Gefährdung: Beseitigung von Nistmöglichkeiten bei der Sanierung von Gebäuden, Nahrungsmangel

Name: Pirol
Gesang: in der Lautstärke steigend, am Schluss flötendes »düdlüoh«
Lebensraum: lichte Wälder und Waldränder, Parks
Ernährung: frisst Insekten und deren Larven
Nest: napfförmiges Nest aus Bastfäden und Halmen in Astgabeln von Baumkronen
Gefährdung: wird während des Zuges gejagt

1 Erkläre, warum Mehlschwalbe, Haussperling, Feldlerche und Pirol gefährdet sind und schlage Maßnahmen zu ihrem Schutz vor.

2 Beobachte und bestimme Singvögel, die in der Umgebung der Schule leben. Benutze dazu ein Bestimmungsbuch. Erstelle eine Artenliste.

Wahlpflich…

…thode Erstellen und Auswerten von Diagrammen

…l sind gleichwarme Lebewesen mit einer Körper…nperatur von etwa 35 Grad Celsius. In der kalten …reszeit halten Igel jedoch Winterschlaf. In einem …eriment wurde die Körpertemperatur eines Igels …nessen und mit der Umgebungstemperatur ver…hen. Die dabei gewonnenen Messwerte werden in …er **Tabelle** spaltenweise übersichtlich gegenüber…tellt: In einer Zeile stehen jeweils die beiden Tem…aturen, die in einem bestimmten Monat gemessen …rden.

… Tabellenwerte können auch grafisch dargestellt …rden. Ein solches **Diagramm** zeigt die Zusammen…nge der Messwerte schon auf den ersten Blick sehr …chaulich. Bei der Anfertigung eines Diagramms …ssen die Tabellenwerte in Wertepaare umgewandelt …rden. Im vorliegenden Beispiel besteht ein Werte…r jeweils aus einem Zeit- und einem zugehörigen …nperaturwert. Auf der waagerechten x-Achse eines …rdinatensystems wird die Zeit abgetragen, da sie …gegeben ist. Auf der senkrechten y-Achse werden … Temperaturen abgetragen, weil sie in Abhängigkeit … der Zeit gemessen werden.

… Messwerte werden zuerst als **Säulendiagramm** …gestellt: Die Höhe der jeweiligen Säule entspricht …bei der zugehörigen Temperatur. Pro Monat gibt es …i Säulen, die als Umgebungs- und Körpertempera… unterschiedlich eingefärbt sind. Durch die vielen nebeneinanderstehenden Säulen kann die Übersichtlichkeit des Diagramms leiden. Deshalb gibt es noch eine andere Darstellungsweise: das **Liniendiagramm**. Von jeder Säule wird dabei nur der Spitzenwert übernommen und als Punkt an die entsprechende Stelle im Koordinatensystem platziert. Jeder einzelne Punkt steht somit jeweils für eine ganze Säule. Anschließend werden die Punkte miteinander zu einer Linie verbunden. So ist ein übersichtlicher Vergleich von zwei Messreihen möglich.

1 Beschreibe den in Tabelle 1 dargestellten Zusammenhang.

Monat	Temperatur	
	Umgebung °C	Körper °C
Januar	−2	6
Februar	5	6
März	10	10
April	17	35
Mai	19	35
Juni	21	35
Juli	23	35
August	25	35
September	20	35
Oktober	14	35
November	8	8
Dezember	7	7

1 Vergleich der Umgebungs- und Körpertemperatur eines Igels im Jahresverlauf

2 Säulendiagramme zur Umgebungs- und Körpertemperatur eines Igels im Jahresverlauf

3 Liniendiagramm zur Umgebungs- und Körpertemperatur eines Igels im Jahresverlauf

XX

m

…che Kriechtiere

A1 Verhalten der Zauneidechse

Die obigen Abbildungen zeigen typische Verhaltensweisen einer Zauneidechse im Verlauf eines heißen Sommertags.
Aufgabe: Beschreibe das Verhalten der Eidechsen und erläutere diese Verhaltensweisen.

A2 Färbungen bei Korallenschlangen

Die in Nordamerika vielfach vorkommenden Korallenschlangen sind sehr giftig und auffällig gefärbt. Um ihren Körper herum verlaufen breite, abwechselnd schwarze, rote und gelbe Farbbänder.

Wegen ihrer auffälligen Färbung können Korallenschlangen leicht von ihren Feinden entdeckt werden. Neben den Korallenschlangen gibt es in Nordamerika viele, sehr ähnlich gefärbte Schlangen, die aber nur schwach giftig oder ungiftig sind. Diese unechten Korallenschlangen lassen sich durch ihre Färbung nur schwer von den Korallenschlangen unterscheiden.
Aufgaben:
a) Erläutere die Bedeutung der auffälligen Färbung der Korallenschlangen.
b) Erkläre, welche Vorteile die unechten Korallenschlangen durch ihre Färbung haben.

A3 Fortpflanzung bei der Bergeidechse

Bergeidechsen sind in den kühlen Bergregionen Europas und Asiens weit verbreitet. Sie legen ihre Eier nicht wie Zauneidechsen ab. Die vergleichsweise wenigen Jungen schlüpfen am Ende ihrer Entwicklung noch im Körper der Mutter und werden lebend geboren.
Aufgaben:
a) Erläutere den Zusammenhang zwischen dem Lebensraum und der besonderen Fortpflanzungweise der Bergeidechsen.
b) Stelle Vor- und Nachteile dieser besonderen Fortpflanzungsweise zusammen.

A4 Panzerformen bei Schildkröten

In der Abbildung sind die Panzer von zwei Schildkröten dargestellt, die in unterschiedlichen Lebensräumen vorkommen.
Aufgabe: Erläutere, welcher Zusammenhang zwischen der Form der Panzer und den Lebensräumen dieser Schildkröten besteht.

XXX

Grundlagen der Biologie

Wie sahen Dinosaurier wirklich aus?

Dinosaurier sind vor etwa 75 Millionen Jahren ausgestorben. Woher weiß man eigentlich, wie groß die Dinosaurier waren und welche Farbe sie hatten? Kann man nur Vermutungen aufstellen, oder gibt es auch gesicherte Erkenntnisse? Welche Wissenschaften liefern Beiträge zu diesen Erkenntnissen? Stellt euch selbst weitere Fragen, schreibt diese auf und sucht nach Antworten.

Drei süße Kerle

Vergleicht die drei abgebildeten Hunde. Nennt Gemeinsamkeiten und Unterschiede. Kann es sich bei den drei Hunden um Geschwister handeln? Fragt bei Hundebesitzern oder auch in einem Zoogeschäft nach und begründet eure Antworten.

Hausmaus und Spielzeugmaus

Spielzeugmaus und weiße Hausmaus sehen sehr ähnlich aus. Trotzdem unterscheiden sie sich in einigen wesentlichen Merkmalen.

Zwei aus eurer Gruppe gehen kurz vor die Tür und bereiten ein Rollenspiel vor: Einer stellt eine Spielzeugmaus dar, der andere eine Hausmaus. Beobachtet das Spiel der beiden und notiert wichtige Unterschiede in einer Tabelle, die ihr im Verhalten der beiden erkennen könnt. Besprecht die Tabelle und sucht weitere Kennzeichen von Spielzeugmaus und Hausmaus.

Sind Brieftauben Flugkörper?

Bis 1995 bestand in der Schweiz ein Brieftaubendienst. Die Brieftauben wurden zur Übermittlung von Nachrichten eingesetzt. Diese Brieftauben wurden als »selbstreproduzierende Kleinflugkörper auf biologischer Basis mit fest programmierter Rückkehr aus beliebigen Richtungen und Distanzen« beschrieben.

Erörtert die Kennzeichen von Lebewesen, die in dieser Beschreibung angesprochen werden.

Die Pusteblume – nah betrachtet

Die »Pusteblume« kennt jedes Kind. Aber habt Ihr Euch schon einmal eine Pusteblume mit der Lupe aus der Nähe betrachtet? Betrachtet die kleinen »Fallschirmchen« und skizziert eines nach der Anleitung auf Seite 66 dieses Buchs.

Nehmt eine Pusteblume in die Hand und pustet dagegen. Beschreibt anschließend eure Beobachtungen. Verwendet dazu die Methode »Betrachten, Beobachten und Beschreiben« auf Seite 16.

Wachstum von Kressepflanzen

Führt folgenden Versuch durch: In zwei kleine Blumentöpfe mit Gartenerde werden Kressesamen gelegt und gut mit Wasser gegossen. Auch in den nächsten Tagen wird die Erde immer feucht gehalten. Einer der beiden Blumentöpfe wird direkt an das Fenster gestellt, der andere in einen Schrank oder einen dunklen Raum. Nach wenigen Tagen wachsen aus den Kressesamen kleine Pflänzchen.

Vergleicht beide Versuchsansätze.

Stellt begründete Vermutungen zu den Umweltbedingungen an, die für die Entwicklung von Kressepflanzen aus den Samen notwendig sein könnten. Überlegt euch Versuche, mit denen Ihr Eure Vermutungen überprüfen könntet.

Erläutert an diesem Beispiel, dass auch bei Pflanzen alle Kennzeichen von Lebewesen zu finden sind.

1 Biologie – eine Naturwissenschaft

Am Ufer eines Baches wachsen Bäume mit einem seltsam verbogenen Stamm. Hier hatte der Bach bei einem starken Frühlingshochwasser das Ufer unterspült. Die dort wachsenden Bäume waren dadurch zum Bach abgerutscht. Sie wuchsen aber wieder nach oben, wie die anderen Bäume in Ufernähe auch, und bildeten dadurch einen sichelförmigen Stamm. Wie kann ein Baum seine Wuchsrichtung feststellen? Kann er »oben« und »unten« unterscheiden?

1 Sichelförmig gewachsene Bäume am Bachufer

Die Antworten auf diese und ähnliche Fragen werden mit Hilfe der **Naturwissenschaften** gegeben. Diese entstanden im Laufe der Zeit, weil sich der Mensch mit der Natur beschäftigte. Man sammelte Erfahrungen zum Beispiel mit dem Lauf der Sonne, den Jahreszeiten, mit der Umwelt, dem Wetter und den Gesteinen im Boden. Das ursprüngliche Interesse galt dem unmittelbar Nützlichen. So wurden schon vor rund 11 000 Jahren aus Lehm Ziegelsteine gebrannt, um sie für den Hausbau zu verwenden. Metalle wurden für Werkzeuge oder Waffen gewonnen. Pflanzen wurden angebaut und Tiere wurden gehalten, um die Versorgung mit Nahrungsmitteln zu sichern.

Die Neugier und die Lust am Forschen führte dazu, dass immer mehr Wissen angesammelt wurde. Heute unterscheidet man verschiedene Bereiche der Naturwissenschaften. So ist die Beobachtung und Untersuchung von Pflanzen und Tieren sowie ihrer Lebensweise Aufgabe der **Biologie.** Das Wort stammt aus der griechischen Sprache und setzt sich aus *»bios«* (= Leben) und *»logos«* (= Lehre) zusammen. Die Biologie ist also eine Wissenschaft, die sich mit den Lebewesen beschäftigt. Die *Physik* erforscht die Eigenschaften und Gesetzmäßigkeiten der unbelebten Dinge der Natur wie Strahlung, Energie oder Kraftfelder. Die *Chemie* untersucht und erklärt die Umwandlung von Stoffen, also Vorgänge wie das Rosten von Eisen oder das Brennen eines Feuers. Auch die *Geologie,* die Gesteinskunde, und die *Astronomie*, die Himmelskunde, sind Naturwissenschaften.

2 Beispiele aus verschiedenen Naturwissenschaften. A Physik; **B** Chemie; **C** Geologie

Alle Naturwissenschaften sind miteinander vernetzt und arbeiten oft gemeinsam an der Erforschung eines **Phänomens.** Als Phänomen bezeichnet man eine **Beobachtung** oder einen naturwissenschaftlichen Sachverhalt, wie zum Beispiel das Wachstum eines Baumes.

Aus einer Beobachtung ergeben sich oft **Fragen.** Deren Beantwortung ist manchmal schwierig – so auch die Frage, ob der Baum »oben« und »unten« unterscheiden kann. Ein Mensch kann das, denn er hat aus Erfahrung im täglichen Leben gelernt, dass ein Gegenstand nie nach »oben«, sondern immer nur nach »unten« fällt. Die Schwerkraft zieht ihn nach »unten« und bestimmt damit auch die entgegengesetzte Richtung »oben«. Reagiert der Baum also auf die Schwerkraft?

Eine solche **Vermutung** oder **Hypothese** wird in den Naturwissenschaften mit einem **Versuch** überprüft. Entsprechende Experimente mit Bäumen würden aber recht lange dauern und ziemlich viel Platz beanspruchen. Deshalb ist es sinnvoller, mit kleineren Versuchspflanzen zu arbeiten, zum Beispiel mit Kresse. Dabei muss man aber berücksichtigen, dass Kressepflanzen vielleicht anders reagieren können als Bäume.

Der Versuch muss sorgsam geplant und durchgeführt werden. Es ist zum Beispiel notwendig, die Kresse stets feucht zu halten, damit sie keimen und wachsen kann. Auch sollte sie möglichst unter den gleichen Bedingungen wie die Bäume wachsen. So muss das Licht von oben auf die Kresse scheinen wie die Sonne auf die Bäume.

Wie das **Versuchsergebnis** ausfällt, soll noch nicht verraten werden. Es gibt zwei Möglichkeiten: Entweder wird die Vermutung durch das Versuchsergebnis *bestätigt*, oder sie wird *widerlegt*. Dann muss man weitere Vermutungen und Versuche anschließen, um das Phänomen zu klären. In jedem Fall werden der Versuch und sein Ergebnis in einer **Dokumentation** schriftlich festgehalten, auch wenn die Überlegungen und Versuche weitergeführt werden. Nur so kann *wissenschaftliches Arbeiten* nachvollzogen und anderen vermittelt werden.

1 Führe den Versuch aus Abbildung 3 in einer Gruppe selbst durch und dokumentiere ihn in deinem Hefter.

Beobachtung

Manche Bäume am Bachufer wachsen sichelförmig nach »oben«.

Frage

Wie erkennt der Baum »oben« und »unten«?

Vermutung

Pflanzen reagieren auf die Schwerkraft.

Versuch

In dem Versuch werden wachsende Kressekeimlinge in unterschiedliche Schräglagen gebracht, um zu sehen, ob sie immer nach »oben« wachsen. Man gibt in vier Reagenzgläser jeweils etwas angefeuchtete Watte und streut etwas Kressesamen darauf. Da auch das Licht einen Einfluss haben könnte, wird gleichmäßig von allen Seiten beleuchtet. Jetzt lässt man die Kresse keimen und einige Tage wachsen, bis sie etwa einen Zentimeter aus dem Reagenzglas herausragt. Anschließend werden die Reagenzgläser in unterschiedliche Schräglagen gebracht und das weitere Wachstum der Kresse wird beobachtet und protokolliert.

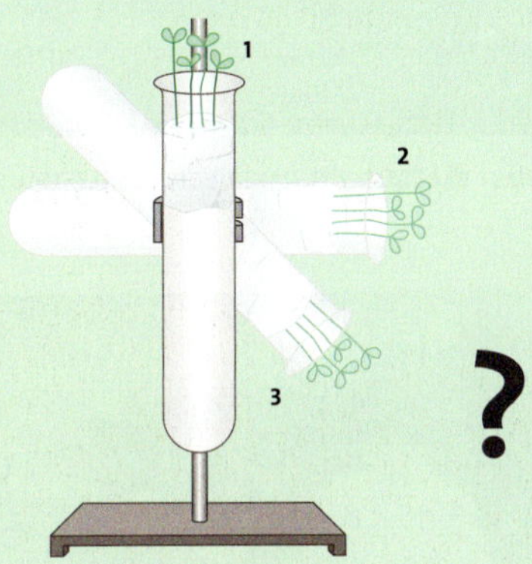

Versuchsergebnis

die Vermutung ist bestätigt worden: Pflanzen orientieren sich an der Schwerkraft

die Vermutung ist widerlegt worden

Aufstellen einer neuen Vermutung und Planung eines neuen Versuches

3 **Wissenschaftliches Arbeiten**

Wissen kompakt — Womit sich Biologen beschäftigen ...

... sie bestimmen Lebewesen mithilfe von Bestimmungsbüchern und ordnen sie in ein System.

... sie erkunden das Zusammenleben von Tieren und Pflanzen in ihren Lebensräumen.

... sie beobachten die Verhaltensweisen von Lebewesen.

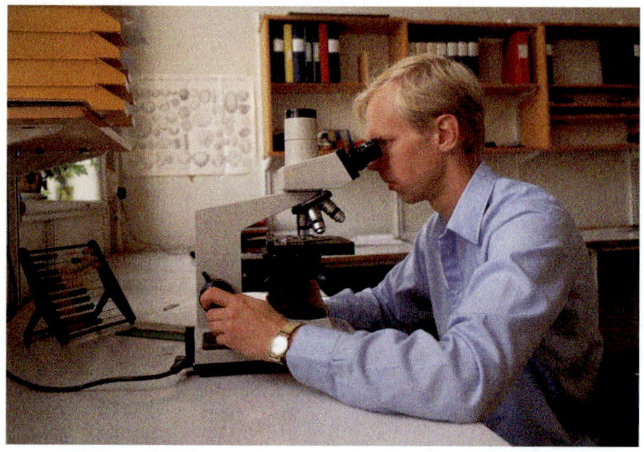

... sie untersuchen und erforschen mit dem Mikroskop den Feinbau von Lebewesen.

... sie erforschen das Pflanzenwachstum unter verschiedenen Bedingungen und züchten neue Sorten.

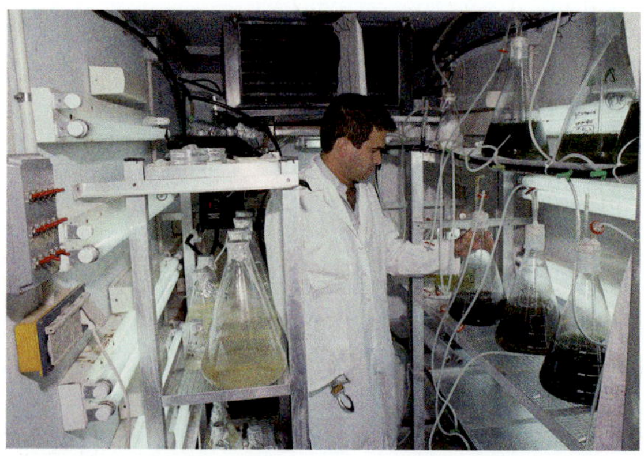

... sie untersuchen im Labor Umweltproben oder Stoffwechselvorgänge von Lebewesen.

Methode Führen des Biologiehefters

Mit einem gut geführten **Hefter** kann der Unterrichtsstoff leicht wiederholt oder eine Klassenarbeit gut vorbereitet werden. Die folgenden Regeln für den Hefter sind als Anregung gedacht. Besprecht mit der Lehrerin oder dem Lehrer, wie ihr die Regeln umsetzt.

- In den Hefter sollte alles geschrieben werden, was während der Stunde wichtig ist, zum Beispiel was an die Tafel geschrieben oder gezeichnet wird. Auch Notizen über Versuche und Versuchsergebnisse gehören in den Hefter. Wenn möglich, können sie mit einer Zeichnung versehen werden.
- Merksätze und wichtige Begriffe, die besprochen werden, sollten notiert und unterstrichen werden.
- **Arbeitsblätter** werden jeweils hinter die Notizen in den Hefter sortiert. So kann man leicht nachschauen, worauf sich die Aufzeichnungen beziehen.
- Die Lösungen der Aufgaben, die in der Schule erarbeitet werden, und die Hausaufgaben werden in den Hefter geschrieben. Wer mag, kann auch Zusatzmaterial wie Bilder und Texte aus der Zeitung oder dem Internet mit hinein heften.
- Damit der Hefter beim Aufschlagen wie ein Buch zu lesen ist, müssen die neuen Blätter immer hinten angeheftet werden. Deshalb sollte ein Papp-Schnellhefter verwendet werden. So kann man – wenn man einmal gefehlt hat – die nachgeholten Aufzeichnungen schnell richtig einordnen.
- Zur besseren Übersicht im Hefter sollte ein **Inhaltsverzeichnis** mit den behandelten Themen angelegt und vorne einsortiert werden.

1 Erarbeitet in der Klasse verbindliche Regeln für das Nachholen von versäumten Unterrichtsinhalten.

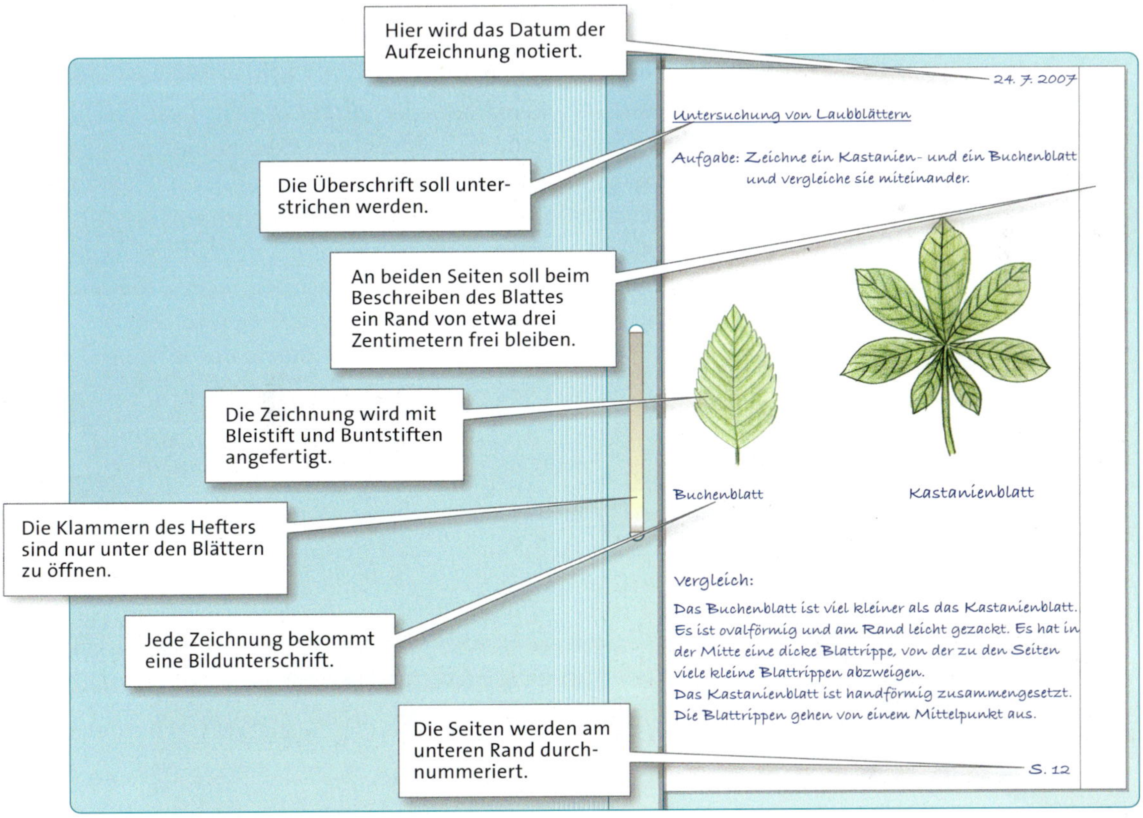

1 Seite eines gut geführten Biologiehefters

2 Kennzeichen von Lebewesen

In einem Zoo ist das Reptilienhaus ein Anziehungspunkt für die Besucher. Unter den vielen, meist exotischen Tieren sind zum Beispiel Chamäleons besonders interessant. Ein Chamäleon kann stundenlang mit eingerolltem Schwanz bewegungslos auf einem Ast hocken. Auch durch seine Färbung hebt es sich kaum von diesem ab. Wodurch unterscheidet sich ein Lebewesen wie das Chamäleon von Gegenständen der unbelebten Natur, wie zum Beispiel einem Stein?

Erst bei längerer Beobachtung zeigt das Chamäleon **Kennzeichen von Lebewesen:** Nähert sich eine Heuschrecke, reagiert das Chamäleon auf diesen Reiz: Es bewegt die Augen, entrollt den Schwanz und geht in eine Art Lauerstellung. Plötzlich schnellt seine Zunge aus dem Maul und fängt die Heuschrecke. Die **Reizbarkeit** ist ein Kennzeichen aller Lebewesen. Sie ist für Tiere in der Regel lebenswichtig. So wird eine hungrige Katze beim Anblick einer Maus zum Sprung auf die Beute ansetzen. Die Maus dagegen wird beim Anblick der Katze schnell die Flucht ergreifen.

Auch Pflanzen reagieren auf Reize. Eine junge Sonnenblume wendet ihren Blütenstand stets zum Sonnenlicht und dreht sich dabei. Nach dem Sonnenuntergang senkt sie ihren Blütenstand und dreht sich zurück. Ausgewachsene Sonnenblumen haben einen holzigen Stängel und können das nicht mehr. Pflanzen reagieren aber nicht nur auf Licht, sondern auch auf Schwerkraft, Wärme, Kälte und andere Reize.

Ein weiteres Kennzeichen von Lebewesen ist die **eigenständige Bewegung.** Sie wird bei einem gegen die Wasserströmung springenden Lachs besonders deutlich. Im Gegensatz zu Tieren können Pflanzen sich zwar nicht von der Stelle rühren, auf der sie wachsen, aber sie zeigen deutliche Bewegungen ihrer Blüten oder Blätter. Meist erfolgen diese Bewegungen sehr langsam, wie zum Beispiel die Drehbewegung der Sonnenblume im Licht.

Andere Vorgänge des Lebens sind dagegen kaum erkennbar. So nehmen Pflanzen mit ihren Wurzeln Wasser und Mineralstoffe aus dem Boden auf und transportieren sie in jede Zelle. Auch andere Lebewesen nehmen Stoffe auf und wandeln sie um: Sie zeigen *Ernährung* und *Atmung*. Pflanzen bilden in ihren Blättern mithilfe des Sonnenlichtes Zucker. Dabei entsteht Sauerstoff, den die Pflanzen abgeben. Das kann man bei Wasserpflanzen wie der Wasserpest besonders gut beobachten, wenn sich an den Blättern kleine Gasbläschen bilden. Menschen und Tiere atmen den Sauerstoff ein. Zusätzlich nehmen sie mit ihrer Nahrung Stoffe auf, die im Körper verarbeitet und somit umgewandelt werden. Stoffe, die der Körper nicht verwerten kann, werden wieder ausgeschieden. Dies geschieht auch mit Abfall- oder Giftstoffen, die bei den verschiedenen Vorgängen im Körper entstehen. Alle diese Vorgänge werden als Stoffwechsel bezeichnet.

Ein weiteres Kennzeichen von Lebewesen ist die **Fortpflanzung.** Dies geschieht bei Pflanzen manchmal durch die Bildung

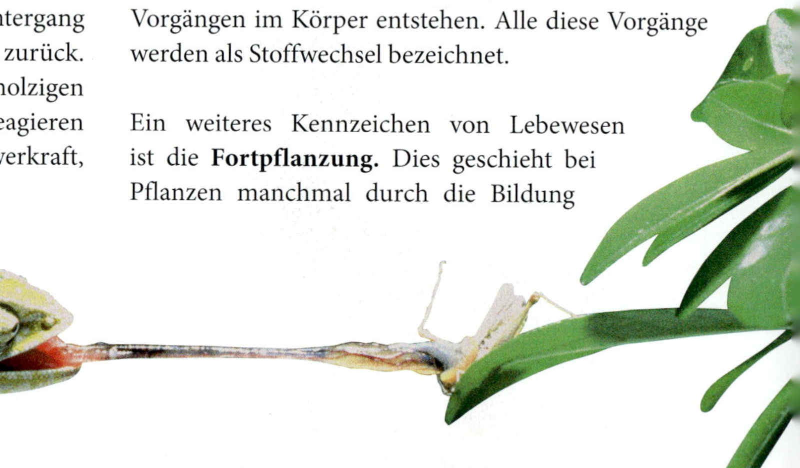

A

B

von Ablegern wie bei der Erdbeere, von Zwiebeln wie bei der Tulpe oder von Knollen wie bei der Kartoffel. Meistens entsteht ein neues Lebewesen jedoch aus einer befruchteten Eizelle. Aus dieser bildet sich durch **Wachstum** ein geschlechtsreifes Individuum. So wachsen Hühnerküken zunächst im Ei heran und entwickeln sich nach dem Schlüpfen zum geschlechtsreifen Tier. Aus einer einzigen befruchteten Eizelle entwickelt sich ein ganzes Lebewesen mit sehr unterschiedlichen Zellen.

Alle Lebewesen bestehen aus Zellen, wie man zum Beispiel bei den feinen Moosblättchen schon mit der Lupe erkennen kann. Manche Lebewesen bestehen sogar nur aus einer einzigen Zelle wie beispielsweise Bakterien.

Jedes Lebewesen hat eine unverwechselbare **Körpergestalt,** an der man es erkennen kann. An dieser kann man Tiere oder Pflanzen voneinander unterscheiden, zum Beispiel Hunde und Katzen oder Tulpen und Rosen. Jedes Lebewesen gibt seine Körpergestalt an seine Nachkommen weiter. Auch die in einem Aquarium gehaltenen Nachkommen des australischen Fetzenfisches werden nach Generationen noch die gleiche Gestalt haben wie ihre Artgenossen im offenen Meer. Diese sind im Seetang gut vor ihren Fressfeinden getarnt.

1 Schreibe die Kennzeichen von Lebewesen in deinen Biologiehefter und nenne zu jedem zwei Beispiele..

C

D

E

F

G

1 Kennzeichen von Lebewesen.
A Beutefangendes Chamäleon;
B Sonnenblumenfeld am Mittag;
C springende Lachse an einer Stromschnelle;
D Sauerstoff-Abgabe an den Blättern der Wasserpest;
E schlüpfende Hühnerküken;
F Zellen des Moosblättchens;
G Körpergestalt eines Fetzenfisches

Methode Betrachten, Beobachten und Beschreiben

1 Venusfliegenfalle.
A Ganze Pflanze; **B** Fangblatt mit Insekt; **C** Schema

1 Betrachte das Blatt einer Venusfliegenfalle und fertige eine beschriftete Zeichnung an.

2 Beobachte und beschreibe, wie die Venusfliegenfalle ein Insekt fängt.

Die Venusfliegenfalle ist eine relativ kleine Pflanze, die ursprünglich in Nordamerika vorkommt. Betrachtet man die Pflanze, so fallen ihre merkwürdig geformten Blätter auf. Sie haben die Fähigkeit, Insekten zu fangen und zu verdauen. Wie geschieht das? Man kann in Büchern oder im Internet nachschauen, um dies herauszufinden. Wesentlich spannender ist es jedoch, eine Venusfliegenfalle selbst beim Insektenfang zu beobachten. Dabei sollte man folgendermaßen vorgehen: Beim **Betrachten** eines Lebewesens achtet man auf das Aussehen, den Körperbau, die Farbe seines Körpers und auf mögliche Besonderheiten des Organismus. Für das **Beobachten** muss etwas mehr Zeit eingeplant werden, denn nun sollen auch Bewegungen, Verhalten, Farb- oder Formveränderungen eines Lebewesens wahrgenommen werden. Beim anschließenden **Beschreiben** werden wichtige Erkenntnisse einer Betrachtung oder Beobachtung mündlich formuliert oder schriftlich festgehalten. Beschreibungen eines Lebewesens sollten nach einem bestimmten Prinzip erfolgen, zum Beispiel von links nach rechts, von außen nach innen oder von der groben Übersicht zum genauen Detail. Eine Beschreibung wird besonders anschaulich, wenn sie mit einer beschrifteten Zeichnung, einem Diagramm oder einem Foto versehen wird.

Die Abfolge dieser Schritte wird am Beispiel der Venusfliegenfalle deutlich: Nachdem ein Fangblatt genau betrachtet und gezeichnet worden ist, folgt die Beobachtung des Fangvorgangs: Lebende Insekten, zum Beispiel Fliegen, werden von dem Nektar der Pflanze auf ein Fangblatt gelockt. Wenn ein Insekt beim Herumlaufen kurz hintereinander zwei benachbarte Fühlborsten oder dieselbe Fühlborste mehrfach berührt, klappen die beiden Blatthälften zusammen. Die Zähne am Rand des Blattes greifen dabei ineinander. Die Beute ist gefangen und wird durch Verdauungssäfte zersetzt, die von dem Blatt hergestellt und abgegeben werden. Der beobachtete Fangvorgang sollte nun beschrieben und mit einer Zeichnung oder einem Foto ergänzt werden.

Methode Experimentieren und Protokollieren

Der Waldboden ist im Herbst oft mit einer dicken Laubschicht bedeckt, die im Frühjahr schon wieder verschwunden ist. Verrottet Laub nur mit Erde, oder sind Bodenlebewesen daran beteiligt? Ein **Experiment** kann diese Frage klären. Zuerst sollte eine genaue *Versuchsplanung* erfolgen: Die benötigten Materialien und Geräte werden zurechtgelegt. Auch *Versuchsaufbau* und *Versuchsbedingungen* müssen vorher geklärt werden. Wichtig ist, dass die *Versuchsdurchführung* ohne Unterbrechung stattfinden kann und notwendige Beobachtungen zur rechten Zeit möglich sind.

Ein **Versuchsprotokoll** enthält die Frage und die Vermutung, die **Hypothese**, die zu dem Experiment geführt haben. Nach der Auflistung der benötigten Materialien und Geräte folgt die Beschreibung der Versuchsdurchführung. Anschließend werden die Beobachtungen zum *Versuchsablauf* notiert. Die *Versuchsauswertung* enthält die Schlussfolgerungen, die sich aus den Beobachtungen und Messergebnissen ableiten lassen.

1 Führe den dargestellten Versuch mit Birkenblättern durch und fertige ein Versuchsprotokoll an.

Versuchsprotokoll

Datum

Frage: Wie verrottet Laub am schnellsten?

Hypothese: Bodenlebewesen lassen Laub schneller verrotten, weil sie sich vom Laub ernähren.

Versuch: Kompostierung von Linden- und Buchenblättern

Material: Zwei Bechergläser (1000 ml), Teelöffel, Laubgemisch aus Linden- und Buchenblättern, Asseln, Regenwürmer, Erde, Feinstrumpfhose, Gummibänder.

Versuchsdurchführung: In zwei Bechergläsern wird je ein Versuchsansatz hergestellt:

Becherglas 1	Becherglas 2
Laub-Gemisch + Erde	Laub-Gemisch + Erde + Würmer und Asseln

Nach dem Befüllen der Bechergläser wird die Öffnung mit einem Stück der Feinstrumpfhose und einem Gummiband so verschlossen, dass keine Tiere entweichen können. Die Versuchsansätze müssen stets feucht, aber nicht nass gehalten werden.

Beobachtung nach 7 Tagen:
1) Erde und Laub schimmeln an einigen Stellen.
2) Die Blätter sind angefressen; im Becherglas befinden sich etliche Kotkrümel.

Beobachtung nach 14 Tagen:
1) Erde und Laub schimmeln kräftig; das Laub ist dunkel verfärbt.
2) Die Blätter sind dunkel und stark angefressen; starke Kotbildung, an einigen Stellen Schimmelbildung sichtbar.

Auswertung:
Mit Erde allein dauert der Kompostiervorgang sehr lange. Ist das Laub mit Würmern und Asseln versetzt, verrottet es schneller, da die Tiere die Blätter fressen. Die Hypothese war also richtig. Lindenblätter verrotten schneller als Buchenblätter.

1 Versuchsprotokoll

3 Lebewesen unter die Lupe genommen

Streift man mit bloßen Armen oder Beinen an einer Brennnessel entlang, ist ein brennender Schmerz zu spüren. Das unangenehme Gefühl dauert einige Minuten an. Die gereizte Haut rötet sich, es bilden sich kleine Quaddeln und ein Juckreiz tritt auf. Wie wird die Hautreizung verursacht?

Bereits mit dem bloßen Auge sieht man, dass Blätter und Stängel der Brennnessel mit Haaren besetzt sind. Auch andere Pflanzen wie die Zimmerlinde oder die Küchenschelle weisen Haare auf. Deren Berührung verläuft jedoch nicht schmerzhaft. Vermutlich besitzen die Brennnesselhaare eine spezielle Einrichtung, die die Hautreizung verursacht. Um dies zu ergründen, muss man ein Brennnesselhaar vergrößert betrachten.

Am einfachsten gelingt das mit einer Lupe, mit der man bis zu 10fach vergrößern kann. Eine Lupe ist eine gewölbte Glaslinse, die, je nach Stärke der Wölbung, die betrachteten Objekte vielfach vergrößert abbildet. So werden feinere Strukturen auf der Oberfläche des Objektes sichtbar. Beim Untersuchen mit der Lupe wird ein Auge geschlossen, während mit dem offenen Auge durch die Lupe hindurch geblickt wird. Dann verändert man langsam den Abstand zwischen Lupe und Objekt, bis man das Objekt gut erkennen kann. Zur stärkeren Vergrößerung eines Objektes kann man eine Stereolupe benutzen. Mit diesem Gerät wird das Objekt gleichzeitig mit beiden Augen betrachtet. So entsteht ein räumliches Bild, das noch feinere Strukturen sichtbar macht. Stereolupen weisen meist eine Vergrößerung von 20fach bis 40fach auf.

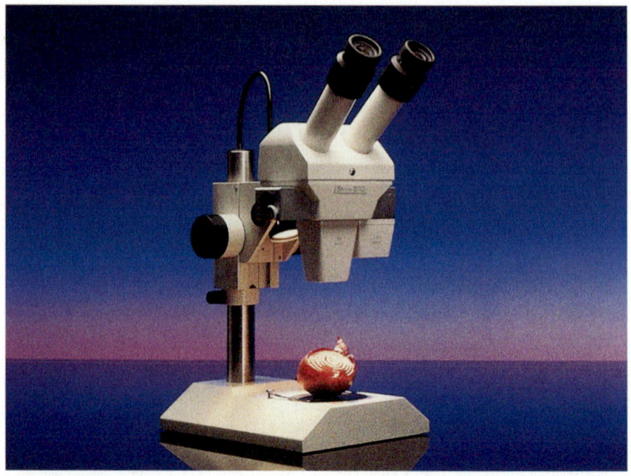

1 Stereolupe

Mit der Lupe oder Stereolupe kann man bei der Brennnessel kleine, filzige Haare und lange, dickere Brennhaare mit kleinen Köpfchen unterscheiden. Berührt man ein solches, bricht das Köpfchen ab und eine darunter sitzende scharfe Spitze bohrt sich in die Haut. Gleichzeitig wird der Inhalt des Haares, eine Säure, in die Wunde gedrückt und löst dort den Schmerz und die anderen Reaktionen aus.

1 Betrachte Sand, Laubblätter, Blüten, tote Insekten oder ähnliche Dinge mit der Lupe oder Stereolupe und zeichne sie.

2 Umgang mit der Lupe

3 Brennnessel. A am Standort; **B** Brennhaar

Aufgaben und Versuche Grundlagen der Biologie

A1 Die Reaktion eines Mimosenblattes

»Nun sei doch nicht so empfindlich wie eine Mimose!« Diesen Ausspruch hört man nicht gern, doch er hat einen biologischen Hintergrund.

Aufgaben:

a) Beschreibe mit Hilfe der Abbildungen A-C die Reaktion eines Mimosenblattes auf die Berührung mit dem Finger.

b) Erläutere den Ausspruch.

c) Erkläre, welche Kennzeichen von Lebewesen die Mimose erkennen lässt.

V2 Versuche mit einer Gehäuseschnecke

Fange im Garten oder Park eine Gehäuseschnecke und setze sie auf eineGlasplatte.

Aufgaben:

a) Betrachte das Tier und fertige eine beschriftete Skizze an.

b) Beobachte und beschreibe das Kriechverhalten der Schnecke.

c) Berühre mit einem Stöckchen die Fühler der Schnecke. Erläutere die Bedeutung der dann folgenden Reaktion unter natürlichen Bedingungen.

A3 Untersuchung einer Küchenzwiebel

Material: zwei Küchenzwiebeln; schmaler Trinkbecher aus durchsichtigem Kunststoff; Leitungswasser; Messer; Lupe oder Stereolupe; Pinzette; Zeichenmaterial

Durchführung: Fülle den Trinkbecher etwa zu zwei Dritteln mit Leitungswasser. Setze eine Küchenzwiebel so auf den Becher, dass sie nicht ins Wasser eintaucht. Stelle diesen Versuchsansatz einige Tage an eine helle Stelle am Fenster, nicht jedoch ins pralle Sonnenlicht. Schneide die zweite Zwiebel mit dem Messer längs durch.

Aufgaben:

a) Notiere deine Beobachtungen und fertige ein Versuchsprotokoll an. Dieses soll den Versuchsaufbau, die Durchführung, die Ergebnisse und mögliche Schlussfolgerungen enthalten.

b) Beschreibe und skizziere den Aufbau einer Küchenzwiebel.

c) Zupfe mit der Pinzette eine Zwiebelhälfte auseinander. Formulilere begründete Vermutungen, zu den Aufgaben, die die einzelnen Teile der Küchenzwiebel haben. Beziehe dich dabei auch auf das Ergebnis des ersten Versuchsansatzes.

Zusammenfassung Grundlagen der Biologie

Biologie – eine Naturwissenschaft

Zur Natur gehören Himmel und Erde, Wasser und Land, Feuer und Eis. Solche Begriffe werden oft genannt, wenn Natur beschrieben werden soll, aber Natur ist noch viel mehr. Alle Lebewesen und auch der Mensch sind Teil der Natur. Die Vielfalt ihrer Phänomene wird in den verschiedenen Naturwissenschaften untersucht. Eine der umfangreichsten Naturwissenschaften ist die Biologie. Ihre Aufgabe ist die Beobachtung und Untersuchung von Pflanzen, Tieren und Menschen sowie deren Lebensweise.

Jede naturwissenschaftliche Fragestellung beruht auf Beobachtungen. Zu deren Erklärung werden Hypothesen gebildet, die durch weitere Beobachtungen und gezielte Experimente überprüft werden. Damit Experimente jederzeit wiederholt werden können, müssen sie sorgfältig geplant, durchgeführt und dokumentiert werden. Schließlich können Schlussfolgerungen gezogen werden, die für die Erklärung ähnlicher Fragestellungen von Bedeutung sind.

Kennzeichen von Lebewesen

Hausmaus und Spielzeugmaus stimmen äußerlich weitgehend überein und bewegen sich auch ähnlich. Aber nur die Hausmaus ist wirklich lebendig: Lebewesen besitzen nämlich neben ihrer charakteristischen Gestalt und Bewegung weitere besondere Kennzeichen. Durch Reizaufnahme und Reaktion wird der Kontakt zwischen einem Lebewesen und seiner Umwelt hergestellt. Im Stoffwechsel werden Stoffe aufgenommen, die zum Aufbau des Körpers notwendig sind. Bei diesen Vorgängen wird auch Energie umgesetzt. Nicht benötigte Stoffe werden ausgeschieden. Ein besonderes Kennzeichen von Lebewesen ist die Fortpflanzung. Bei dieser entwickelt sich meist aus einer einzigen Zelle, der befruchteten Eizelle, ein aus vielen Zellen bestehendes Lebewesen. Entwicklung und Wachstum sind also ebenfalls Kennzeichen von Lebewesen.

Mit einer Lupe können Lebewesen genauer untersucht werden

Zur Beobachtung und Untersuchung von Pflanzen und Tieren arbeiten Biologen mit verschiedenen Geräten und Arbeitsmitteln. Eine vergrößerte Darstellung eines Objektes ist für das Betrachten feinerer Strukturen unbedingt erforderlich. Dazu verwendet man oft eine Lupe. Durch Verwendung einer Stereolupe kann noch stärker vergrößert werden. Außerdem ist mit einer Stereolupe ein räumliches Sehen möglich.

1 Fortpflanzung beim Meerschweinchen – ein Kennzeichen von Lebewesen

2 Bewegung bei der Tulpe

Wissen vernetzt Grundlagen der Biologie

A1 Roboter – perfekte Fußballspieler?

Parallel zur Fußballweltmeisterschaft 2006 wurden in einem internationalen Wettbewerb Fußball spielende Roboter vorgestellt.

Aufgabe: Vergleiche Fußball spielende Menschen und Roboter. Recherchiere dazu im Internet. Fasse deine Schlussfolgerungen mit eigenen Worten zusammen und trage sie in der Gruppe vor.

A2 Schimmelpilz auf Orangenschalen

Aufgaben:

a) Formuliere eine begründete Vermutung, wie sich Orange und Schimmelpilz in den folgenden Tagen verändern werden.

b) Sind Schimmelpilze Lebewesen? Stelle begründete Vermutungen an.

A3 Tropfsteine wachsen und können sterben

In manchen Höhlen hängen säulenartige Gebilde von der Decke oder stehen auf dem Boden senkrecht nach oben. Es handelt sich um Tropfsteine. Oft sagen Höhlenführer, dass solche Steine bis zu 15 Millimeter in 100 Jahren wachsen. Tropfsteine werden durch Kalkablagerungen gebildet, wenn kalkhaltiges Wasser andauernd von der Höhlendecke tropft. Eine solche Tropfstelle darf man nicht mit dem Finger berühren. Durch das Fett in der Haut wird nämlich das weitere Abtropfen von Wasser verhindert. Die Höhlenführer sagen dann, »der Tropfstein ist gestorben«.

Aufgaben:

a) Wachstum und Tod sind typische Merkmale von Lebewesen. Begründe, ob es sich bei Tropfsteinen um Lebewesen handelt.

b) Stirbt ein Tropfstein wirklich, wenn man ihn berührt? Diskutiert in der Gruppe diesen Sachverhalt.

c) In Blumengeschäften kann man »Lebende Steine« kaufen. Informiere dich auf Seite 143 über Lebende Steine. Vergleiche sie mit Tropfsteinen.

Fische, Lurche, Kriechtiere in ihren Lebensräumen

Lebensraum Teich

Jeder Lebensraum wird durch bestimmte Lebensbedingungen charakterisiert. Beschreibt die Lebensbedingungen in einem Teich und in seiner Umgebung. Nennt mehrere Tier- und Pflanzenarten, die hier vorkommen.

Neue Flugfroschart entdeckt

Im Jahr 2010 wurde auf der südostasiatischen Insel Borneo eine neue Flugfroschart entdeckt. Diese Frösche leben auf den Bäumen des tropischen Regenwaldes. Stellt begründete Vermutungen an, wie es zu der Bezeichnung »Flugfrosch« gekommen sein könnte.

Warum haben Haie an den Seiten Schlitze?

In der Fischgruppe der Haie und Rochen befinden sich am Kopf auf jeder Seite fünf bis sieben Schlitze. Informiert Euch in Büchern und im Internet, welche Bedeutung diese Schlitze haben. Präsentiert eure Ergebnisse in der Klasse.

Das große Sackmaul

In der Tiefsee bis in 4500 Meter Tiefe lebt das Sackmaul. Dieser Fisch wird zwei Meter lang und hat ein sehr großes Maul, das weit aufgeklappt werden kann. Sein Magen ist enorm dehnungsfähig.

Am Ende des verlängerten Schwanzes und über den Körper verteilt findet man kleine Leuchtorgane.

Begründet den deutschen Namen »Sackmaul«. Erläutert einige Angepasstheiten dieser Fischart an ihren Lebensraum.

Riesenflugsaurier

In Amerika hat man Versteinerungen von Riesenflugsauriern gefunden, die eine Spannweite von bis zu neun Metern aufwiesen. Man geht davon aus, dass diese fliegenden Reptilien bis zu 160 Kilometer aufs Meer hinausfliegen konnten, um dort Fische zu fangen. Auf dem Kopf hatten sie einen großen Knochenkamm.

Stellt begründete Vermutungen über die Bedeutung dieses Knochenkamms an. Bezieht in eure Überlegungen auch den Sachverhalt ein, das männliche Riesenflugsaurier einen größeren Knochenkamm aufwiesen als Weibchen. Beschreibt anschließend eure Beobachtungen. Verwendet dazu die Methode »Betrachten, Beobachten und Beschreiben« auf Seite 16.

Eierschlange

Eierschlangen ernähren sich ausschließlich von Vogeleiern. Man kann kaum glauben, dass die kleine Schlange, deren Kopf nur etwa so dick ist wie ein menschlicher Finger, Eier bis zur Größe eines Hühnereis hinunterwürgen kann. Beantwortet die folgenden Fragen, indem ihr euch in diesem Buch und im Internet informiert:

Wo leben Eierschlangen? Wie kann sie ein ganzes Ei verschlucken? Wie öffnet die Schlange ein verschlucktes Ei? Was geschieht mit den Eierschalen? Wie atmet die Schlange, während sie das Ei hinunterwürgt?

1 Wir besuchen ein Aquarium

Die Klasse 5b besucht ein Aquarium. In großen wassergefüllten Becken können viele verschiedene Lebewesen aus Meeren, Seen oder Flüssen betrachtet werden. Die Süßwasseraquarien mit unterschiedlichen, bunten tropischen Fischen sind der erste Besuchermagnet. Ein Glastunnel führt dann quer durch das beliebteste Becken. Eindrucksvolle Schwärme aus Hunderten von Fischen und sogar Haie schwimmen über die Klasse hinweg. Am Boden des Beckens ist ein farbenprächtiges Korallenriff zu sehen.

In solchen Anlagen wird die Vielfalt gezeigt, die Lebewesen haben können. Die auffälligsten Unterschiede betreffen Größe, Farbe und Körperform. Die Lebewesen, die in den Hauptmerkmalen übereinstimmen, gehören zu der gleichen *Art*. Die Vielfalt der Arten ist ein grundlegendes *biologisches Prinzip*. Weil sich solche biologischen Prinzipien allgemein anwenden lassen und man aus ihnen weitere Zusammenhänge erschließen kann, bezeichnet man sie als *Erschließungsfelder*. Mit ihrer Kenntnis, etwa dem **Erschließungsfeld Vielfalt,** kann man neue Sachverhalte leichter verstehen und besser im Gedächtnis behalten.

Viele Fische wie zum Beispiel Makrele und Hering schwimmen sehr schnell und gewandt. Ihr Körper ist wie ein Torpedo gebaut und gleitet beinahe mühelos durch das Wasser. Die Scholle dagegen liegt flach auf dem Meeresboden. Sie ist durch Körperform, Farbe und Verhalten hervorragend getarnt. Die Arten sind also an die Bedingungen in ihrem Lebensraum angepasst. Auch hier liegt ein allgemein anwendbares Prinzip vor. Man bezeichnet es als **Erschließungsfeld Angepasstheit.**

1 Eingerichtetes Aquarium

2 Vielfalt in einem Korallenriff

1 Lies den Text auf Seite 25 und erläutere die Angepasstheiten der vorgestellten Süßwasserfische.

3 Haitunnel

Wissen kompakt Meeresfische

Name: Makrele
Länge: 30 bis 40 Zentimeter
Vorkommen: im Freiwasser von Nordatlantik, Nord- und Ostsee sowie vom Mittelmeer und Schwarzen Meer; im Bereich der Wasseroberfläche
Lebensweise: ernährt sich von Plankton und Fischen; Schwarmfisch

Name: Scholle
Länge: 20 bis 50 Zentimeter
Vorkommen: im Nordostatlantik und westlichen Mittelmeer auf sandigen Meeresböden in etwa 10 bis 50 Metern Tiefe
Lebensweise: ernährt sich von Borstenwürmern, Muscheln und Seesternen; Schwarmfisch

Name: Hering
Länge: 25 bis 30 Zentimeter
Vorkommen: im Meer, besonders in den vom Golfstrom erwärmten Bereichen des Nordatlantiks in Nordamerika und Nordeuropa
Lebensweise: ernährt sich von Kleinkrebsen und Schnecken; Schwarmfisch

Name: Dornhai
Länge: 75 bis 120 Zentimeter
Vorkommen: Nordatlantik und Mittelmeer in bis zu 400 Metern Tiefe bei Temperaturen von 6 bis 15 Grad; häufigste Haiart im Nordostatlantik
Lebensweise: ernährt sich von Dorschen, Heringen, Krebsen, Aalen; lebt am Boden; Einzelgänger

3 Vergleiche die Körperform von Scholle und Hering. Stelle jeweils die Angepasstheit an den Lebensraum dar.

4 Recherchiere Informationen zur Nutzung des Kabeljau durch den Menschen.

Wissen kompakt Süßwasserfische

Name: Rotfeder
Länge: 20 bis 40 Zentimeter
Vorkommen: West-, Mittel- und Osteuropa in stehenden und langsam fließenden Gewässern
Lebensweise: ernährt sich von Plankton, Insektenlarven, Wasserpflanzen; Schwarmfisch

Name: Flussbarsch
Länge: 15 bis 45 Zentimeter
Vorkommen: in weiten Teilen Europas und Asiens in fließenden und stehenden Gewässern
Lebensweise: Jungbarsche fressen wirbellose Kleintiere; ältere Barsche fressen kleinere Fische; Einzelgänger

Name: Hecht
Länge: bis 120 Zentimeter
Vorkommen: in weiten Teilen Europas und Asiens in langsam strömenden Fließgewässern und Seen
Lebensweise: ernährt sich von anderen Fischen, Krebsen, Fröschen, Wasservögeln, Kleinsäugern; lauert in seinem Versteck; Einzelgänger

Name: Wels
Länge: bis 300 Zentimeter
Vorkommen: in großen Seen und langsam fließenden Flüssen Mittel- und Osteuropas sowie in Teilen Westasiens
Lebensweise: ernährt sich von Fischen, Amphibien, Kleinsäugern, Wasservögeln; Bodenfisch; Einzelgänger

1 Erläutere die Begriffe Raubfisch, Friedfisch und Schwarmfisch. Ordne die beschriebenen Fische ein.

2 Vergleiche die Kopfform von Hecht und Flussbarsch. Ziehe Schlussfolgerungen.

Wissen kompakt Wanderfische

Name: **Europäischer Aal**
Länge: Männchen: 50 bis 60 Zentimeter, Weibchen 100 bis 150 Zentimeter
Vorkommen: Flüsse und Seen Europas und Nordafrikas;
Lebensweise: Bodenbewohner; ernährt sich von kleineren Fischen und Fröschen, aber auch von Schnecken, Würmern und anderen Kleintieren; die ausgewachsenen Tiere wandern ins Meer; nach 5000 Kilometern wird das Laichgebiet in der Karibik erreicht (algenreiche Sargassosee); die Larven haben ein anderes Aussehen (Weidenblattlarve); sie werden mit der Strömung des Golfstroms nach Europa und Nordafrika getrieben
Besonderheiten: dicke, schleimige Haut mit kleinen, tief eingebetteten Schuppen; ausgezeichneter Geruchssinn

Name: **Atlantischer Lachs**
Länge: 50 bis 100 Zentimeter
Vorkommen: junge Lachse in Flüssen; erwachsene Tiere im Meer
Lebensweise: ernährt sich vorwiegend von kleinen Fischen; wandert zur Paarung aus dem Meer in die Quellgebiete von Flüssen; Orientierung im Meer nach dem Sonnenstand, in der Nähe des Festlandes mit dem Geruchssinn; erkennt anhand von Duftstoffen sein Heimatgewässer wieder; aufgrund der Wasserverschmutzung in den Flüssen in Mitteleuropa fast ausgestorben; amerikanische Lachse sterben nach der Eiablage; europäische und asiatische Lachse wandern wieder ins Meer zurück; erneute Wanderung in den nächstfolgenden Jahren

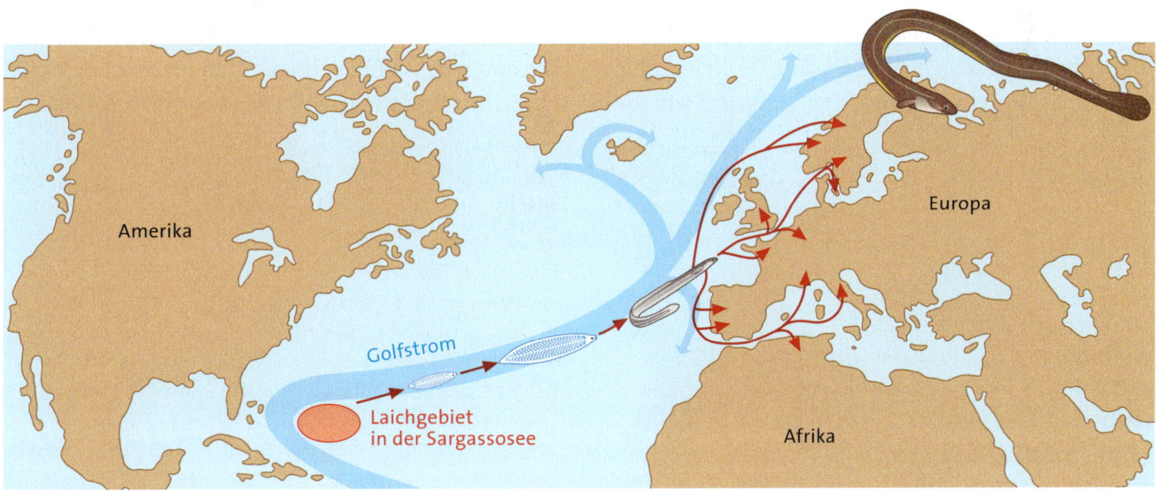

1 Erstelle eine Tabelle, in der du die Ortsbewegungen und die Orientierung von Lachs und Aal gegenüberstellst.

2 In Amerika leben der Pazifische Lachs und der Amerikanische Aal. Recherchiere Vorkommen und Laichgründe beider Arten.

2 Fische – ein Leben im Wasser

2.1 Körperbau und Lebensweise der Fische

In Teichen und Seen leben oft Karpfen. Diese Fische können bis zu einen Meter lang werden und halten sich im Schutz von Wasserpflanzen auf. Der Körper eines Karpfens ist in *Kopf*, *Rumpf* und *Schwanz* gegliedert. Der Kopf geht ohne Hals in den Rumpf über und dieser wird zum Schwanzende schmaler. Diese Form ermöglicht es Fischen, sich im Wasser besonders leicht zu bewegen, da sie wenig Widerstand bietet. Man spricht von einer **Stromlinienform.** Die Haut der Fische ist von einer schützenden Schleimschicht bedeckt. Diese vermindert die Reibung im Wasser und erleichtert so die Fortbewegung hier zusätzlich. Einen weiteren Schutz bilden die in der Haut liegenden knöchernen **Schuppen.**

Zu den äußeren Merkmalen des Karpfens gehören die **Flossen.** Die paarigen *Brustflossen* und *Bauchflossen* dienen zum Steuern und zur Regulierung der Geschwindigkeit beim Schwimmen. Die kräftige *Schwanzflosse* ermöglicht den schnellen Vortrieb. Die *Rücken-* und *Afterflosse* sorgen dafür, dass der Fisch im Wasser nicht kippt und seine Lage beibehält.

Karpfen sind meist nachtaktive Fische, die sich tagsüber in den Tiefen des Gewässers aufhalten. Nachts steigen sie oft in seichtere Regionen auf. Der Aufenthalt in unterschiedlichen Wassertiefen erfordert ein besonderes Organ, die **Schwimmblase.** Mit ihr kann der in unterschiedlichen Tiefen wechselnde Wasserdruck ausgeglichen werden. Bei der Schwimmblase handelt es sich um einen mit Gas gefüllten Hohlraum, dessen Größe sich durch Gasabgabe oder Gasaufnahme verändern lässt. Gibt der Fisch Gas aus der Schwimmblase in das Blut ab, wird die Schwimmblase kleiner und der Fisch sinkt nach unten; nimmt er Gas aus dem Blut in die Schwimmblase auf, wird diese größer und der Fisch steigt nach oben.

1 Karpfen

Am Maul besitzen Karpfen und andere Fische kleine Fäden mit Tastorganen, die *Barteln.* Mit ihnen ertasten sie am Grund des Gewässers ihre Nahrung. Sie ernähren sich von Algen, Fischbrut, Insekten oder Kleinkrebsen. Da ihre Beute nicht aus anderen Fischen besteht, bezeichnet man solche Fische auch als *Friedfische.*

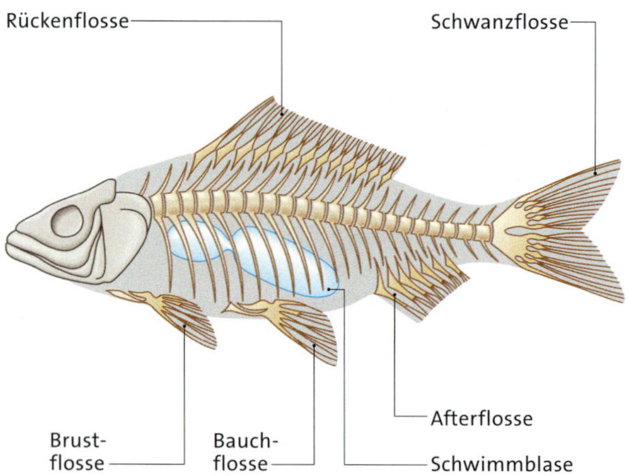

2 Skelett eines Karpfens mit Schwimmblase

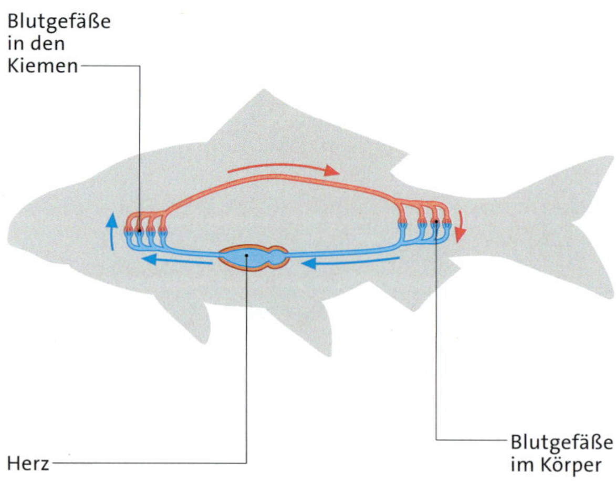

3 Blutkreislauf eines Fisches

Neben den Barteln besitzen Fische als zusätzliches Sinnesorgan das **Seitenlinienorgan.** Dieses besteht aus einem kleinen, unter der Haut verlaufenden Kanal an jeder Seite des Fisches. Der Kanal ist durch kleine Öffnungen mit der Körperoberfläche des Fisches verbunden. Im Kanal befinden sich Sinneszellen, die durch vorbeiströmendes Wasser gereizt werden. Mit Hilfe des Seitenlinienorgans kann der Fisch Änderungen der Strömungsverhältnisse wahrnehmen und sich so auch im Dunkeln sicher im Wasser bewegen.

Fische müssen zum Atmen nicht auftauchen. Sie entnehmen den zum Leben benötigten Sauerstoff aus dem Wasser. Dafür besitzen sie ein besonderes Atmungsorgan, die **Kiemen.** Diese sitzen seitlich hinten am Kopf in den Kiemenhöhlen und werden durch den Kiemendeckel geschützt. Die Kiemen bestehen aus vielen zarten *Kiemenblättchen*, die am *Kiemenbogen* befestigt sind. Auf jeder Seite des Fisches befinden sich vier Kiemenbögen. Die kammartigen Kiemenreusen verhindern, dass die Kiemenblättchen von vorbeiströmenden festen Teilchen verletzt werden. Diese Teilchen werden wie in einem Filter zurückgehalten und vom Fisch verschluckt oder ausgespuckt. Während des Atmens strömt Wasser in das Fischmaul hinein und wird in die Kiemenhöhle gedrückt. Dabei wird der im vorbeiströmenden Wasser gelöste Sauerstoff an die Blutgefäße in den Kiemenblättchen abgegeben. Das sauerstoffreiche Blut wird dann über den Blutkreislauf im Körper des Fisches verteilt. Gleichzeitig wird das im Blut gelöste Kohlenstoffdioxid an das Wasser abgegeben, welches durch die geöffneten Kiemendeckel aus dem Körper des Fisches herausgespült wird. Da die Kiemen an der Luft austrocknen und keinen Sauerstoff mehr aufnehmen können, ersticken Fische an Land.

Das Herz pumpt das sauerstoffreiche Blut zu den Organen. Dort wird der Sauerstoff für Stoffwechselvorgänge benötigt. Je höher die Aktivität des Fisches ist, umso mehr Sauerstoff wird verbraucht. Fische sind bei höheren Temperaturen aktiver, da ihre Stoffwechselaktivität dann auch größer ist.

1 Beschreibe die Körperform der Fische als Angepasstheit an ihren Lebensraum.

2 Fertige eine Tabelle an, die die Bezeichnungen der Flossen und ihre jeweiligen Funktionen enthält.

3 Der Sauerstoffgehalt von Wasser nimmt bei steigender Wassertemperatur ab. Erkläre die Folgen, die sich hieraus für Fische ergeben.

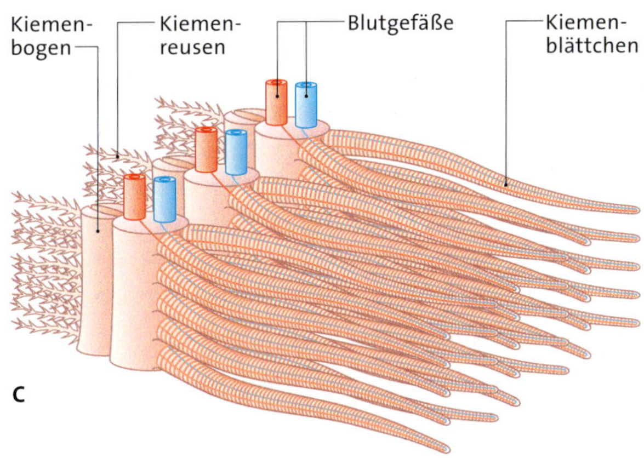

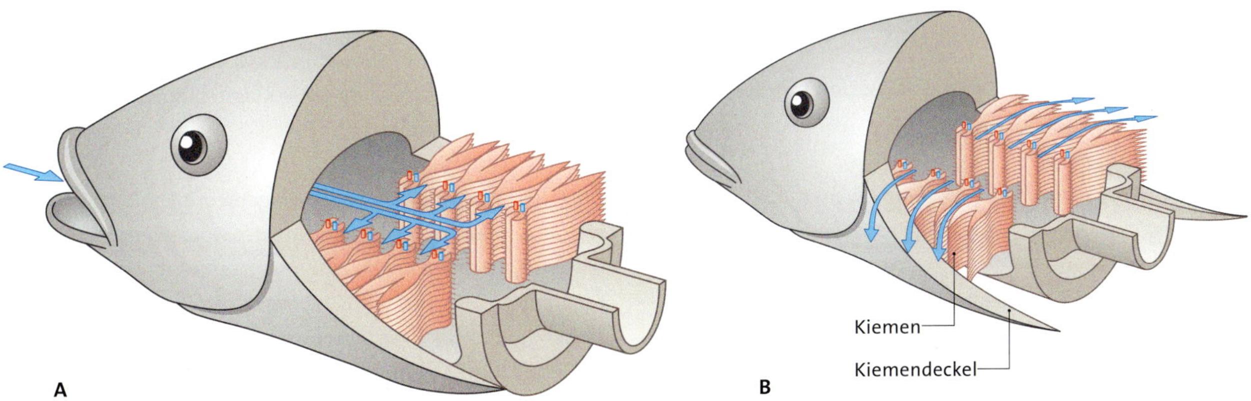

4 **Bau und Funktionsweise der Kiemen. A** Wasser strömt ein; **B** Wasser wird nach außen gepresst; **C** Bau

Aufgaben und Versuche Fische

V1 Körperform

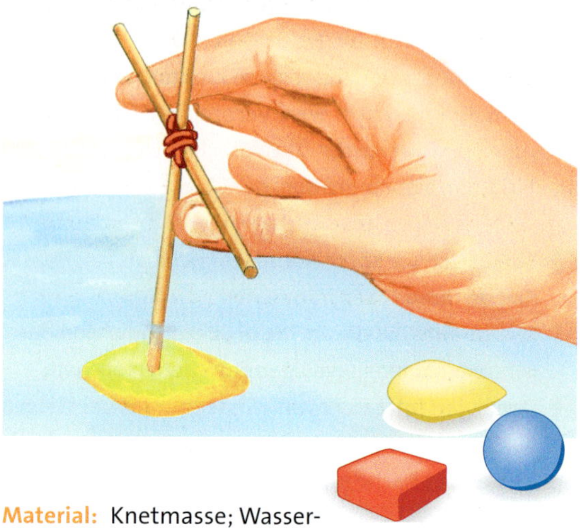

Material: Knetmasse; Wasserbecken; Wasser; Holzspieße; Gummibänder

Durchführung: Forme aus Knetmasse unterschiedliche Formen etwa von der Größe eines Tischtennisballes. Befülle ein Wasserbecken bis zur Hälfte mit Wasser. Baue aus den Holzspießen mit Hilfe der Gummibänder Holzkreuze (siehe Abbildung). Spieße die Knetmasseformen so auf die Holzspieße, dass die Form beibehalten wird. Ziehe die Knetmasseformen – wie in der Abbildung gezeigt – nacheinander mit gleicher Geschwindigkeit durch das Wasser. Die Holzkreuze müssen dabei locker auf der Hand liegen.

Aufgaben:

a) Notiere deine Beobachtungen.

b) Erläutere deine Ergebnisse.

V2 Untersuchung von Fischschuppen mit der Lupe

Material: Fischschuppen; Pinzette; Lupe; Zeichenmaterial

Durchführung: Betrachte einzelne Fischschuppen mit der Lupe.

Aufgaben:

a) Zeichne eine Fischschuppe.

b) Stelle eine Vermutung über die Bedeutung der sichtbaren, an die Jahresringe an einem Baumstamm erinnernden Strukturen an.

V3 Schwimmen – Schweben – Sinken

Material: Standzylinder mit Wasser, Stopfen, Glaspipette mit Gummihütchen

Durchführung: Befülle den Standzylinder zur Hälfte mit Wasser. Versuche mit Hilfe des Gummihütchens durch Ansaugen von Wasser bzw. Luft die Pipette so zu befüllen, dass sie knapp unter der Wasseroberfläche schwimmt. Befülle nun den Standzylinder vollständig mit Wasser. Drücke den Gummistopfen auf die Öffnung des Standzylinders und beobachte, was passiert.

Aufgaben:

a) Notiere deine Beobachtungen.

b) Erkläre die Versuchsergebnisse. Stelle einen Bezug zur Schwimmblase des Fisches her.

A4 Einrichten eines Aquariums

In der Biologiesammlung der Schule soll ein Aquarium mit Fischen aufgestellt werden. Die Klasse plant die Einrichtung des Aquariums.

Aufgaben:

a) Die Fische im Aquarium sollen artgerecht gehalten werden. Erläutere die Einrichtung des Aquariums.

b) Ein Schüler schlägt vor, in einem Zoogeschäft einen Fachmann zur Zusammenstellung der Fischarten zu befragen. Begründe mindestens zwei Ratschläge, die der Fachmann geben wird.

Streifzug durch die Physik Auftrieb im Wasser

Füllt man einen Luftballon mit etwas Luft und drückt ihn dann unter Wasser, spürt man einen Widerstand. Der Luftballon drängt an die Oberfläche zurück. Diese Kraft, die dem Luftballon beim Herunterdrücken entgegenwirkt, bezeichnet man als **Auftrieb.** Dabei ist die *Auftriebskraft* so groß wie die *Gewichtskraft* der verdrängten Wassermenge.

Drückt man den Luftballon noch tiefer in das Wasser, kann man beobachten, dass er kleiner wird. Der Grund hierfür ist die über dem Ballon zunehmende Wassermasse, die einen zunehmenden Druck ausübt. Lässt man den Ballon los, steigt der Ballon wieder Richtung Wasseroberfläche, der Wasserdruck sinkt und das Volumen wird wieder größer.

Hängt man nun an einen halb aufgeblasenen Ballon ein Gewichtsstück, das so schwer ist, dass der Ballon im Wasser schwebt, sind Ballon und Gewichtsstück zusammen genauso schwer wie das verdrängte Wasser. Fügt man dem Ballon Luft zu, wird dieser größer und steigt nach oben, da Ballon und Gewichtsstück jetzt leichter sind als die verdrängte Wassermenge. Saugt man dem Ballon Luft ab, wird er kleiner und sinkt nach unten. Ballon und Gewichtsstück sind nun schwerer als die verdrängte Wassermenge.

Viele Fische sind in der Lage, sich in unterschiedlichen Wassertiefen aufzuhalten, ohne ihre Flossen zu bewegen. Auch die äußere Form der Fische verändert sich nicht. Wie gelingt ihnen dies?

Nimmt ein Fisch Gas aus der Schwimmblase ins Blut auf, wird die Schwimmblase kleiner. Dadurch wird der Fisch schwerer als das verdrängte Wasser und sinkt in tiefere Regionen. Gibt dagegen der Fisch Gas aus dem Blut in die Schwimmblase ab, wird diese größer. Der Fisch wird leichter als das verdrängte Wasser und steigt nach oben. Im Schwebezustand befindet sich gerade so viel Gas in der Schwimmblase, dass das Gewicht des Fischkörpers genauso schwer ist wie das des verdrängten Wassers.

1 »Der in diesem Streifzug beschriebene Luftballonversuch dient als Modell zur Veranschaulichung der Bewegung von Fischen im Wasser.«
Diskutiere diese Aussage und beschreibe die Strukturen eines Fisches, die durch den Modellaufbau dargestellt werden.

2 Ein Fisch, der aus sehr großer Meerestiefe schnell nach oben gezogen wird, stirbt sofort. Erkläre mit Hilfe des Modellversuchs.

3 Ein Teil der Schwimmblasenwand ist von einem feinen Netz aus Blutgefäßen durchzogen. Stelle eine begründete Vermutung über die Funktion dieses Kapillarnetzes an.

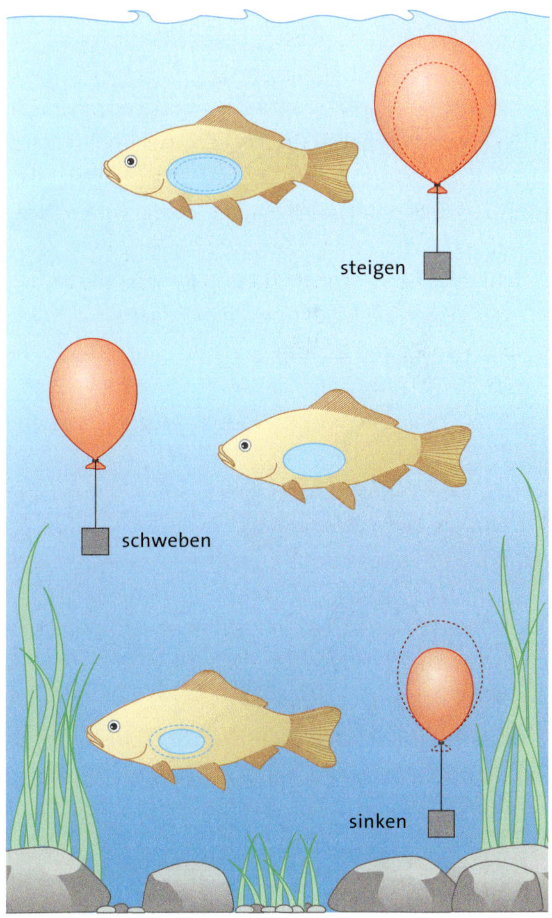

1 **Auftrieb im Wasser**

2.2 Fortpflanzung und Entwicklung bei Fischen

In schnell fließenden, klaren Bächen kann man gelegentlich lang gestreckte, stromlinienförmige Fische beobachten. Es sind Bachforellen. Sie werden mit drei bis vier Jahren zwischen Oktober und Januar geschlechtsreif. Die Weibchen ziehen dann oft in Begleitung mehrerer Männchen zu Kiesbänken in flachen Zonen des Gewässers. Mit ihrer kräftigen Schwanzflosse schlagen die Weibchen mehrere *Laichgruben* in den kiesigen Untergrund, in die sie dann etwa 1000 bis 1500 **Eier** fallen lassen. Nun schwimmt das Männchen über die Eier hinweg und gibt seine Samenflüssigkeit ab. Diese verteilt sich wie eine milchige Wolke über den Eiern. Die Samenflüssigkeit enthält **Spermien,** die nun mit den Eizellen verschmelzen. Dieser Vorgang wird als *Befruchtung* bezeichnet. Da diese außerhalb des Körpers stattfindet, spricht man von **äußerer Befruchtung**.

Die Grube wird zum Schutz der Eier wieder mit Kies bedeckt. Aus jedem befruchteten Ei entwickelt sich ein *Embryo.* Nach etwa drei Monaten schlüpfen junge Forellenlarven, die an der Bauchseite noch einen großen *Dottersack* tragen. Dieser enthält Nährstoffe, die im Verlauf der sechswöchigen Larvenentwicklung verbraucht werden. Die Jungforellen fressen kleine Wassertiere, während sich die ausgewachsenen Bachforellen von kleinen Fischen, Molchen oder auch Kaulquappen ernähren.

Nicht nur bei Fischen, sondern bei fast allen Tieren und Pflanzen stehen die Bildung von Eiern und Spermien sowie die Befruchtung am Anfang der Entwicklung neuer Lebewesen. Die Erzeugung von Nachkommen wird durch das **Erschließungsfeld Fortpflanzung** strukturiert.

1 Beschreibe die einzelnen Entwicklungsstadien einer Bachforelle beginnend mit dem Ei.

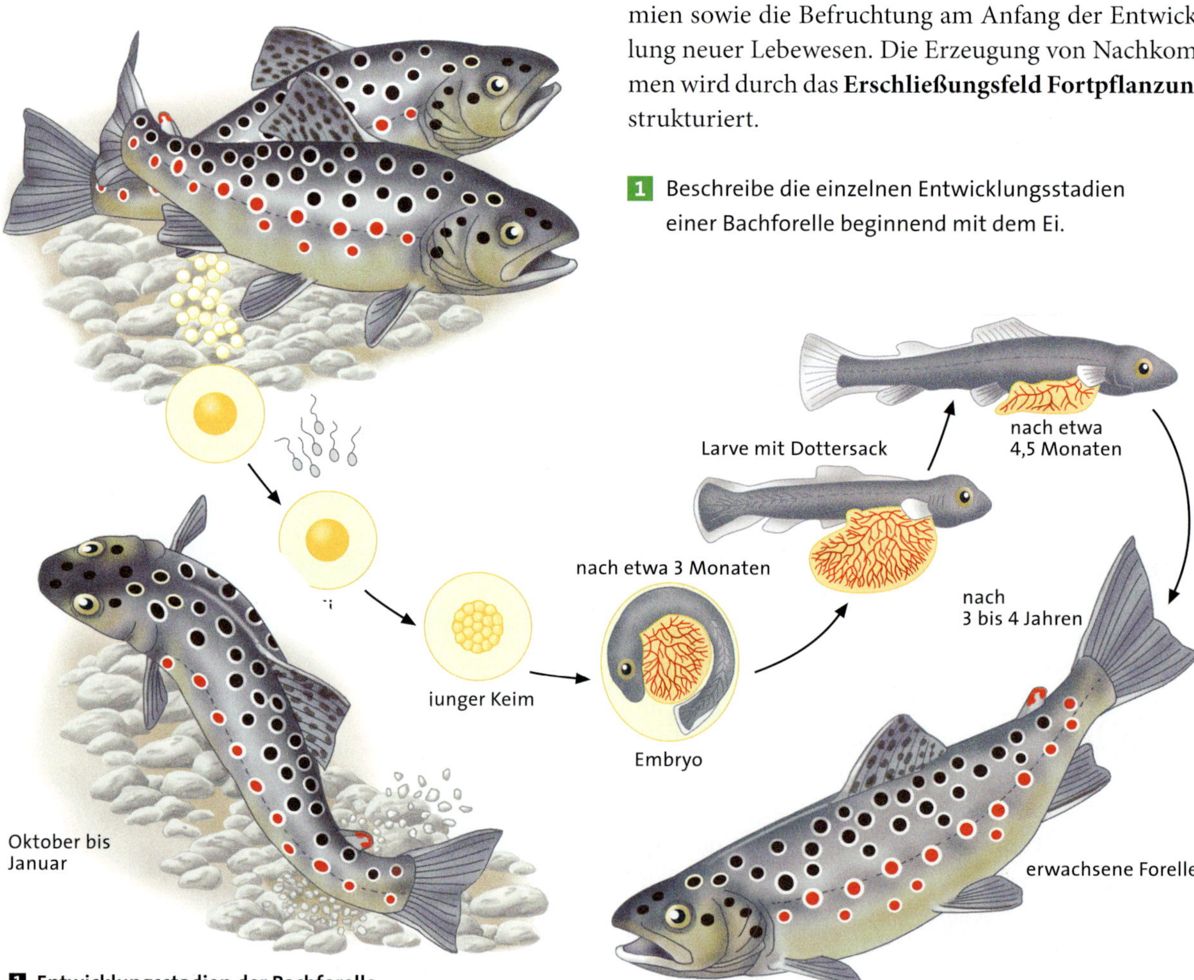

1 Entwicklungsstadien der Bachforelle

Aufgaben und Versuche | Körperbau und Fortpflanzung von Fischen

V1 Innere Organe einer Forelle

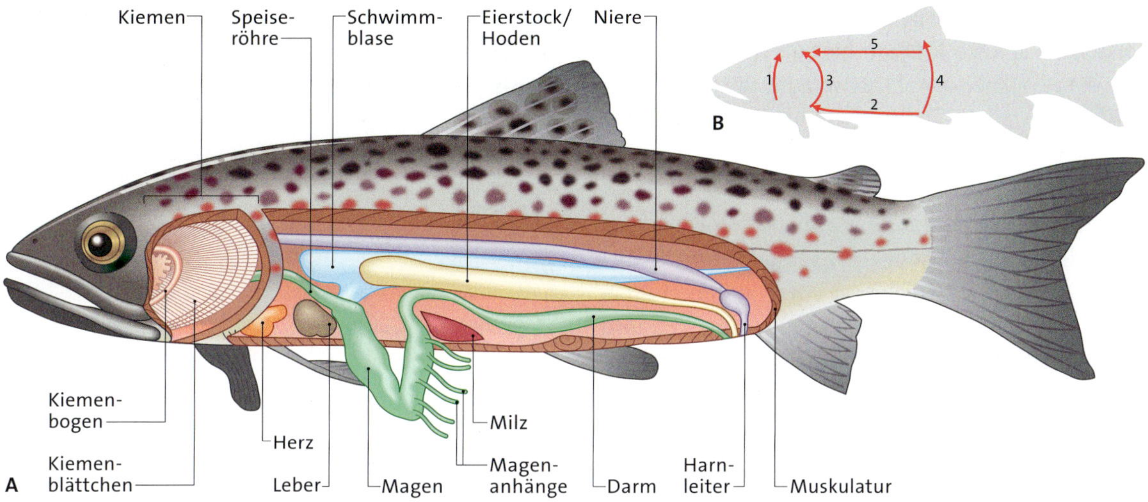

Material: Forelle; Präparierschale; Skalpell, Pinzette, spitze Schere; Schale mit Wasser; Lupe; Zeichenmaterial

Durchführung: Lege die Forelle in die Präparierschale. Entferne den Kiemendeckel mit der Schere. Schneide entsprechend der Abbildung B die Haut auf und entferne das Muskelfleisch.

Aufgaben:

a) Seziere den Fisch und benenne die sichtbaren Organe.

b) Präpariere einen Kiemenbogen heraus, lege ihn in eine mit Wasser gefüllte Schale, betrachte ihn mit der Lupe und zeichne ihn.

c) Suche die Eierstöcke oder Hoden und erläutere ihre Funktion.

V2 Forellenzucht

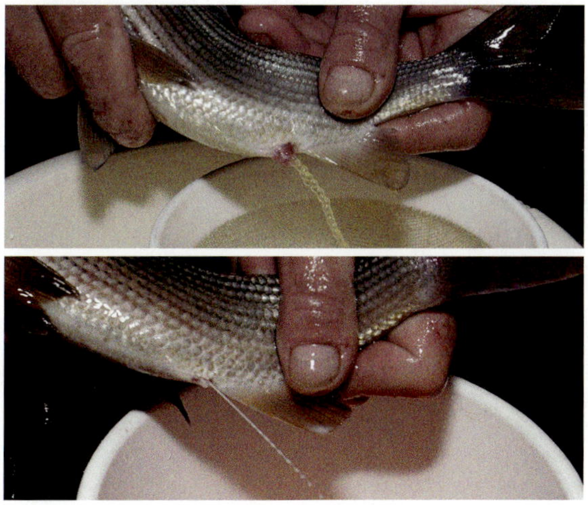

Für die Forellenzucht werden die Forellen in Zuchtbecken gehalten. Aus den geschlechtsreifen Tieren kann man mit wenigen Handgriffen Eier und Sperma abstreifen. Unter Sperma versteht man die Flüssigkeit die Spermien enthält.

Aufgaben:

a) Das Abstreifen von Eiern und Sperma gelingt leicht bei Forellen. Erläutere unter Bezug auf V1

b) Entwickle eine begründete Hypothese, welcher Arbeitsschritt sich wohl an das Abstreifen von Eiern und Sperma anschließt. Stelle einen Zusammenhang mit dem Text und der Abbildung auf Seite 32 her.

c) Erläutere, dass der Forellenzüchter nicht die natürliche Fortpflanzung der Forellen abwartet.

2.3 Nahrungsbeziehungen bei Fischen

Bewegungslos steht ein Hecht zwischen Wasserpflanzen. Mit einem kräftigen Flossenschlag schnellt er plötzlich aus seiner Deckung und schnappt nach einem kleinen Fisch, zum Beispiel einer Rotfeder. Mit seinen nadelartigen, spitzen Zähnen hält der Hecht die zappelnde Beute sicher fest. Die Rotfeder wird im Stück verschlungen.

Hechte sind *Raubfische*, die sich vor allem von *Friedfischen* ernähren. Friedfische wie die Rotfeder fressen keine anderen Fische, sondern Kleintiere und Pflanzen. Zu ihrer Nahrung gehören unter anderem auch Larven von Kleinlibellen. Diese leben räuberisch und fangen vorbeischwimmende Wasserflöhe. Wasserflöhe ernähren sich ihrerseits von kleinen, im Wasser schwebenden Algen. Wie man sieht, sind die Organismen eines Teiches über Nahrungsbeziehungen miteinander verbunden. Im Beispiel bilden Hecht, Rotfeder, Libellenlarve, Wasserfloh und Alge eine **Nahrungskette.** In einer Nahrungskette bildet eine Art jeweils die Nahrungsgrundlage für eine andere Art.

1 Hecht beim Beutefang

Am Anfang jeder Nahrungskette stehen Pflanzen: Sie nehmen keine Nahrung auf wie Tiere, sondern produzieren die zum Leben notwendigen Stoffe selbst. Pflanzen wie die Algen werden deshalb als **Produzenten** bezeichnet. Organismen, welche wie die Tiere Nährstoffe aufnehmen müssen, nennt man dagegen **Konsumenten.** Das letzte Glied einer Nahrungskette ist der Endkonsument. Dies kann auch der Mensch sein.

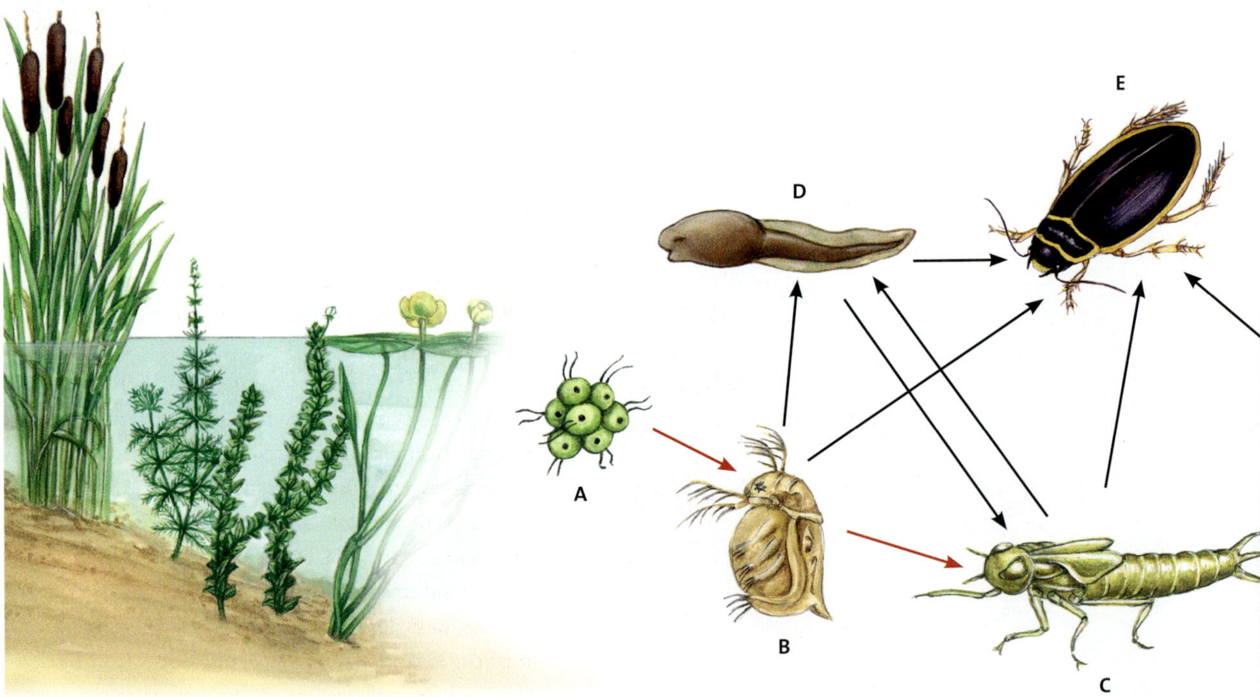

2 Nahrungsbeziehungen in einem Teich. **A** Alge; **B** Wasserfloh; **C** Libellenlarve; **D** Kaulquappe; **E** Gelbrandkäfer;

Ein Tier wie der Hecht ist Bestandteil mehrerer Nahrungsketten: Denn er frisst nicht nur Rotfedern, sondern auch andere Friedfische, Frösche und Insektenlarven. Werden all diese Nahrungsketten zusammenfügt und miteinander verbunden, entsteht ein **Nahrungsnetz.** Innerhalb eines Nahrungsnetzes sind die Tiere nicht auf eine einzige Beuteart angewiesen. Sie können auch auf andere Arten ausweichen, wenn zum Beispiel durch Umwelteinflüsse eine Beuteart seltener wird. Dadurch bleibt das artenreiche Leben im Teich auch dann erhalten, wenn sich die Bedingungen geringfügig ändern.

Die beiden Wasserwanzen Rückenschwimmer und Stabwanze ernähren sich bevorzugt von anderen Insekten. Sie suchen ihre Nahrung aber in verschiedenen Bereichen des Teiches: Während der Rückenschwimmer seine Beutetiere vor allem im Bereich der Wasseroberfläche fängt, lauert die Stabwanze zwischen Wasserpflanzen im Uferbereich auf geeignete Nahrung. Durch die Nutzung unterschiedlicher Bereiche des Teiches für die Nahrungssuche haben sowohl der Rückenschwimmer als auch die Stabwanze Vorteile. Durch die unterschiedliche Ernährungsweise fressen sie sich nämlich nicht gegenseitig die Beutetiere weg. Dadurch wird der Wettbewerb, die **Konkurrenz,** zwischen beiden Arten weitgehend vermieden. So können Arten mit ähnlichen Nahrungsansprüchen nebeneinander im gleichen Lebensraum existieren.

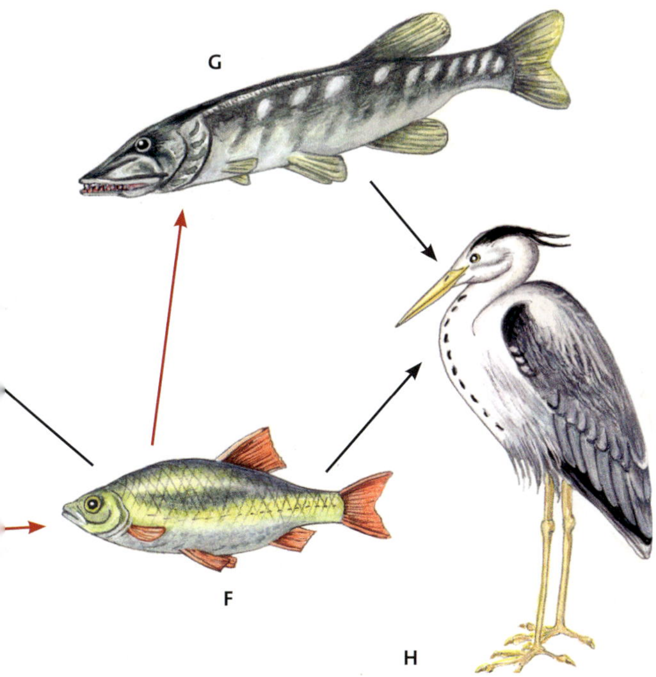

F Rotfeder; **G** Hecht; **H** Graureiher

3 Wasserwanzen. A Stabwanze; **B** Rückenschwimmer

1 Vergleiche Nahrungskette und Nahrungsnetz hinsichtlich selbst gewählter Kriterien.

2 Der Besitzer eines Gartenteiches beseitigt mit einem Algenvernichtungsmittel alle Algen. Beurteile dieses Vorgehen.

3 In einem Gartenteich, in dem Rückenschwimmer leben, wird eine weitere Insektenart eingesetzt, die sich auf dieselbe Art ernährt wie der Rückenschwimmer. Diskutiert in der Gruppe, die auftretenden Wechselwirkungen zwischen den Organismen des Nahrungsnetzes.

1 Elbe und Elbaue bei Torgau

2 Flussneunauge

3 Gewässerverschmutzung

4 Gülledüngung

2.4 Fischbestände sind gefährdet

Ruhig fließt die Elbe im Norden Sachsens durch ihre weite Tallandschaft. In dem flachen Uferbereich, der Elbaue, ist bei Torgau ein bedeutendes Naturschutzgebiet entstanden. Unter den vielen seltenen Pflanzen und Tieren konnten auch einige Fischarten, wie zum Beispiel das Flussneunauge, durch gezielte Umweltschutzmaßnahmen vor dem Aussterben bewahrt werden.

Vor etwa zweihundert Jahren war die Elbe einer der fischreichsten Flüsse Europas. Dann gingen die Fischbestände dramatisch zurück. 1921 wurde beispielsweise der letzte Stör in der Elbe gefangen. Auch die Bestände des hier ursprünglich sehr häufigen Lachses wurden völlig vernichtet.

Ein wichtiger Grund für diese Entwicklung der Fischbestände war der **Ausbau** des Flusses. Um die Schifffahrt zu erleichtern, wurden Kiesbänke beseitigt, die Ufer befestigt und Buhnen angelegt. Dies sind künstliche Bauwerke, die im Abstand von etwa 100 Metern in den Fluss ragen und somit das Flussbett künstlich verengen. Dadurch soll der Bildung von Sandbänken in der Schifffahrtsrinne entgegen gewirkt werden. Durch Deiche an den Ufern werden Überschwemmungen vermieden. Auch die zuführenden Bäche wurden ausgebaut. Der natürliche Uferbewuchs wurde beseitigt und der Bachverlauf wurde begradigt, um Acker- und Bauland zu gewinnen.

Die Fischbestände wurden auch durch industrielle Abwässer bedroht, die den Fluss vergifteten. Besonders Schwermetalle aus dem Bergbau und Giftstoffe aus der chemischen Industrie gelangten in die Elbe. Dazu kamen noch Abwässer aus der Landwirtschaft und aus den Haushalten. Durch starke Regenfälle und nach Überschwemmungen wurden regelmäßig große Mengen an Düngemitteln und Pflanzenschutzmitteln von den Äckern in die Gewässer gespült.

Pflanzenschutzmittel dienen in der Landwirtschaft zur Bekämpfung von Pilzen, Wildkräutern oder schädlichen Insekten. Diese Giftstoffe werden in Pflanzen eingelagert. Werden die Pflanzen gefressen, nehmen Tiere die Giftstoffe auf. Über die Nahrungsketten können sie so auch in den Körper von Menschen gelangen und verschiedene Krankheiten bewirken.

Düngemittel fördern das Pflanzenwachstum und erhöhen auf den Feldern den Ernteertrag. Im Wasser regen sie das Wachstum von Algen an. Diese entwickeln sich nun so schnell, dass sich das Flusswasser grün verfärbt. Nach einiger Zeit sterben diese Algen in großen Mengen ab. Das kann zu einer starken Verschmutzung und sogar zum Absterben vieler Lebewesen führen. Ähnlich wirken auch die Haushaltsabfälle, die teils in den Fluss eingeleitet wurden. Die Elbe war schnell so sehr belastet, dass sie als »schmutzigster Fluss Europas« galt.

Seit 1990 hat sich die Wasserqualität in der Elbe und ihren Nebenflüssen und Bächen deutlich verbessert. Dies ist auf umfangreiche **Schutzmaßnahmen** zurückzuführen. So wurden zum Beispiel Bäche rekultiviert, also in ihren ursprünglichen Zustand zurückversetzt. Für industrielle Abwässer wurden gesetzliche Vorgaben verschärft und für die Abwässer aus den Haushalten wurden neue Kläranlagen gebaut.

Zwar sind Fische aus der Elbe häufig immer noch mit Schwermetallen und anderen Schadstoffen belastet, einige Fischbestände erholen sich aber langsam wieder. So wurden vor etwa zwanzig Jahren Lachse aus Skandinavien und Irland in der Elbe ausgesetzt und man hofft, dass dieser Fisch vielleicht schon bald wieder hier zu finden sein wird.

Das Beispiel Elbe steht für viele Flüsse und Seen. Aber auch im Meer sind vielfach ganze Fischbestände gefährdet. Hierzu trägt neben der Umweltverschmutzung vor allem der Fischfang bei. Mit riesigen Netzen werden ganze Meeresgebiete ausgebeutet. Eine große Zahl von Fangschiffen aus vielen Nationen versucht, sich einen Anteil an dem Reichtum der Meere zu sichern. Diese **Überfischung** trägt dazu bei, dass ehemals häufige Arten wie zum Beispiel Kabeljau, Makrele und Thunfisch in ihren Beständen deutlich zurückgegangen sind.

1 Erkläre Maßnahmen zur Rekultivierung eines Baches und begründe die Notwendigkeit solcher Schritte.

2 Fertige einen Steckbrief für das Flussneunauge an.

5 Natürliches Flussufer

6 Begradigter Fluss

7 Buhnenverbauung

3 Lurche – ein Leben im Wasser und an Land

3.1 Der Wasserfrosch in seinem Lebensraum

Gut getarnt sitzt ein Wasserfrosch zwischen den Wasserpflanzen. Auffällig sind die großen, aus dem Kopf deutlich hervortretenden Augen und die langen Hinterbeine mit den zwei stark verlängerten Mittelfußknochen und Zehen. Die Vorderbeine sind viel kürzer und haben statt fünf nur vier Finger.

Das Skelett der Frösche weist eine sehr kurze Wirbelsäule auf. An den wenigen Wirbeln sitzen keine Rippen. Der Schädel ist fest mit dem Schultergürtel und dem kurzen Brustbein verbunden. Deshalb können Frösche den Kopf nur wenig bewegen.

Dieser Körperbau ermöglicht es Fröschen, weit zu springen. Mit den langen Hinterbeinen springen sie kräftig ab. Ihr kurzer, wenig beweglicher Körper stabilisiert den Flug und ihre Vorderbeine fangen den Körper nach dem Sprung ab. Mit ihren langen Hinterbeinen können sich Frösche auch sehr gut im Wasser fortbewegen: Dabei ziehen sie die Hinterbeine zuerst an und stoßen sie dann kräftig nach hinten. Schwimmhäute zwischen den Zehen verbessern den Abstoß. Die Vorderbeine legen Frösche beim Schwimmen seitlich an den Körper an und verringern so den Wasserwiderstand. Beine und Schwimmhäute sind Körperstrukturen, die ganz bestimmte Funktionen erfüllen sollen.

Bei allen Lebewesen bestehen Zusammenhänge zwischen dem Bau von Organen und ihren Funktionen. Diese Zusammenhänge bilden die Grundlage für das **Erschließungsfeld Struktur und Funktion.**

Wasserfrösche ernähren sich von Kleintieren wie Insekten. Ihre Beute erkennen sie mit den Augen, aber nur, wenn diese sich bewegt. Der Zugriff auf die Beute erfolgt mit der klebrigen Zunge. Sie ist vorn am Kiefer angewachsen. Ihr freies, langes Hinterende kann blitzschnell aus dem geöffneten Maul herausgeklappt werden. So ergreifen Frösche ihre Beute und ziehen sie in das Maul. Dann wird die Beute als Ganzes verschluckt. Der Frosch erhält also Informationen aus seiner Umwelt über seine Augen, in diesem Fall über seine Beute, und reagiert mit dem Beutefang. Die Zusammenhänge zwischen Signalen und den entsprechenden Reaktionen gehören zum **Erschließungsfeld Information.**

Die Lunge der Wasserfrösche ist einfach gebaut und daher wenig wirkungsvoll. Deshalb nehmen die Tiere einen Teil des benötigten Sauerstoffs zusätzlich über die Schleimhaut des Mundraums und die reich mit Blutgefäßen und Schleimdrüsen versehene Körperhaut auf. Bei der **Mundhöhlenatmung** wird durch Heben und Senken des Mundbodens die Luft in der Mundhöhle ständig erneuert. Für die **Hautatmung** muss die Körperhaut dünn und stets angefeuchtet sein. Frösche sind deshalb auf eine feuchte Umgebungsluft angewiesen, weshalb man sie als **Feuchtlufttiere** bezeichnet.

1 Wasserfrosch

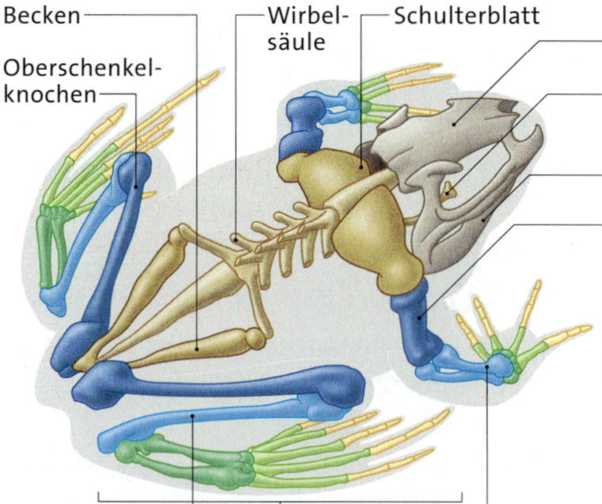

2 Skelett eines Frosches

3 Frosch beim Sprung

Wasserfrösche halten sich wegen der hohen Luftfeuchtigkeit meist am Rand von Gewässern auf. Sie sind gleichermaßen an das Leben im Wasser und an Land angepasst. Dies gilt auch für ihre Verwandten wie etwa die Kröten. Deshalb wird diese Tiergruppe als **Amphibien** (gr. *amphi*, beide; gr. *bios*, Leben) bezeichnet. Der deutsche Name für diese Tiergruppe ist *Lurche*.

Im Frühjahr kann man die lauten Rufe der Wasserfroschmännchen schon von Weitem hören. Um dieses charakteristische Quaken zu erzeugen, wird Luft aus der Lunge an den Stimmbändern des Kehlkopfes vorbei in zwei seitliche Ausstülpungen des Mundraums, die *Schallblasen*, gedrückt. Elastisch wie Ballons blähen sich diese auf und drücken die Luft anschließend wieder in die Lunge zurück. So kann ein Wasserfrosch quaken, ohne dabei Luft einatmen zu müssen. Daneben erhöhen die Schallblasen die Lautstärke des Quakens, weil sie als zusätzlicher Schallraum dienen. Durch ihr Quaken locken die Männchen Weibchen an und grenzen ihr Revier gegenüber anderen Männchen ab.

Lurche können ihre Körpertemperatur nicht regulieren. Sie ist immer so hoch, wie die Umgebungstemperatur. Man bezeichnet solche Tiere als **wechselwarm**. Nur wenn die Umgebungstemperatur hoch genug ist, können wechselwarme Tiere aktiv sein. Den Winter verbringen Wasserfrösche im Bodenschlamm von Gewässern, wo sie in einer *Winterstarre* verharren.

1 Erläutere die Bedeutung des Quakens für die Kommunikation der Frösche.

2 Erkläre, dass sich Wasserfrösche sehr lange am Gewässerboden aufhalten können.

4 Frosch beim Beutefang

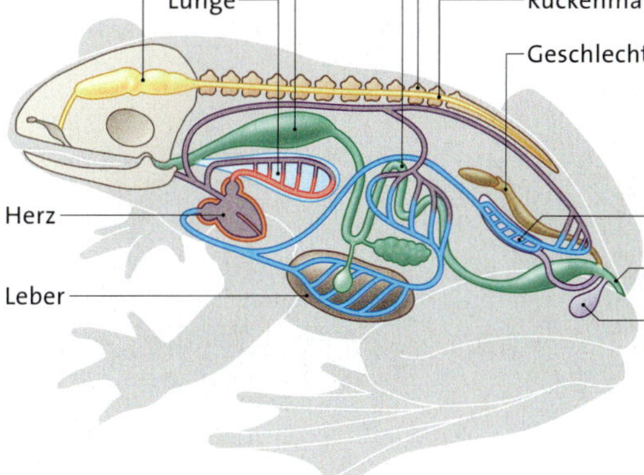

5 Innere Organe eines Frosches

3.2 Fortpflanzung und Entwicklung

In feuchten Frühjahrsnächten kann man beobachten, wie Kröten und Frösche aus ihren Überwinterungsquartieren zu Tümpeln und Teichen, ihren Fortpflanzungsgewässern, wandern. Bei den Kröten finden Männchen und Weibchen schon auf dieser Wanderung zusammen. Dabei besteigen die Männchen die größeren Weibchen, klammern sich auf deren Rücken fest und lassen sich tragen. In den Gewässern angekommen, geben die Weibchen ihre Eier, den *Laich*, in das Wasser ab. Gleichzeitig geben die Männchen ihre Spermien hinzu. Die Spermien durchdringen die noch dünnen, gallertartigen Eihüllen und befruchten die Eier. Wie bei Fischen findet eine äußere Befruchtung statt. Die Eihüllen quellen im Wasser auf und haften aneinander. Dadurch werden die Eier je nach Art zu Laichballen oder Laichschnüren verklebt.

Die *Larven* schlüpfen, je nach Wassertemperatur, im Anschluss an eine zwei- bis dreiwöchige Entwicklungszeit. Sie atmen über seitliche, außen liegende Büschelkiemen, die bald von Hautfalten überdeckt werden. Der Schwanz wächst und bildet oben und unten einen Flossensaum aus, er wird zum Ruderschwanz.

Die Larven haben sich zu frei schwimmenden *Kaulquappen* entwickelt. Diese ernähren sich vorwiegend von Algen, die sie mit Hilfe ihrer Hornkiefer von Steinen und Wasserpflanzen abschaben. Bald entstehen beiderseits des Schwanzansatzes die Hinterbeine. Die Lungen entwickeln sich, sodass man die Kaulquappen immer öfter an der Wasseroberfläche nach Luft schnappen sieht. Allmählich werden die inneren Kiemen und der Ruderschwanz zurückgebildet, die Vorderbeine wachsen aus. Die Hornkiefer werden abgeworfen, die Mundöffnung verbreitet sich und der Darm verkürzt sich. Verbunden damit wird die Ernährung auf tierische Nahrung wie Insekten umgestellt. Durch diese Veränderungen ist ein kleiner Frosch entstanden, der auch an Land leben kann. Nur ein Schwanzstummel erinnert noch an die bisherige Kaulquappe. Die zwei bis drei Monate dauernde Umwandlung von der Kaulquappe zum Frosch nennt man **Metamorphose.**

Nach ungefähr zwei bis vier Jahren sind die Jungfrösche ausgewachsen und geschlechtsreif. Zur Paarung suchen sie dann meist wieder dasjenige Gewässer auf, in dem sie selbst einst ihre Larvenzeit verbracht haben.

1 Vergleiche die Angepasstheiten von Kaulquappe und Frosch.

1 **Fortpflanzung und Entwicklung beim Wasserfrosch**

3.3 Schwanzlurche

Molche und Salamander besitzen eine eidechsenartige Gestalt. Ihre Haut ist aber weich, feucht und drüsenreich wie bei Fröschen und Kröten. Auch ihre weiteren Körpermerkmale sowie ihre Entwicklung kennzeichnen sie als Amphibien. Da Molche und Salamander einen Schwanz besitzen, bezeichnet man sie als *Schwanzlurche*.

Zur Fortpflanzung sind Schwanzlurche in der Regel ebenfalls auf Wasser angewiesen. Anders als bei den *Froschlurchen* geben die Weibchen ihre Eier erst nach einer **inneren Befruchtung** ins Wasser ab. Die Eier werden anschließend meist einzeln mit ihrer Gallerthülle an Wasserpflanzen geklebt. Die frisch geschlüpften Larven sehen den erwachsenen Tieren schon sehr ähnlich. Sie besitzen einen langen, flachen Ruderschwanz und drei Paare von äußeren Büschelkiemen. Die Larven mancher Schwanzlurche besitzen beim Schlüpfen schon vier Beine. Bei anderen wachsen die Beine erst nach dem Schlüpfen, die Vorderbeine meist zuerst. Die Larven ernähren sich anfangs von ihrer Eihülle, später von kleinen Wassertieren. Die Metamorphose der Schwanzlurche verläuft ähnlich wie bei den Froschlurchen. Sie ist aber weniger auffällig, vor allem, weil der Schwanz erhalten bleibt.

1 Teichmolche vor der Paarung

Viele Schwanzlurche atmen kaum über die sehr einfach gebauten Lungen, sondern überwiegend über die Haut und die Mundhöhle. Da sie außerhalb der Fortpflanzungszeit meist an Land leben, besiedeln sie Lebensräume mit feuchtem Klima. Ihre Nahrung besteht aus Kleintieren wie Insekten, Krebstieren und Würmern. Mit ihrer klebrigen Zunge, die sie blitzschnell hervorschießen können, ergreifen sie ihre Beute und ziehen sie ins Maul.

1 Vergleiche die Entwicklung von Teichmolch und Wasserfrosch.

2 Fortpflanzung und Entwicklung beim Teichmolch

Methode Arbeiten mit einem Bestimmungsschlüssel

1 **Amphibien**

Für viele Fragestellungen wie beispielsweise, ob ein bestimmter Lebensraum als Naturschutzgebiet geschützt werden soll, ist es von Interesse, welche Arten dort vorkommen. Dazu müssen diese Arten bestimmt werden.

Betrachtet man die nebenstehend abgebildeten Amphibien, erkennt man an ihrer Körperform leicht zwei unterschiedliche Typen: Amphibien mit einem Schwanz, nämlich B und D, und solche ohne Schwanz, also A und C. Die beiden Arten ohne Schwanz unterscheiden sich außerdem im Bau ihrer Körperhaut. Bei A ist diese glatt, bei C ist sie warzig. Auch die beiden Amphibien mit einem Schwanz unterscheiden sich: B besitzt einen runden Schwanz, dagegen ist der Schwanz von D flach. Will man die abgebildeten Amphibien A bis D bestimmen, müssen zu den wichtigsten, unterschiedlichen Merkmalen Fragen formuliert und beantwortet werden. Die Fragen sind so gestellt, dass nur zwei Antworten möglich sind. Eine solche Frage könnte beispielsweise lauten: Besitzt das betreffende Amphibium einen Schwanz? Die Antworten können ja oder nein sein. Durch die Antwort wird man zur nächsten Frage geleitet. Hat man diese Frage beantwortet, folgt die nächste. So wird man zu immer weiteren Merkmalsunterschieden geleitet. Am Ende einer solchen Kette von Fragen steht der Name der Art. Sie ist somit bestimmt worden. Man spricht daher von einem **Bestimmungsschlüssel.**

Damit ein Bestimmungsschlüssel leichter zu benutzen ist, kann man ihn auch als Grafik darstellen. Ein Bestimmungsschlüssel in Deutschland vorkommender Amphibienarten ist nebenstehend abgebildet. Dabei entsprechen den Fragen mit ihren Antworten jeweils Wegverzweigungen. Je nach Antwort weisen die Verzweigungen den weiteren Weg. Bei der Benutzung startet man mit der ersten Frage und geht auf dem entsprechenden Weg zur nächsten Frage über. Dieses Vorgehen wird wiederholt, bis man bei einer Art angekommen ist.

1 Bestimme die nebenstehend abgebildeten Amphibien und beschreibe den Weg im Bestimmungsschlüssel.

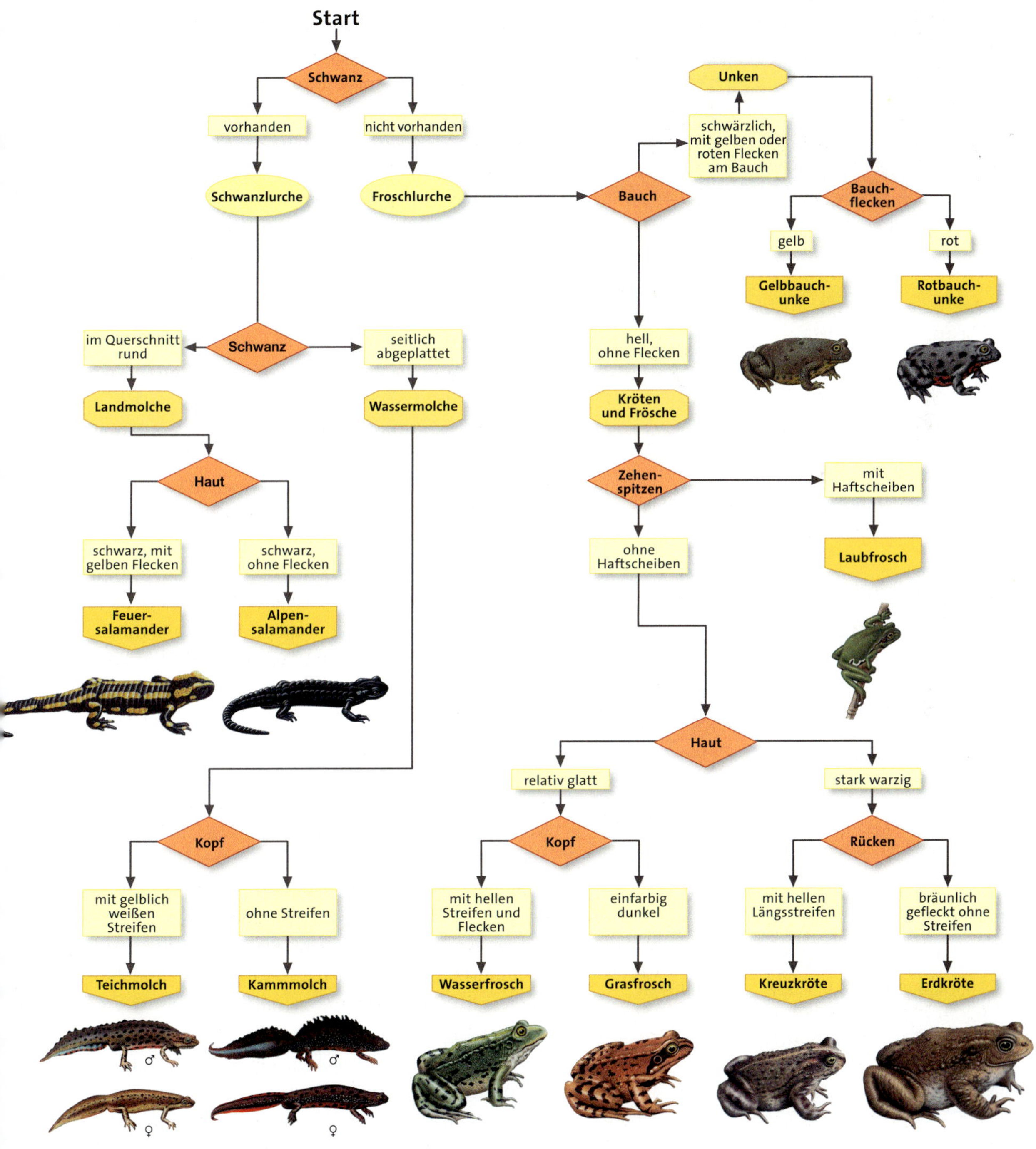

2 **Bestimmungsschlüssel zur Bestimmung einiger einheimischer Amphibien**

1 Erdkröte bei der Paarung

2 Krötenwanderung

Jahr	Kleingewässer (Anzahl)	Hecken (km)	Straßen (km)
1897	948	1930	22
1957	926	1122	44
1997	320	271	88

3 Beispiel für die Veränderung von Lebensräumen von Lurchen

3.4 Lurche sind gefährdet

Einmal im Jahr suchen geschlechtsreife Erdkröten vertraute Gewässer auf, um dort abzulaichen. Häufig befinden sich diese Laichgewässer nicht in der direkten Nachbarschaft zu ihren Winterquartieren und den Lebensräumen im Sommer. Daher unternehmen Kröten oft ausgedehnte Wanderungen. Sie verlassen ihre Verstecke und wandern teilweise auch über offenes Gelände. Müssen sie dabei Straßen überqueren, sind sie besonders gefährdet. Durch ihre langsame Fortbewegung und ihr Verhalten, sich bei Gefahr auf den Boden zu ducken, werden sie leicht Opfer des Straßenverkehrs. Werden neue Straßen gebaut, können diese bestehende Wanderrouten von Kröten durchschneiden.

Die größte Gefahr für die einheimischen Amphibien besteht in der nachhaltigen Veränderung der Landschaft durch andere Tätigkeiten des Menschen: So wurden in der Vergangenheit viele Kleingewässer und Feuchtgebiete trockengelegt, um auch diese Flächen landwirtschaftlich nutzen zu können. Dadurch sind den Amphibien mögliche Laichgewässer genommen worden. Als Folge einer intensiven Landwirtschaft gelangen Stoffe, die für Kröten giftig sind, in den Boden und das Wasser. Beim Überqueren von solchen Flächen nehmen Amphibien diese giftigen Stoffe mit ihrer dünnen Haut leicht auf und werden geschädigt.

Alle einheimischen Amphibien sind stark gefährdet und besonders geschützt. Weder ausgewachsene Amphibien noch ihre Larvenstadien dürfen daher gestört oder aus ihren Lebensräumen entnommen werden. Neben diesem allgemeinen Schutz sind weitere Maßnahmen hilfreich. So kann man Amphibien durch Krötentunnel die sichere Querung von Straßen erleichtern. Durch Krötenzäune entlang bestimmter Straßenabschnitte werden Amphibien an der Überquerung gehindert. Sie können dann regelmäßig eingesammelt und über die Straße getragen werden. Oft werden entlang der Wanderrouten an geeigneten Stellen neue Laichgewässer angelegt. Ein Verzicht auf giftige Pflanzenschutzmittel und auf intensive Düngung in der Landwirtschaft trägt ebenfalls zum Schutz bei.

1 Erstelle ein Säulendiagramm aus den Daten der Abbildung 3 und ziehe Schlussfolgerungen.

Aufgaben und Versuche Lurche

A1 Haut eines Frosches

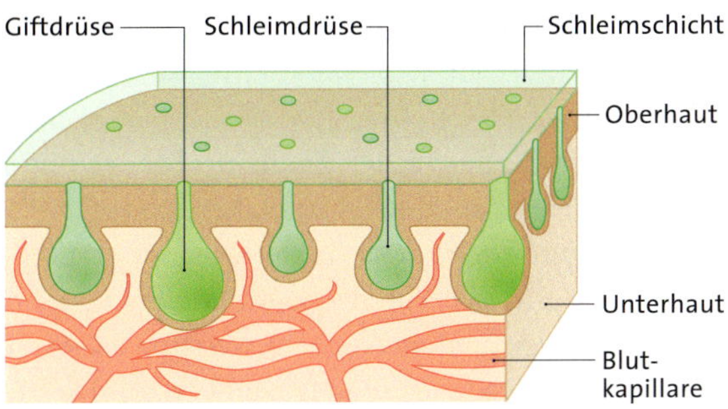

Aufgaben:

a) Erkläre die Zusammenhänge zwischen dem Bau der Haut eines Frosches und ihrer Funktion als Atmungsorgan.

b) Erkläre die Funktion der Schleimdrüsen.

A2 Sauerstoffbedarf

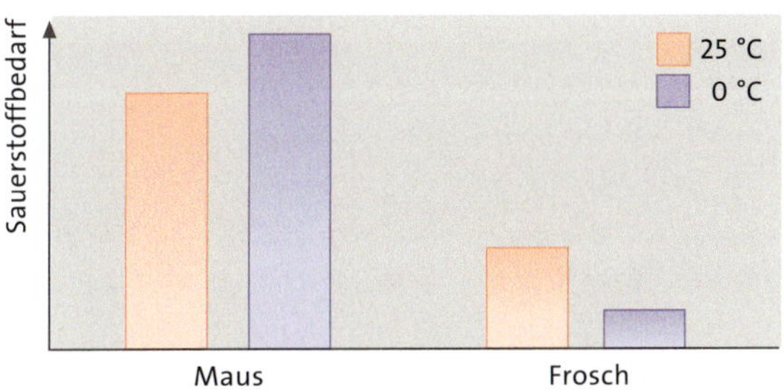

Aufgabe: Werte das Diagramm aus und erkläre die Zusammenhänge.

A3 Larvenstadien eines Frosches

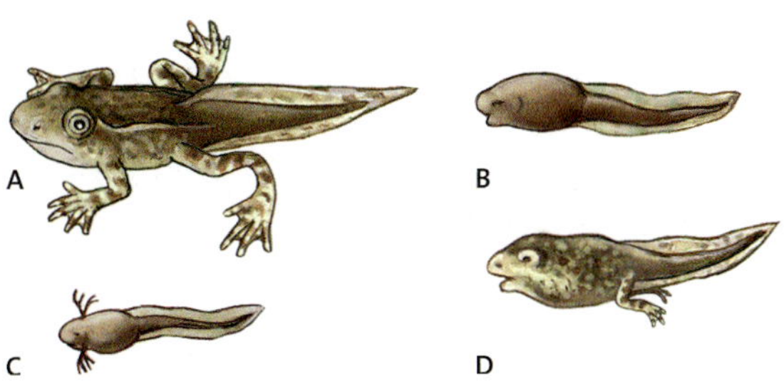

Aufgabe: Ordne die abgebildeten Larvenstadien in die richtige zeitliche Abfolge und begründe.

A4 Fortpflanzung beim Erdbeerfrosch

Erdbeerfrösche sind Baumbewohner im tropischen Regenwald. Zur Fortpflanzung legt das Weibchen drei bis fünf Eier auf einem Blatt ab, wo auch die Befruchtung erfolgt. Bis die Larven schlüpfen, wird das Gelege vom Männchen mit Wasser aus dessen Kloake feucht gehalten. Nach dem Schlüpfen trägt das Weibchen die Kaulquappen einzeln auf seinem Rücken zu je einem wassergefüllten Blatttrichter einer Bromelie und setzt sie dort ab. Anschließend besucht das Weibchen regelmäßig jede ihrer Kaulquappen in deren Bromelientümpel. Auf typische Schwanzbewegungen der Kaulquappen hin legt das Weibchen unbefruchtete Nähreier als Nahrung in deren Tümpel.

Aufgaben:

a) Diskutiere die Vor- und Nachteile von Bromelientümpeln als Lebensraum für Kaulquappen.

b) Erkläre die geringere Anzahl gelegter Eier von Erdbeerfröschen im Vergleich zu anderen Fröschen.

A5 Schutz von Lurchen

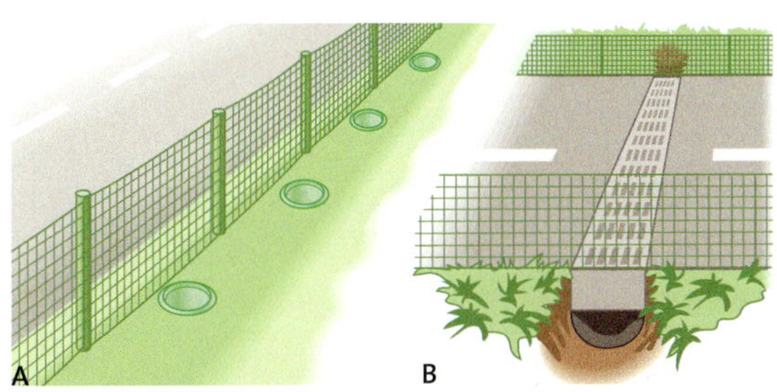

Aufgabe: Erläutere die in der Abbildung dargestellten Maßnahmen zum Schutz von Lurchen.

4 Reptilien sind an viele Lebensräume angepasst

4.1 Die Zauneidechse in ihrem Lebensraum

Auf den Steinen einer von der Sonne erwärmten Trockenmauer kann man manchmal Zauneidechsen beobachten. Meist sitzen sie regungslos da, bei Gefahr aber huschen sie flink in ihre Verstecke. Im Frühjahr sind die Männchen grün gefärbt, später im Jahr nehmen auch sie die braune Tarnfärbung der Weibchen an.

Auffällig ist der schmale, sehr bewegliche Körper der Zauneidechse mit dem langen, dünnen Schwanz. Die vier Beine sitzen seitlich am Rumpf und können den Körper nur wenig vom Boden abheben. So berührt der Bauch der Zauneidechse häufig den Untergrund. Nach hinten drehbare Hinterfüße und Zehen mit spitzen Krallen ermöglichen es der Eidechse, auch an Steinwänden flink zu klettern. Dabei führt sie zunächst das linke Vorderbein und das rechte Hinterbein gleichzeitig nach vorne, danach die beiden anderen Beine. Zusammen mit der seitlichen Beinstellung führt dies zu einer starken Biegung des Rumpfes, zu einem »schlängelnden Kriechen«. Diese Art der Fortbewegung ist typisch für die **Reptilien,** die man auch als *Kriechtiere* bezeichnet.

Die Körperoberfläche der Zauneidechse ist mit vielen Hornschuppen und Hornplatten bedeckt. Diese **Schuppenhaut** schützt die Zauneidechse gegen Austrocknung und vor Verletzungen. Die Schuppenhaut muss von Zeit zu Zeit erneuert werden, da sie nicht mitwächst. Diesen Vorgang nennt man **Häutung.** Hierbei löst sich die alte Haut in großen Fetzen ab, nachdem sich darunter bereits eine neue, noch dehnbare Haut gebildet hat.

Beim Skelett der Zauneidechse fällt besonders die Wirbelsäule als zentrale Achse auf. Die Zauneidechse gehört zu den *Wirbeltieren.* An der Schwanzwurzel ist

1 Zauneidechsen zur Paarungszeit

3 Häutung der Zauneidechse

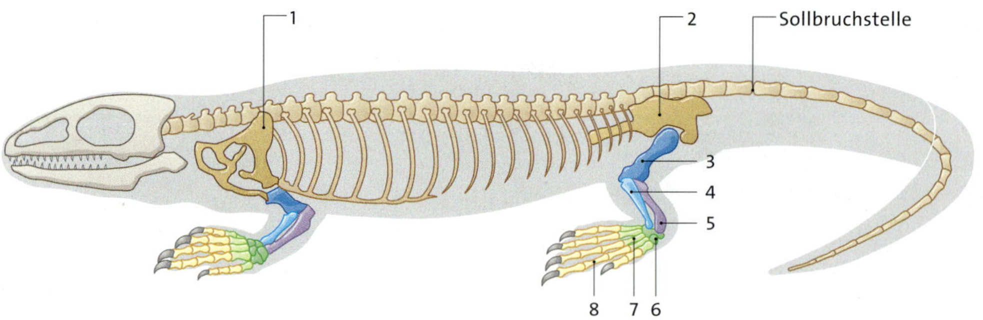

2 Skelett der Zauneidechse

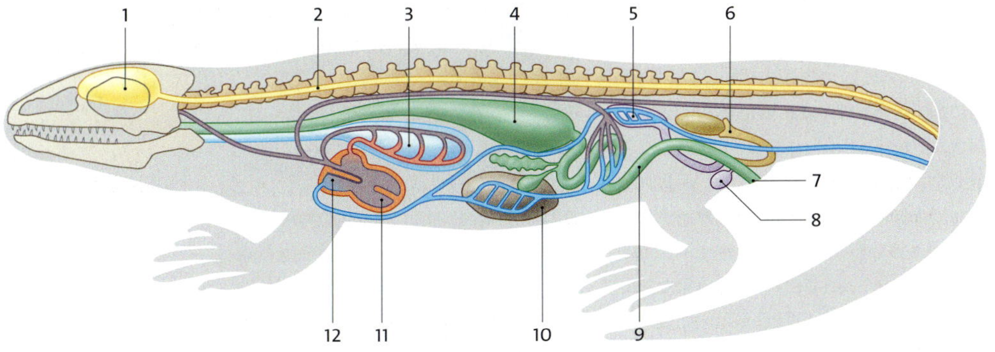

4 Innere Organe der Zauneidechse

die Wirbelsäule nur schwach ausgebildet. Wird eine Eidechse von einem Fressfeind, zum Beispiel einer Elster, am Schwanz gepackt, reißt der Schwanz an dieser *Sollbruchstelle* oft ab. Der abgerissene Schwanz bewegt sich noch kurze Zeit lebhaft weiter und lenkt so den Fressfeind ab. Später wird der fehlende Schwanz zum Teil wieder ergänzt, wobei ein kurzer Knorpelstab die Wirbelsäule ersetzt.

Die beiden Kiefer der Zauneidechse sind mit vielen spitzen Zähnen besetzt. Mit diesen kann sie ihre lebende Beute, die hauptsächlich aus Spinnen, Insekten und Würmern besteht, gut festhalten, aber nicht zerkleinern. Die Beutetiere werden daher mit den Kiefern nur zerquetscht und danach unzerkaut geschluckt. Beim Auffinden der Beute verlässt sich die Zauneidechse vor allem auf ihren Geruchssinn. Mit ihrer gespaltenen Zunge sammelt sie Geruchsstoffe aus der Luft auf und führt diese ihrem Riechorgan im Gaumen zu. Auch ihre leistungsfähigen Augen, die zusätzlich zu den Lidern noch eine schützende *Nickhaut* aufweisen, helfen der Zauneidechse beim Beutefang.

5 Schlüpfende Zauneidechsen

Im Herbst verkriechen sich die Zauneidechsen in frostsicheren Erdhöhlen und bleiben dort bis zum Frühjahr. Sie können nämlich, anders als die Säugetiere und die Vögel, ihre Körpertemperatur nicht selbstständig regulieren. Nur wenn die Umgebungstemperatur hoch genug ist, können Eidechsen körperlich aktiv sein. Deshalb kann man Zauneidechsen oft beobachten, wie sie sich sonnen und sich dabei aufwärmen. Man bezeichnet Tiere wie Eidechsen als **wechselwarm.** Auch Lurche und Fische sind wechselwarm.

Die Paarungszeit der Zauneidechsen liegt im zeitigen Frühjahr. Jetzt verteidigen die Männchen ihre Reviere gegen andere Männchen und locken Weibchen an. Nach einem kurzen Paarungsspiel kommt es zur Begattung des Weibchens. Die Eier werden im Inneren des Weibchens befruchtet. Wenig später sucht es ein geeignetes warmes und feuchtes Erdversteck und legt in dieses sechs bis zwölf weiße Eier. Dieses Verhalten nennt man **Brutfürsorge.** Die Eier besitzen keine harte Kalkschale, sondern sind von einer *pergamentartigen Hülle* umgeben. Die Elterntiere kümmern sich nicht weiter um das Gelege. Allein die Wärme der Umgebung ermöglicht nun die Entwicklung der Eier. Nach etwa zwei Monaten schlüpfen die Jungeidechsen und sind sofort selbstständig.

1 Vergleiche das Skelett und die inneren Organe eines Reptils und eines Fisches.

2 Erläutere die Vor- und Nachteile der auffälligen grünen Färbung der männlichen Zauneidechsen.

4.2 Schlangen

Am Ufer eines Teichs gleitet eine graue Schlange lautlos durch den Schilfbewuchs in Richtung Wasser. Dabei schiebt sich ihr langer, schlanker Körper geschmeidig durch das Dickicht der Schilfstängel. Auch im Wasser bewegt sie sich mühelos. Mit schlängelnden Körperbewegungen, die wellenartig von vorn nach hinten durch ihren Körper laufen, windet sie sich durch das Wasser. Ihren Kopf hält sie beim Schwimmen stets knapp über der Wasseroberfäche. Nun kann man die beiden auffällig gelben Flecken seitlich am Hinterkopf erkennen; es handelt sich um eine Ringelnatter.

1 Ringelnatter

Die Ringelnatter besitzt wie alle Schlangen eine sehr lange, bewegliche Wirbelsäule. Bis auf den kurzen Hals und den Schwanzabschnitt tragen alle Wirbel je ein Paar frei beweglicher Rippen. Durch die hohe Beweglichkeit der Wirbelsäule kann die Ringelnatter ihren Körper in enge Windungen legen. Vor allem im Wasser bewegt sie sich durch dieses *Schlängeln* geschickt vorwärts. An Land unterstützen die nach hinten gerichteten Hornplatten am Bauch diese Fortbewegung.

Dies allein erklärt aber nicht, wie sich die Ringelnatter bisweilen auch ohne starke seitliche Bewegungen gleitend fortbewegen kann. Entscheidend hierbei ist, dass ihre Rippen über Rippenmuskeln mit der Bauchdecke verbunden sind. So können einzelne Rippenpaare durch Muskelbewegungen nach vorne gezogen und die breiten Bauchschuppen in diesem Bereich aufgestellt werden. Die aufgestellten Bauchschuppen ermöglichen der Ringelnatter, sich auf ihrer Unterlage festzuhalten und benachbarte Körperabschnitte nach vorne zu schieben. Diese Bewegungen der Rippen wiederholen sich abschnittsweise entlang ihres Körpers. So kommt eine gleitende Vorwärtsbewegung zustande.

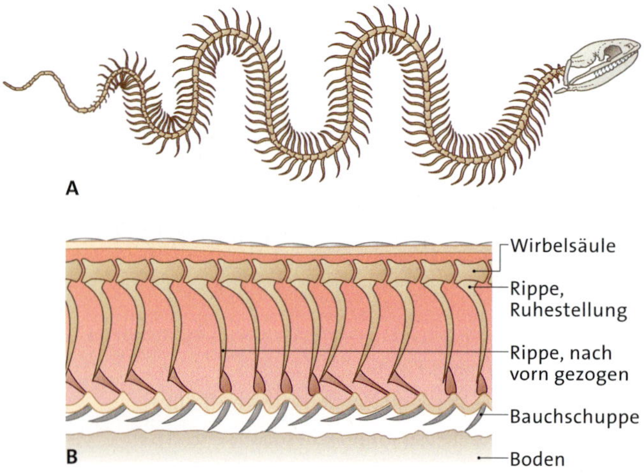

2 Fortbewegung einer Schlange. A Skelett; **B** Rippenbewegungen

Ringelnattern jagen meist im Uferbereich eines Gewässers. Ihre Beute, wie beispielsweise Frösche, können sie nur sehen, wenn diese sich bewegt. Viel wichtiger für die Jagd ist deshalb ihr Geruchssinn: Immer wieder streckt die Ringelnatter bei geschlossenem Maul ihre gespaltene Zunge nach vorne, sie *züngelt.* Dabei nimmt sie Geruchsstoffe auf und führt diese ihrem Riechorgan im Gaumen zu. Indem sie beim Züngeln zusätzlich den Kopf hin und her bewegt, kann sie die Richtung feststellen, aus der ein bestimmter Geruch kommt.

Nimmt die Ringelnatter eine Beute wahr, nähert sie sich langsam und stößt plötzlich mit geöffnetem Maul zu. Die nach hinten gerichteten Zähne halten die Beute fest. Da beide Unterkieferhälften nicht starr verbunden sind, kann sie diese unabhängig voneinander bewegen. So wird die Beute durch abwechselndes Vor- und Zurückschieben der Unterkieferhälften langsam in das Maul gezogen und unzerkaut verschlungen. Bei größeren Beutetieren muss die Schlange ihr Maul besonders weit öffnen können. Dies ermöglicht ein zusätzlicher Knochen im Kiefergelenk, der *Kieferstiel.* Die Beute erstickt beim Verschlucken oder wird durch die Verdauungssäfte des Magens getötet.

Die Kreuzotter, eine andere heimische Schlange, kommt hauptsächlich in Heidelandschaften und auf sonnigen Geröllhalden in den Mittelgebirgen vor. Sie kann ebenfalls gut schwimmen. Die Kreuzotter ist kürzer und gedrungener als die Ringelnatter. Ihr Kopf ist deutlich vom Rumpf abgesetzt. Meist ist sie an ihrer dunklen Zickzackband-Färbung auf dem Rücken gut erkennbar, es gibt aber auch einfarbige Tiere.

Im Gegensatz zur Ringelnatter lauert die Kreuzotter unbeweglich auf ihre Beute. Kommt beispielsweise eine Maus in ihre Reichweite, stößt sie blitzschnell nach vorne und beißt kurz zu, lässt aber ihre Beute gleich wieder los. Die Kreuzotter ist eine *Giftschlange.* In ihrem Oberkiefer trägt sie zwei Giftzähne, die beim Öffnen des Mauls nach vorne klappen und sich aufstellen. Beim Biss gelangt Gift aus den im Oberkiefer liegenden Giftdrüsen über einen Kanal in den Giftzähnen in die Bisswunde. Die Kreuzotter spürt das tote Beutetier mit ihrem Geruchssinn auf und verschlingt es ähnlich wie die Ringelnatter.

Der Biss der Kreuzotter ist für kleine Beutetiere meist tödlich. Für den Menschen ist er hingegen nur selten gefährlich. Dagegen sind Bisse anderer Giftschlangen, wie zum Beispiel der nordamerikanischen Klapperschlangen und der afrikanischen Mambas, auch für den Menschen lebensgefährlich.

3 Kreuzotter

1. Beschreibe die Fortbewegung der Ringelnatter am Ufer und im Wasser. Erläutere die Unterschiede.
2. Beschreibe den Beutefang einer Kreuzotter.
3. Klapperschlangen besitzen als zusätzlichen Spürsinn Wärmesensoren. Überlege, welches die hauptsächlichen Beutetiere dieser Schlangen sind.

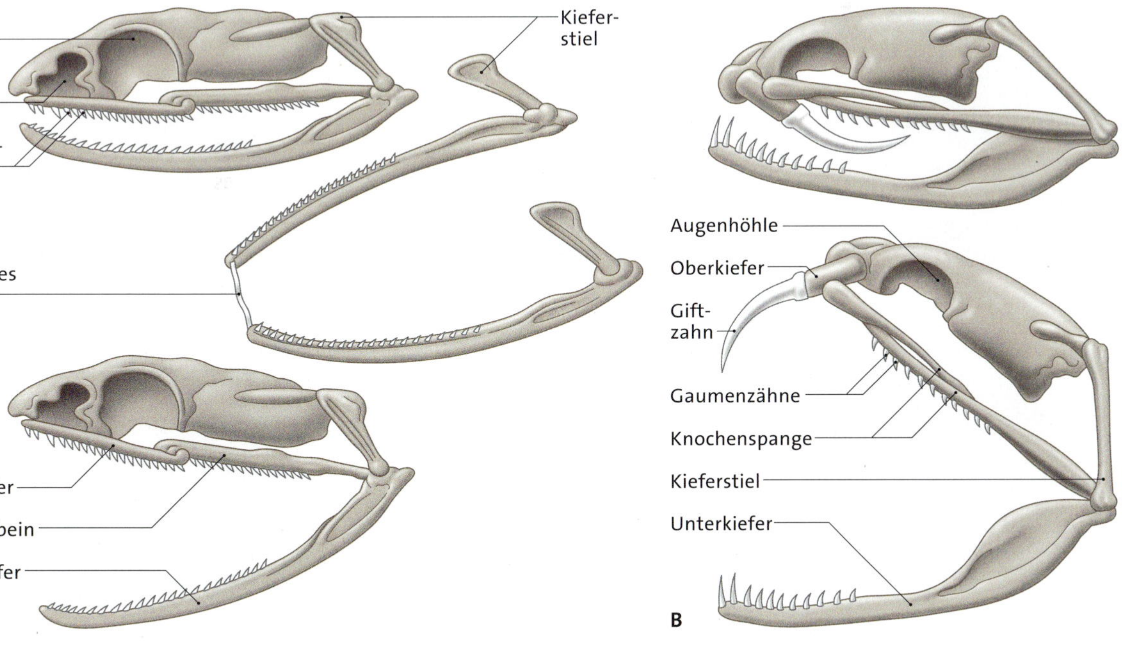

4 Kieferapparat bei Schlangen. **A** Ringelnatter; **B** Kreuzotter

4.3 Krokodile und Schildkröten

In der Mittagshitze liegen die bis zu sieben Meter langen Nilkrokodile häufig mit weit geöffnetem Maul regungslos am Ufer. Über das Maul verdunstet dann Wasser, was den Krokodilen etwas Abkühlung verschafft. Wenn es zu heiß wird, ziehen sich die Krokodile entweder in den Schatten oder ins Wasser zurück.

Krokodile haben eine eidechsenartige Gestalt. Ihre Haut ist mit großen Hornschildern bedeckt, die auf dem Rücken verknöchert sind. Charakteristisch sind der lange Schwanz und die kurzen, kräftigen Beine, die seitlich am Körper sitzen. Im geöffneten Maul finden sich zahlreiche kegelförmige Zähne. Das Gebiss der Krokodile dient mehr dem Festhalten und weniger dem Zerreißen der Beute. Zähne, die verloren gehen, werden durch nachwachsende Zähne ersetzt.

Am Gebiss lassen sich drei Gruppen von Krokodilen unterscheiden: Bei den *Alligatoren,* zu denen auch die *Kaimane* zählen, sind die Zähne bei geschlossenem Maul kaum sichtbar. Alligatoren kommen vorwiegend in Amerika vor. Bei den *echten Krokodilen* wie Nilkrokodil und Leistenkrokodil sind bestimmte Unterkieferzähne groß und stets sichtbar. Echte Krokodile sind weltweit in allen warmen Regionen außer in Amerika vertreten. *Gaviale* besitzen eine sehr lange, schmale Schnauze mit vielen kleinen und spitzen Zähnen; ihr Verbreitungsgebiet ist Indien.

1 Nilkrokodil

Krokodile sind an das Leben im Wasser hervorragend angepasst. Ihre Nasenöffnungen liegen auf der höckerförmig erhöhten Schnauzenspitze und lassen sich verschließen. Auch die Ohren können durch eine Haut-

2 Verbreitung von Krokodilen. **A** Mississippi-Alligator; **B** Mohrenkaiman; **C** Nilkrokodil; **D** Ganges-Gavial; **E** Leistenkrokodil falte verschlossen werden. Die Augen sitzen seitlich hoch am Kopf. Daher können Krokodile im Wasser so weit untertauchen, dass nur noch Augen und Nasenöffnungen aus dem Wasser ragen. So sind sie gut getarnt. Im Wasser bewegen sich Krokodile geschickt, hauptsächlich mit Hilfe ihres seitlich abgeflachten Ruderschwanzes.

Meist lauern Krokodile regungslos im flachen Wasser auf ihre Beutetiere. Dies können beispielsweise Tiere sein, die zum Trinken ans Wasser kommen. Die Krokodile schießen plötzlich nach vorne, ergreifen die Beute und ziehen sie ins tiefere Wasser. Dort halten sie die Beute so lange unter Wasser fest, bis diese ertrunken ist. Krokodile selbst können bis zu einer Stunde unter Wasser bleiben. Durch Festbeißen und Drehen um ihre Körperachse reißen sie Stücke aus der Beute. Da Krokodile meist kranke Tiere und auch Aas fressen, tragen sie zur Gesunderhaltung der Tiergesellschaften ihres Lebensraums bei.

Krokodile legen ihre Eier in feuchte Nestgruben am Ufer, die sie oft mit Gras auskleiden und mit Erde bedecken. Beim Nilkrokodil benötigen die Jungen etwa zwölf Wochen bis zum Schlüpfen. Während dieser Zeit bewacht die Mutter ihr Gelege und hilft den Jungen auch, sich aus der Nestgrube zu graben. In der folgenden Zeit beschützt die Mutter ihre Jungen weiter und beteiligt sie an ihrer Beute. Durch diese **Brutpflege** wachsen die Jungen sehr schnell heran.

Das älteste in einem Zoo lebende Tier war eine Schildkröte. Sie wurde 1835 von dem Naturforscher Charles DARWIN von den Galapagos-Inseln im Pazifik mitgenommen und starb 2006 im Zoo von Brisbane. Schildkröten sind gedrungen gebaute Reptilien mit knöchernem Rücken- und Bauchpanzer. Sie können bei Gefahr Kopf, Beine und Schwanz mehr oder weniger vollständig unter ihren Panzer zurückziehen. Diese Tiere besitzen keine Zähne, sondern scharfe Hornschneiden.

Man unterscheidet zwei Gruppen von Schildkröten: Die *Landschildkröten* besitzen einen schweren, hoch aufgewölbten Panzer und kräftige, säulenartige Beine. Sie bewegen sich langsam und schwerfällig. *Wasserschildkröten* besitzen hingegen einen flachen Panzer, der für die Fortbewegung im Wasser strömungsgünstiger ist. Ihre Beine sind zu Flossen umgewandelt. Dies ermöglicht ihnen eine schnelle und geschickte Fortbewegung im Wasser. Auch bei Wasserschildkröten erfolgt die Eiablage stets an Land. Meeresschildkröten beispielsweise suchen dazu immer wieder dieselben Strandabschnitte auf, an denen sie einst selbst geschlüpft waren. Dort legen sie ihre Eier in eine Grube im warmen Sand ab. Die jungen Schildkröten wandern nach dem Schlüpfen direkt ins Meer.

3 Griechische Landschildkröte

1 Stelle eine Vermutung an, welche Gruppe der in Abbildung 2 dargestellten Krokodile sich nur von Fischen ernährt, und begründe.

2 Beschreibe die Anpassung der Wasserschildkröten an den Lebensraum Wasser.

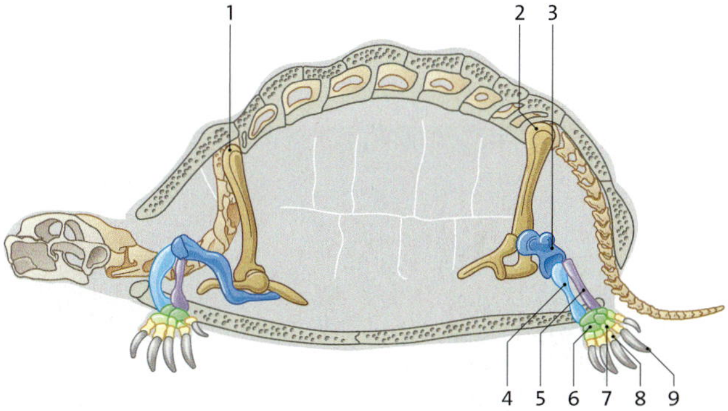

1 Schultergürtel
2 Beckengürtel
3 Oberschenkelknochen
4 Schienbein
5 Wadenbein
6 Fußwurzelknochen
7 Mittelfußknochen
8 Zehenknochen
9 Krallen

4 Skelett einer Landschildkröte

4.4 Kriechtiere sind gefährdet

Von den dreizehn in Deutschland heimischen Kriechtieren sind nur zwei Arten, nämlich Blindschleiche und Ringelnatter, relativ häufig. Aber auch deren Rückgang ist Besorgnis erregend. Vier Arten dagegen, darunter die Sumpfschildkröte und die Würfelnatter, sind in weiten Gebieten, darunter auch in Sachsen, bereits ausgestorben. Für die Würfelnatter gab es vor rund zehn Jahren bei Meißen Versuche zur Wiederansiedlung, die offensichtlich geglückt sind. Ein besonderer Fall ist die in Südeuropa verbreitete Mauereidechse. Ihre Vorkommen im Elbtal bei Dresden gehen auf Aussetzungen zurück, sie gehört jedoch nicht zu den in Sachsen heimischen Kriechtieren.

Kriechtiere sind wichtige Glieder in den Nahrungsketten. Eidechsen zum Beispiel fressen vor allem Insekten, Spinnen und Würmer, dienen aber selbst zahlreichen Feinden wie Greifvögeln und Störchen als Nahrung. Diese natürlichen Feinde sind jedoch nicht die Ursache für die Bedrohung der heimischen Kriechtiere. Ihr eigentlicher Hauptfeind ist der Mensch. Kriechtiere benötigen zum Leben genügend ungestörte sonnige und trockene Stellen mit vielen Versteckmöglichkeiten. Hochmoore, Heideflächen, Bahndämme, Mauerreste, aufgelassene Steinbrüche und Feldhecken sind häufige Rückzugsgebiete für Kriechtiere.

Viele dieser Lebensräume werden durch menschliche Aktivitäten zerstört, etwa durch die landwirtschaftliche Nutzung. So werden oft Feuchtgebiete, die den Lebensraum für Ringelnatter und Sumpfschildkröte bilden, trockengelegt, um Ackerland zu gewinnen. Auch der Einsatz von Insektenvernichtungsmitteln und anderen Giftstoffen sowie von Düngemitteln beeinträchtigt die Kriechtiere. Desweiteren wurde beobachtet, dass Kriechtiere durch Freizeitaktivitäten des Menschen beeinträchtigt werden. So verschwinden beispielsweise Mauereidechsen von Felswänden, an denen Klettersport betrieben wird.

1 Mauereidechse

Um die heimischen Kriechtiere zu schützen, sollten vor allem die Lebensräume wie Feuchtgebiete und Trockengebiete erhalten werden. Das Aufschichten von Steinhaufen und das Anlegen von Hecken in der Feldlandschaft sind wichtige Schritte zum Erhalt von Kriechtieren. Auch alte Steinmauern sollten auf keinen Fall entfernt werden, denn sie erfüllen äußerst wichtige Funktionen als Orte der Eiablage und als Rückzugsgebiete nicht nur für Kriechtiere, sondern für viele weitere Arten.

1 Erläutere Schutzmaßnahmen für Kriechtiere.

2 Würfelnatter

3 Trockenmauer

Wissen kompakt Kriechtiere in Deutschland

Name: Smaragdeidechse
Aussehen: Schuppenkleid leuchtend grün mit schwarzen Punkten; zur Paarungszeit im Frühjahr sind die Kehlen der Männchen tiefblau gefärbt; bis 40 cm lang
Nahrung: Kleintiere, vor allem Insekten
Vorkommen: sonnige, warme Steinmauern; vorwiegend in Süddeutschland; selten
Besonderheit: größte Eidechse in Deutschland

Name: Glattnatter
Aussehen: kleiner, wenig vom Hals abgesetzter Kopf; schlanker, grau-brauner Körper mit dunkelbraunem Streifen vom Auge bis zum Mundwinkel; bis 80 cm lang
Nahrung: Eidechsen und kleine Schlangen sowie Mäuse
Vorkommen: hauptsächlich Waldlichtungen und Waldränder; europaweit verbreitet; sehr selten
Besonderheit: tötet ihre Beute durch Umschlingen

Name: Blindschleiche
Aussehen: schlangenartiger, braun bis oliv gefärbter Körper ohne Beine; Zähne nach hinten gerichtet, bauchseitig kleine Schuppen; bis 40 cm lang
Nahrung: vor allem Regenwürmer und Nacktschnecken
Vorkommen: schattige und etwas feuchte Orte; deutschlandweit verbreitet; häufig
Besonderheit: seitlich windende Fortbewegungsweise; Sollbruchstelle an der Schwanzbasis; näher verwandt mit Eidechsen als mit Schlangen

Name: Europäische Sumpfschildkröte
Aussehen: dunkel gefärbter, flacher Panzer mit gelben Punkten auf dem Rücken; bis 25 cm lang
Nahrung: kleine Fische, Insekten und Kaulquappen
Vorkommen: ruhige, klare Seen mit dichtem Uferbewuchs; europaweit verbreitet; sehr selten
Besonderheit: Überwinterung im Bodenschlamm des Sees; Bauch- und Rückenpanzer elastisch verbunden

1 Erläutere am Beispiel der Blindschleiche die Angepasstheiten an den Lebensraum.

Methode Erstellen eines Steckbriefes

In einem Steckbrief werden Tier- oder Pflanzenarten kurz beschrieben. Der Leser erhält in Kurzform alle wichtigen Informationen, die erforderlich sind, um anhand der Beschreibung das Lebewesen zu erkennen. Meist ist ein Steckbrief mit einer Abbildung versehen.

Zunächst muss überlegt werden, welche Informationen zu dem betreffenden Lebewesen wichtig sind und in welcher Reihenfolge sie in dem Steckbrief aufgeführt werden sollen. Wichtige Informationen sind zum Beispiel das Aussehen und die Körpermaße der Tier- oder Pflanzenart. Das Vorkommen der Art sollte ebenso beschrieben werden wie ihre Lebens- und Ernährungsweise. Möglicherweise sind spezielle Kennzeichen oder Besonderheiten zu nennen. Die Informationen können aus Filmen, Büchern oder Zeitschriften und dem Internet gesammelt werden. In einer anschließenden Gliederung werden sie inhaltlich sortiert und ihre Reihenfolge auf dem Steckbrief festgelegt.

Ein Steckbrief kann auch für ausgestorbene Arten erstellt werden. Beispielsweise fand man in der Nähe von Solnhofen in Bayern versteinerte Überreste eines Urvogels, der vor etwa 150 Millionen Jahren lebte.

Aufgrund dieser Versteinerungen kann man sich heute vorstellen, wie dieser Urvogel vielleicht aussah und welche Lebensweise er hatte. So weiß man, dass er in seinem Körperbau weniger einem Vogel, als vielmehr einem Dinosaurier glich. Dinosaurier waren eine äußerst umfangreiche Gruppe von Kriechtieren, die vor etwa 200 Millionen Jahren auf der Erde erschienen und vor 65 Millionen Jahren ausgestorben sind (siehe auch Seite 164 bis 171).

Ein Steckbrief nennt zuerst den Namen und die fachwissenschaftliche Bezeichnung. Falls möglich, sollte die verwandtschaftliche Einordnung genannt werden. Bei ausgestorbenen Arten wie dem Urvogel ist dies nicht so einfach. Vorkommen, Körpermaße und Aussehen sind wichtige Details, die in einem Steckbrief nicht fehlen dürfen. Zu einem ausführlichen Steckbrief gehören noch weitere Informationen zum Lebensraum und zur Lebensweise. Zum Schluss werden mögliche Besonderheiten aufgeführt. Danach wird der Steckbrief mit einer Zeichnung oder einem Foto versehen.

1 Erstelle den Steckbrief einer Würfelnatter und eines Nilkrokodils oder eines Geckos.

Name: Urvogel *(Archaeopteryx lithographica)*
Verwandt mit: Dinosaurier; Vorfahre heutiger Vögel
Vorkommen: in der Jurazeit vor etwa 150 Millionen Jahren; heutiges Altmühltal bei Solnhofen und Eichstätt in Süddeutschland
Körpermaße: Größe einer Taube
Aussehen: lange Kiefer mit spitzen Zähnen; Vorderbeine als Flügel ausgebildet; drei Finger mit Krallen; langer, aus vielen Wirbeln bestehender Schwanz; Federn
Lebensraum: flache Uferzone am Meer
Lebensweise: vermutlich guter Läufer, aber schlechter Flieger; vermutlich flatternd, um weite Sprünge zu unterstützen; räuberisch
Besonderheiten: mehrere Merkmale von Kriechtieren; Federn als wichtigstes Merkmal von Vögeln

1 **Steckbrief eines Urvogels**

Aufgaben und Versuche Kriechtiere

A1 Verhalten der Zauneidechse

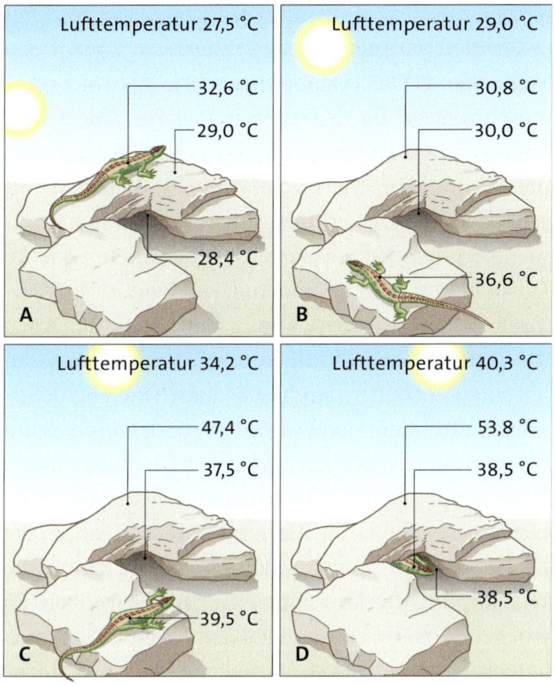

Die obigen Abbildungen zeigen typische Verhaltensweisen einer Zauneidechse im Verlauf eines heißen Sommertags.

Aufgabe: Beschreibe das Verhalten der Eidechsen und erläutere diese Verhaltensweisen.

A2 Färbungen bei Korallenschlangen

Die in Nordamerika vielfach vorkommenden Korallenschlangen sind sehr giftig und auffällig gefärbt. Um ihren Körper herum verlaufen breite, abwechselnd schwarze, rote und gelbe Farbbänder.

Wegen ihrer auffälligen Färbung können Korallenschlangen leicht von ihren Feinden entdeckt werden. Neben den Korallenschlangen gibt es in Nordamerika viele, sehr ähnlich gefärbte Schlangen, die aber nur schwach giftig oder ungiftig sind. Diese unechten Korallenschlangen lassen sich durch ihre Färbung nur schwer von den Korallenschlangen unterscheiden.

Aufgaben:

a) Erläutere die Bedeutung der auffälligen Färbung der Korallenschlangen.

b) Die unechten Korallenschlangen erlangen Vorteile durch ihre Färbung. Erkläre.

A3 Fortpflanzung bei der Waldeidechse

Bergeidechsen sind in den kühlen Bergregionen Europas und Asiens weit verbreitet. Sie legen ihre Eier nicht wie Zauneidechsen ab. Die vergleichsweise wenigen Jungen schlüpfen am Ende ihrer Entwicklung noch im Körper der Mutter und werden lebend geboren.

Aufgaben:

a) Erläutere den Zusammenhang zwischen dem Lebensraum und der besonderen Fortpflanzungweise der Bergeidechsen.

b) Stelle Vor- und Nachteile dieser besonderen Fortpflanzungsweise zusammen.

A4 Panzerformen bei Schildkröten

In der Abbildung sind die Panzer von zwei Schildkröten dargestellt, die in unterschiedlichen Lebensräumen vorkommen.

Aufgabe: Erläutere den Zusammenhang zwischen der Form der Panzer und den Lebensräumen dieser Schildkröten.

Zusammenfassung Fische, Lurche, Kriechtiere in ihren Lebensräumen

Erschließungsfelder
Aus der Beobachtung und Beschreibung einzelner biologischer Sachverhalte kann man allgemein anwendbare übergeordnete Konzepte ableiten. Diese Konzepte ermöglichen die Erschließung weiterer biologischer Sachverhalte. Deshalb werden sie als Erschließungsfelder bezeichnet. Sie helfen grundlegende biologische Prinzipien wie zum Beispiel den Zusammenhang zwischen dem Bau von Organen und ihrer Funktion oder die Angepasstheiten von Lebewesen an ihren Lebensraum zu begreifen. Mit der Kenntnis der Erschließungsfelder kann man neue Phänomene leichter verstehen und die Zusammenhänge auch besser im Gedächtnis behalten.

Erschließungsfeld Vielfalt
Das Erscheinungsbild von Lebewesen ist sehr vielfältig. Dies betrifft nicht nur die Körpergröße und die Farbigkeit, sondern auch die Gestalt, den Bau der Organe und die Art der Fortpflanzung. So unterscheiden sich viele Fischarten wie die Scholle oder das Seepferdchen in ihrer Körperform deutlich von einem Karpfen oder Hering. Dies hängt mit der Lebensweise und dem Lebensraum der betreffenden Art zusammen. Die Erhaltung dieser Vielfalt erfordert einen konsequenten Artenschutz. Dessen Grundlage ist es die Zerstörung von Lebensräumen durch menschliche Aktivitäten zu vermeiden.

Erschließungsfeld Angepasstheit
Viele Fische haben stromlinienförmige Körper. Diese Form verringert bei Bewegungen im Wasser den Widerstand. Das erlaubt eine schnellere und energiesparendere Fortbewegung. Weitere Angepasstheiten an den Lebensraum sind bei der Ausbildung der Atmungsorgane zu beobachten: Während Fische und die Larven der Lurche über Kiemen atmen, erfolgt der Gasaustausch bei allen anderen Wirbeltieren in den Lungen. Diese sind im Körperinneren gegen Austrocknung gut geschützt. Auch die Hautoberflächen zeigen Angepasstheiten an den jeweiligen Lebensraum. Fische haben eine Schleimschicht auf der Haut, die den Widerstand beim Schwimmen herabsetzt. Lurche sind zeitlebens an Wasser oder feuchte Lebensräume gebunden. Die Haut dieser Feuchtlufttiere muss durch zahlreiche Drüsen immer feucht gehalten werden, damit die Hautatmung funktioniert. Kriechtiere sind oft an trockene Lebensräume angepasst. Als typische Landbewohner haben sie eine trockene Haut mit Hornplatten oder Hornschuppen.

Erschließungsfeld Struktur und Funktion
Fische, Lurche und Kriechtiere bewegen sich schwimmend, kriechend, laufend, springend und in manchen Fällen auch fliegend fort. Der Bau des Körpers, besonders die Struktur des Skeletts, er-

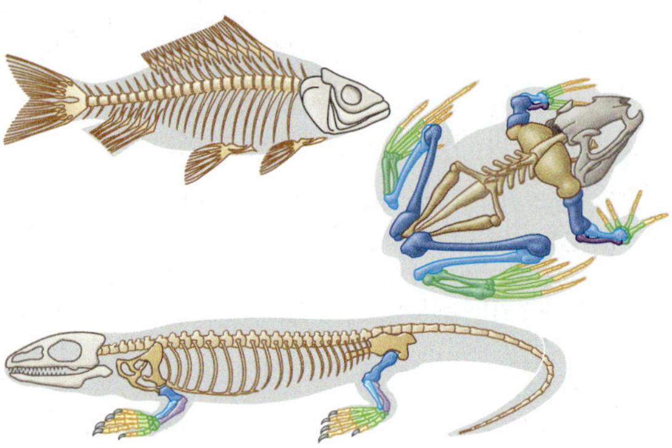

1 Skelett von Fisch, Frosch und Eidechse

2 Seepferdchen: Beispiel für Vielfalt bei Fischen

möglicht diese speziellen Fortbewegungsweisen. Fische erzeugen den Vortrieb im Wasser im Wesentlichen durch die Schwanzflosse, die hin und her bewegt wird. Bei Froschlurchen sind die Hinterbeine als muskulöse Sprungbeine ausgebildet. Zwischen den Zehen der Hinterbeine haben sie außerdem Schwimmhäute, die der Fortbewegung im Wasser dienen. Während die Wirbelsäule bei Fischen und Lurchen meist recht wenig beweglich ist, haben viele Kriechtiere eine sehr bewegliche Wirbelsäule. Diese Eigenschaft ist bei Schlangen besonders gut ausgebildet. Durch schlängelnde Bewegungen des Körpers sowie durch das Zusammenspiel der sich bewegenden Rippen und der Schuppen können Schlangen sehr schnell kriechen. Die schlängelnde Bewegung ermöglicht ihnen auch das Schwimmen im Wasser. Eidechsen bewegen sich ähnlich. Sie haben aber zudem Laufbeine und Krallen an den Füßen, mit denen sie an rauen Flächen gut klettern können.

Erschließungsfeld Information

Lachse orientieren sich bei ihrer Wanderung in das Gewässer, in dem sie aufgewachsen sind, nach dem Geruch des Wassers. Erdkröten schnappen nur nach Beutetieren, die sich bewegen. Männliche Wasserfrösche quaken lautstark, um Weibchen zur Paarung anzulocken und ihr Revier abzugrenzen.

4 Quakender Frosch

Dies sind Beispiele für die Aufnahme und Verarbeitung von Informationen aus der Umwelt, die für die betreffenden Tiere und die Erhaltung der Art lebensnotwendig sind.

Erschließungsfeld Fortpflanzung

Auch hinsichtlich der Fortpflanzung sind Tiere an ihren Lebensraum angepasst. Fische und Lurche benötigen für die Befruchtung der Eizellen sowie für die Embryonal- und Larvenentwicklung geeignete Gewässer. Die Eizellen und Spermien werden frei in das Gewässer abgegeben. Die Befruchtung erfolgt also außerhalb des Körpers. Im Gegensatz zu dieser äußeren Befruchtung der Fische und Lurche erfolgt bei Kriechtieren eine innere Befruchtung im Körper des weiblichen Tieres. Die Eier der Kriechtiere sind durch Häute gegen Austrocknung geschützt. Außerdem kümmert sich das Weibchen meist um die Nachkommen, indem es geeignete Stellen für die Eiablage sucht und die Eier zum Beispiel im warmen Sand eingräbt. Dieses vorsorgende Verhalten zum Wohl der Nachkommen wird als Brutfürsorge bezeichnet.

3 Eier mit schlüpfenden Jungtieren.
A Forelle; **B** Zauneidechse

Wissen vernetzt Fische, Lurche, Kriechtiere in ihren Lebensräumen

A1 Hering und Makrele

A

B

Aufgaben:

a) Vergleiche die Körperform bei Hering (A) und Makrele (B).

b) Ziehe Schlussfolgerungen auf die Lebensweise beider Arten

A2 Atmung beim Frosch

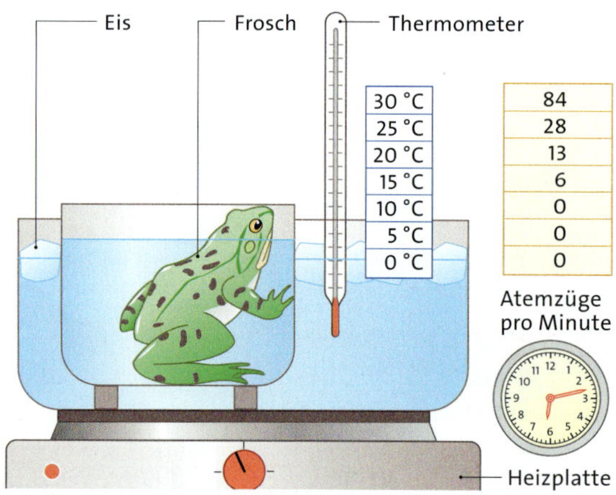

Temperatur	Atemzüge pro Minute
30 °C	84
25 °C	28
20 °C	13
15 °C	6
10 °C	0
5 °C	0
0 °C	0

In der abgebildeten Versuchsanordnung soll die Atmung eines Frosches untersucht werden.

Aufgaben:

a) Erstelle ein Versuchsprotokoll (Durchführung, Beobachtung, Auswertung).

b) Erläutere das Überwinterungsverhalten der Frösche. Stelle einen begründeten Zusammenhang zu dem abgebildeten Versuch her.

A3 Wabenkröte

A

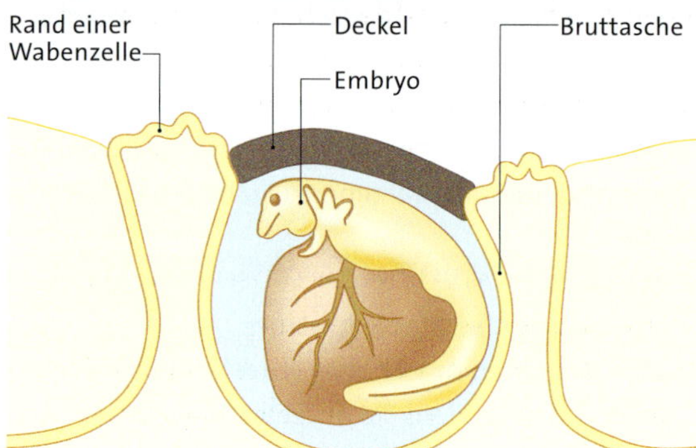

B

Die in Südamerika lebenden Wabenkröten haben eine für Amphibien sehr ungewöhnliche Fortpflanzung: Die vom Männchen befruchteten Eier werden vom Weibchen in dessen schwammartige und stark durchblutete Rückenhaut aufgenommen. Dort entwickeln sich die Larven in wabenartigen Hohlräumen. Nach etwa 13 Wochen schlüpfen bei der »Geburt« fertig entwickelte Jungfrösche aus den Waben.

Aufgaben:

a) Erläutere die besonderen Vorteile des Brutpflegeverhaltens der Wabenkröten.

b) Vergleiche die Entwicklung der Embryonen von Wasserfrosch, Wabenkröte und Reptilien.

c) »Die Wabenkröte lebt nicht mehr amphibisch.« Diskutiere diese Aussage und stelle Argumente gegenüber.

A4 Fisch oder Kriechtier?

Die Abbildung zeigt das versteinerte Skelett einer Tierart, die vor etwa 150 Millionen Jahren gelebt hat. Man konnte bisher schon sehr viele solcher Skelette finden. Bei etwa 50 Funden handelte es sich um schwangere Weibchen, denn im Körperinneren sind mehrere winzige Skelette von Embryonen zu erkennen. Man weiß, dass diese Jungtiere mit dem Schwanz voran geboren wurden. So konnten sie nach der Geburt möglichst schnell auftauchen, um den ersten Atemzug zu machen.

Aufgaben:

a) Begründe, ob es sich bei dieser Tierart um einen Fisch oder ein Kriechtier handelt.

b) Ziehe aus Text und Abbildung begründete Schlussfolgerungen über die Lebensweise und den Lebensraum dieses Tieres. Wende die maßgeblichen Erschließungsfelder an.

A5 Baumschlange

Im Krüger-Nationalpark in Südafrika steht an einer Raststelle ein Baum, an dessen Stamm ein Schild befestigt ist: »Vorsicht! Im Geäst können sich giftige Baumschlangen befinden.«

Aufgaben:

a) Beschreibe, wie sich Schlangen zwischen den Ästen eines Baumes bewegen können.

b) Von den etwa 3000 Schlangenarten weltweit sind rund 500 Arten giftig. Erläutere verschiedene Möglichkeiten des Gifteinsatzes bei Schlangen.

c) Stelle eine begründete Hypothese auf, welche Funktion die Färbung einer Baumschlange hat.

A6 Skelette von Kriechtieren

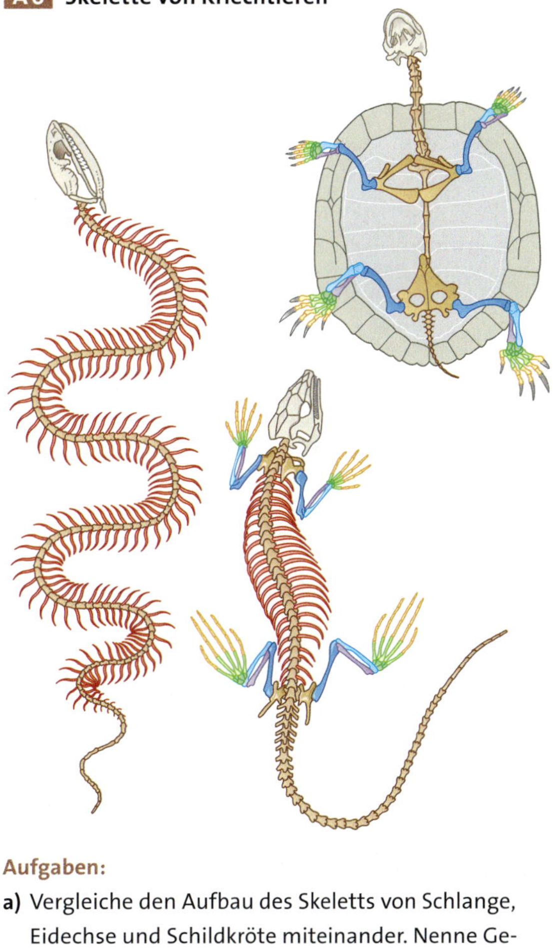

Aufgaben:

a) Vergleiche den Aufbau des Skeletts von Schlange, Eidechse und Schildkröte miteinander. Nenne Gemeinsamkeiten und Unterschiede.

b) Erkläre aus dem unterschiedlichen Skelettaufbau die verschiedenartige Fortbewegung bei Schlangen und Eidechsen.

Vögel in ihren Lebensräumen

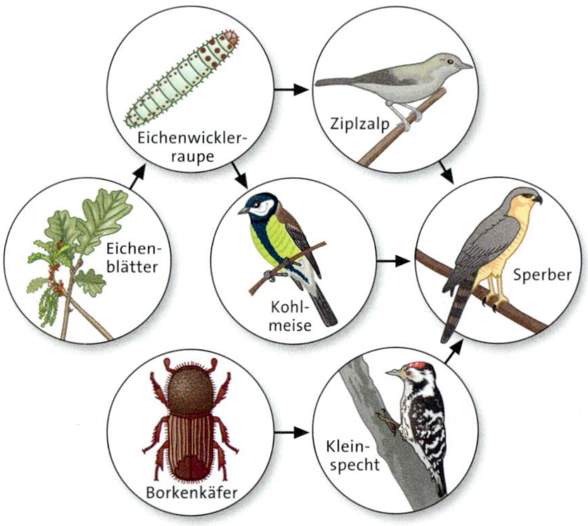

Nahrungsbeziehungen im Wald

Übertragt die in der Abbildung genannten Namen in euren Hefter. Erörtert in eurer Klasse die Nahrungsbeziehungen zwischen diesen Lebewesen und verbindet entsprechend die Namen mit Pfeilen. Begründet eure Zuordnungen.

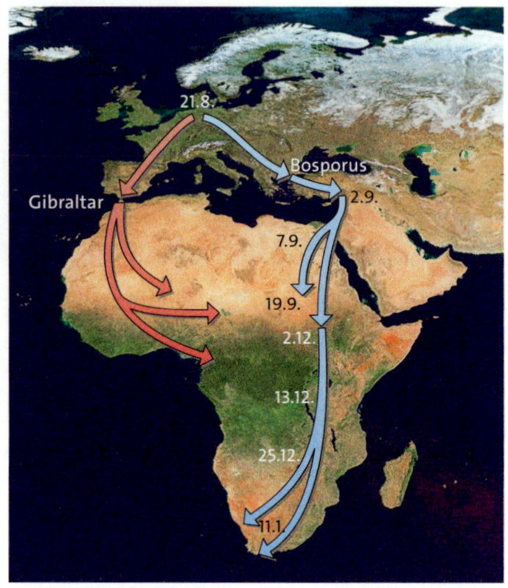

Der Zug der Störche

Satellitenaufnahmen ermöglichen Rückschlüsse über die Zugwege der Störche in ihr Winterquartier.

Begründet das Zugverhalten der Störche. Nehmt den Atlas zu Hilfe. Erstellt in der Klasse eine Präsentation zum Thema »Zugvögel und ihre Zugwege«.

Gleitreptilien – Vorfahren der Vögel?

Bereits vor etwa 250 Millionen Jahren existierten Gleitreptilien wie die abgebildete Art *Coelurosauravus,* die sich fliegend fortbewegen konnten.

Biologen gehen davon aus, dass sich die Vögel aus Reptilien entwickelt haben. Könnten diese Vorfahren Gleitreptilien gewesen sein?

Sucht Argumente, mit denen Ihr diese Hypothese annehmen oder widerlegen könnt. Stellt einen kurzen Vortrag zu dieser Thematik zusammen.

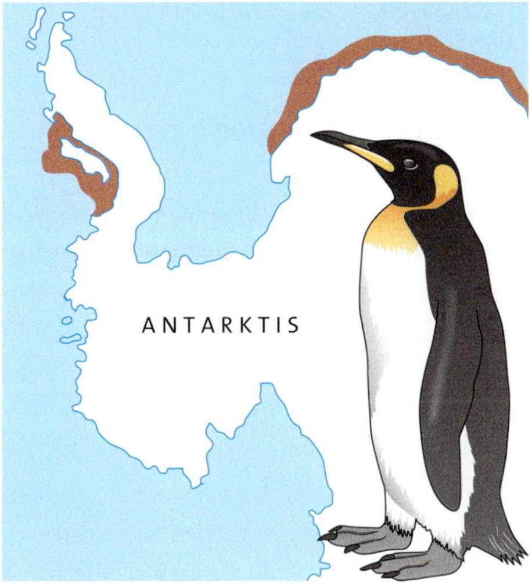

Angepasstheiten an den Lebensraum beim Kaiser-Pinguin

Der Körper des Kaiser-Pinguins ist mit drei Schichten Federn bedeckt, die dachziegelartig übereinander liegen und wasserundurchlässig sowie winddicht sind. In der Haut befindet sich eine sehr dicke Fettschicht. An Land bewegen sich Pinguine nur watschelnd. Im Wasser dagegen schwimmen und tauchen sie hervorragend.

Erklärt die besonderen Angepasstheiten des Kaiser-Pinguins an seinen Lebensraum.

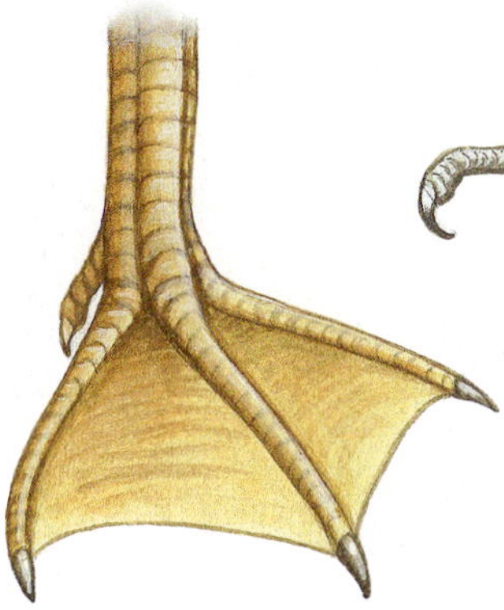

Füße bei Gans und Wellensittich

Beschreibt und vergleicht die Füße von Gans und Wellensittich. Erklärt die Angepasstheiten dieser Füße an die Lebensweise der Tiere.

Hier stimmt etwas nicht

Bei dem Bild einer Stockente wurden mit dem Computer einige Details verändert.

Sucht in Partnerarbeit diese Fehler, zeichnet in einer Skizze die Richtigstellung und begründet diese. Zeichnet dann ein selbst erfundenes Fantasietier mit Merkmalen, die von anderen Tieren stammen. Tauscht eure Zeichnungen aus und lasst die Gruppen raten und erklären.

1 Vögel – an das Fliegen angepasst

1.1 Die Leichtbauweise der Vögel

Einen Adler, den deutschen Wappenvogel, nicht nur auf der Rückseite eines Eurostücks, sondern in freier Natur zu sehen, ist ein besonderes Erlebnis. Zumeist wird es sich dabei um den am weißen Schwanz erkennbaren Seeadler handeln. Majestätisch kreist dieser Vogel am Himmel. Das für ein Tier dieser Größe – Seeadler erreichen eine Flügelspanne bis 2,60 Meter – ziemlich geringe Gewicht von sechs Kilogramm begünstigt das Fliegen. Der Vogelkörper ist durch eine Reihe von Angepasstheiten gekennzeichnet, die mit dem Begriff *Leichtbauweise* zusammengefasst werden können.

Vögel besitzen insgesamt weniger einzelne Knochen als zum Beispiel der Mensch. Außer im Bereich des Halses sind alle anderen Wirbel fest zusammengewachsen und bilden so eine starre Achse. So kann sich der Körper beim Fliegen nicht verbiegen. Das spart Muskelmasse, die ansonsten gebraucht würde, um das Skelett in einer bestimmten Position zu halten. Besonders auffällig ist das stark vergößerte Brustbein mit einem großen Knochenfortsatz, dem Brustbeinkiel. Hier sind die kräftigen Flugmuskeln angewachsen. Der Brustkorb wird durch das Gabelbein und die beiden Rabenschnabelbeine stabilisiert. Dies sind Angepasstheiten an die starken Kräfte, die beim Fliegen auf den Brustkorb einwirken. Nimmt man den Oberarmknochen eines Vogels in die Hand, erweist er sich als leichter als erwartet. Beim Versuch, ihn zu verbiegen, zersplittert er. Wie die Oberarmknochen sind auch andere Knochen des Vogels innen hohle, mit Luft gefüllte Röhrenknochen. Der Schädel ist sehr leicht und besteht aus dünnwandigen Knochen. Dadurch sind Vögel beim Fliegen nicht kopflastig. Die dünnen Kiefer

1 Seeadler

2 Oberschenkelknochen eines Vogels im Längsschnitt

3 Schwäne auf einem Teich

enthalten keine Zähne, sie sind aber mit einem leichten und dennoch stabilen *Hornschnabel* umgeben. Aus der gleichen Hornsubstanz bestehen die Federn. Die Flügel als Tragflächen und Antrieb, der Schwanz zum Steuern sowie die Körperbedeckung zum Schutz vor der Witterung sind somit ebenfalls »federleicht«. Dies zeigt sich auch bei Wasservögeln, die durch ihr Federkleid, in das viel Luft eingelagert ist, wie ein Schiffchen auf dem Wasser schwimmen.

Auch die inneren Organe des Vogels zeigen die Leichtbauweise. Von den Lungen führen Luftsäcke zwischen die inneren Organe und auch in die hohlen Knochen. Sie dienen als Zwischenspeicher für die Atemluft und ermöglichen damit den Austausch der Atemgase sowohl beim Einatmen als auch beim Ausatmen. So sind Vogellungen trotz ihres vergleichsweise geringen Gewichts die leistungsfähigsten Atmungsorgane im ganzen Tierreich. Vögel sind auch deshalb so leicht, weil sie keine Harnblase besitzen, deren schwerer Urin beim Fliegen belasten würde. Stattdessen scheiden sie durch die Kloake zusammen mit dem Kot hoch konzentrierte, weiße Harnsäure aus. Vogelweibchen sparen zudem Gewicht, indem sie nur einen Eierstock ausbilden, der außerhalb der Brutzeit fast völlig zurückgebildet wird. Nur wenige Vogelarten sind ausgesprochene Pflanzenfresser. Die meisten nehmen Fleisch, Fett, Säfte und Samen auf. Schon eine relativ geringe Menge dieser Nahrung liefert viel Energie.

1 Erläutere anhand von vier Baumerkmalen die Bezeichnung »Leichtbauweise des Vogelkörpers«.

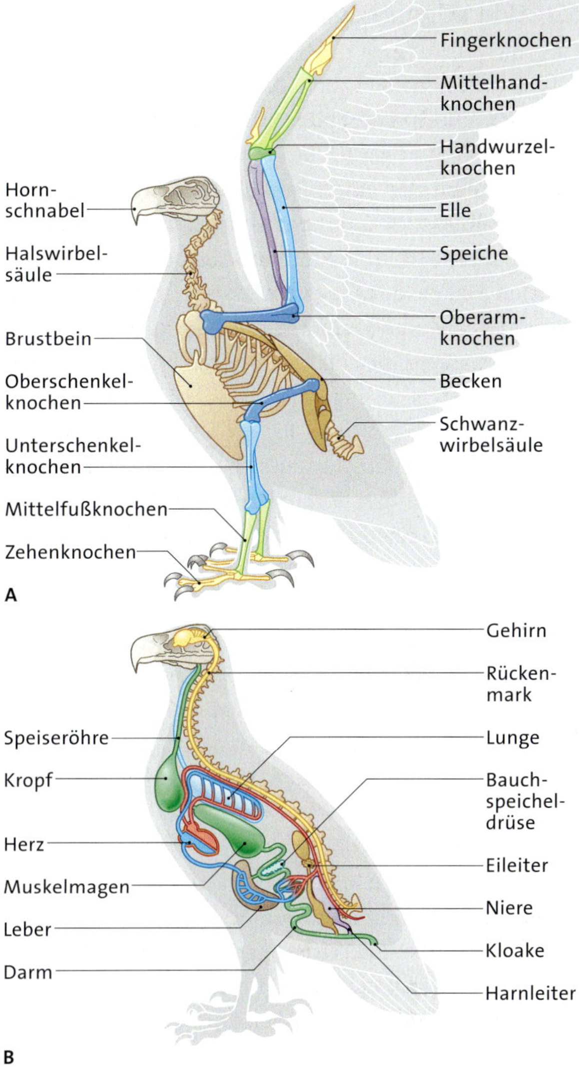

3 **Innerer Bau eines Vogels.** **A** Skelett; **B** innere Organe

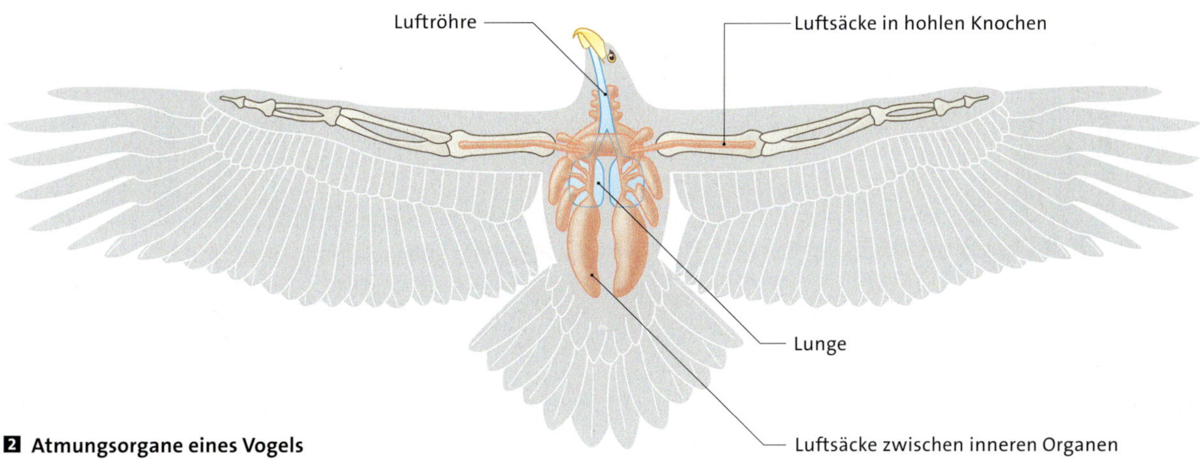

2 **Atmungsorgane eines Vogels**

1.2 Wie Vögel fliegen

Vögel unterscheiden sich von anderen Wirbeltieren durch den Besitz von **Federn.** Es sind sehr leichte, aber auch stabile und elastische Konstruktionen. Unter einer starken Lupe erkennt man die Feinstruktur der Feder. Beiderseits vom Schaft abgehende Äste tragen kleine, dicht stehende Strahlen. Dabei greifen die gezackten Hakenstrahlen eines Astes in die glatten Bogenstrahlen des benachbarten Astes. So bildet die Feder eine wasserdichte Fläche, die auch Luft nur schlecht durchlässt.

Aufgrund ihres Baus lassen sich verschiedene Federtypen unterscheiden. Eine Schwungfeder aus der Flügelfläche, eine Steuerfeder des Schwanzes sowie eine den Vogelkörper schützende Deckfeder besitzen undurchlässige Fahnen. Dadurch unterscheiden sie sich von einer Daunenfeder, deren einzelne Federstrahlen nicht miteinander verhakt sind. Daunen findet man daher im wärmenden Untergefieder erwachsener Vögel oder als Körperbedeckung von Jungvögeln, die sich bei schlechtem Wetter unter dem Federkleid der Eltern schützen können.

Die Schwungfedern bilden an den zu Flugorganen umgebildeten Vordergliedmaßen der Vögel den Hauptteil der Flügelfläche. Die Flügel werden durch eine kräftige Muskulatur bewegt. Sie besteht aus dem großen und dem kleinen Brustmuskel. Das Brustbein mit seinem nach unten ragenden Kiel dient als Ansatzstelle für diese Muskeln. Kontrahiert der große Flugmuskel, schlägt der Flügel nach unten. Die Kontraktion des kleinen Flugmuskels bewirkt das Heben des Flügels. Flügelfläche und Stellung der Schwungfedern sind genau auf diese Arbeitsweise der Flugmuskulatur abgestimmt. Beim Abschlag werden die Flügel gestreckt und die übereinanderliegenden Federn lassen fast keine Luft durch. Der Luftwiderstand verringert sich beim Aufschlag, weil der Flügel angewinkelt wird und die Federn wie die verstellbaren Lamellen einer Jalousie die Luft hindurchlassen.

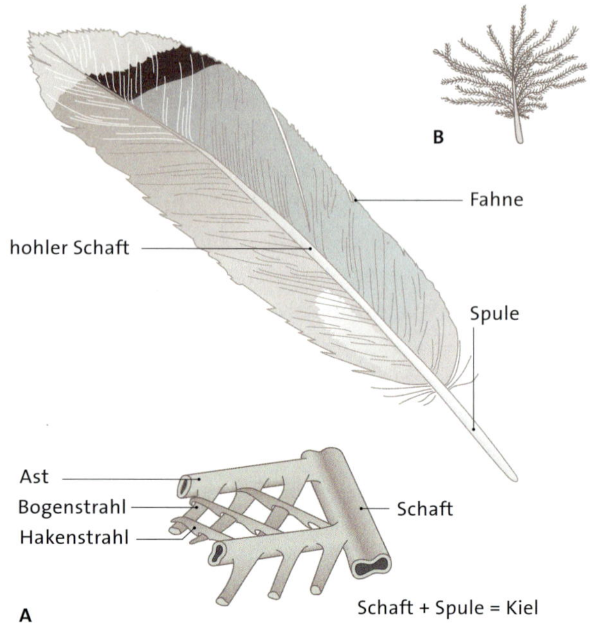

1 Bau der Federn. **A** Schwungfeder; **B** Daunenfeder

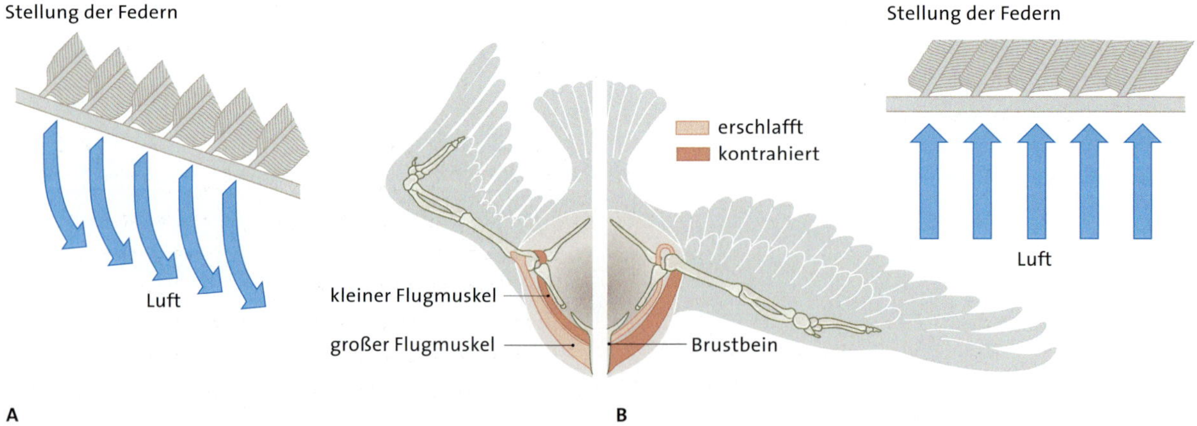

2 Zusammenwirken der Strukturen beim Flügelschlag. **A** Aufschlag; **B** Abschlag

Mit ausgebreiteten Flügeln und ohne Flügelschlag lässt sich ein Adler abwärtsgleiten. Dieser **Gleitflug** ist die einfachste und wahrscheinlich auch die älteste Form des Fliegens. Je stärker die Flügel beim Gleiten angewinkelt werden, umso schneller und steiler geht es nach unten. Die Energie dafür liefert die Schwerkraft.

Größere Vögel wie Adler und Störche nutzen oft aufsteigende Luftströmungen, um Höhe zu gewinnen. Sie breiten ihre brettartigen Flügel weit aus und fächern den Schwanz. So kann die aufsteigende Luftströmung beim **Segelflug** voll ausgenutzt werden. Handelt es sich um aufsteigende Warmluft, wie sie über Städten oder Feldern entsteht, lassen sich die Vögel spiralförmig in die Höhe tragen. An Berghängen findet man gleichfalls Aufwinde. Besonders gut kann man diese Flugart an Meeresengen, wie zum Beispiel am Bosporus oder an der Straße von Gibraltar, die zwischen Europa und Afrika liegt, beobachten. Dort schrauben sich während des Vogelzuges manchmal Hunderte Greifvögel und Störche gleichzeitig in einer Warmluftsäule segelnd in die Höhe. So können sie in der anschließenden Gleitflugphase durch die kühlere Meeresluft das entgegengesetzte Ufer erreichen. Beim Gleiten und Segeln spart der Vogel Energie, weil er dabei die Flügel kaum bewegen muss.

Anders ist das bei der dritten grundlegenden Flugart, dem **Ruderflug.** Hier wird viel Energie für die Bewegung der Flugmuskulatur aufgewendet. Der Flügelschlag hält das Tier in der Luft und bewegt es vorwärts. Der Ruderflug ist die variantenreichste Form des Fliegens. Eine Möglichkeit ist der geradeaus führende *Streckenflug*, wie er von Kleinvögeln durchgeführt wird, zum Beispiel von Meisen. Nach Mäusen jagende Turmfalken verharren oft im *Rüttelflug* an einer Stelle in der Luft. Dabei werden die Flügel vor- und zurückgeschlagen. Ähnlich verhält sich ein Kolibri, der im *Schwirrflug* vor einer Blüte schwebt.

1 Kanadagänse bewegen sich meist im Ruderflug, während Gänsegeier häufig segeln. Beide Tiere besitzen die gleiche Körpergröße. Stelle eine begründete Vermutung an, welche dieser Vogelarten einen größeren Brustbeinkiel besitzt.

2 Ordne die drei grundlegenden Flugarten nach steigendem Energieverbrauch und begründe.

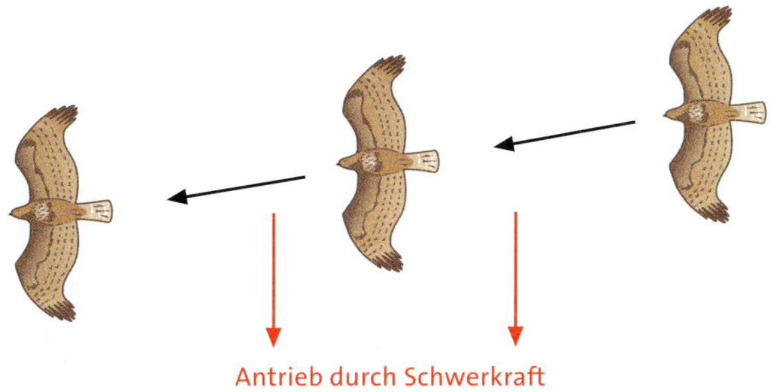

3 Gleitflug

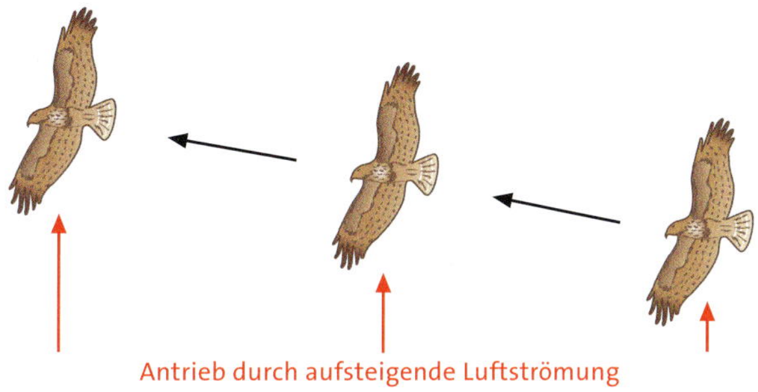

4 Segelflug

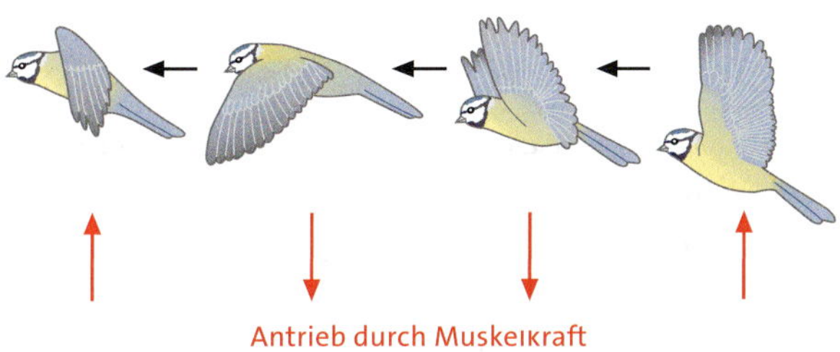

5 Ruderflug am Beispiel des Streckenfluges

6 Turmfalke beim Rütteln, einer Form des Ruderfluges

Methode Zeichnerisches Darstellen

Zeichnen im Zeitalter der Digitalfotografie und Foto-Handys? Das erscheint überholt – aber nur auf den ersten Blick. Auch in diesem Lehrbuch findest du neben Fotos viele Zeichnungen. Welchen Vorteil haben sie?

Ein Foto zeigt alles, was sich im Bildausschnitt befindet, unabhängig davon, ob es wichtig oder unwichtig ist oder vielleicht sogar vom eigentlichen Bildgegenstand ablenkt. Auf einer Zeichnung kann man alle Nebensächlichkeiten weglassen und sich ganz auf den Gegenstand oder das Objekt konzentrieren, auf das es eigentlich ankommt. Ein Foto zeigt beispielsweise eine Vogelfeder immer zusammen mit ihrer Umgebung, in einer Zeichnung kann man sich jedoch darauf beschränken, nur einen einzelnen Ast aus einer Federfahne mit nur wenigen Hakenstrahlen und Bogenstrahlen abzubilden.

Zur Anfertigung einer Zeichnung ist es notwendig, genau zu beobachten. Das Zeichnen schult also auch die Beobachtung.

Beim Zeichnen sollten folgende Regeln eingehalten werden:

- Zeichne das Objekt möglichst groß. Die Zeichnung sollte mindestens ein Drittel eines DIN-A4-Blattes einnehmen. Gezeichnet wird auf weißem Papier.
- Zum Zeichnen verwendest du einen mittelharten, gut angespitzten Bleistift, jedoch nie Filzstifte, Füller oder Kugelschreiber. Die Zeichnung kannst du mit Buntstiften zart kolorieren, vielfach reicht aber eine Umrisszeichnung. Radiert wird mit einem weichen Radiergummi.
- Notiere als Überschrift den Namen des Objektes. Unten schreibst du deinen Namen, die Klasse und das Datum auf.
- Beschrifte deine Zeichnung. Schreibe die Begriffe auf eine Höhe und bemühe dich um eine ordentliche Schrift.
- Ziehe die Beschriftungsstriche mit einem Lineal.
- Zeichne nur Strukturen, die du wirklich siehst. Unwichtige Details kannst du weglassen.

1 Ausschnitt aus einer Federfahne (Lupenvergrößerung)

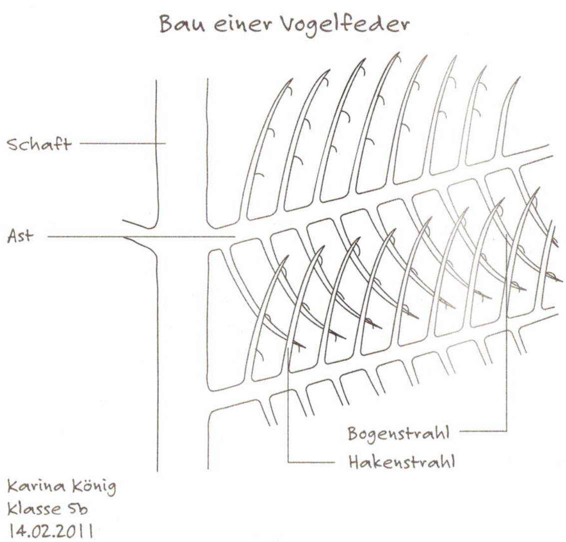

2 Details aus einer Federfahne (Skizze)

Aufgaben und Versuche Fliegen

V1 Gleitflugeigenschaften

Am 12.7.2000 ging dem abgebildeten Airbus A 310 auf dem Flug von Kreta nach Hannover in einer Höhe von 2500 Metern der Treibstoff aus. Im Gleitflug legte er die verbleibenden 20 Kilometer, also das Achtfache seiner Ausgangshöhe, bis zur Notlandung auf dem Wiener Flughafen zurück.

Material: Maßband, 1 Blatt DIN-A4

Durchführung: Falte einen Papierflieger.
Ermittle im Flugversuch die Starthöhe und Flugweite deines Fliegers. Beachte, dass der Flieger nur mit geringer Kraft geworfen wird (Gleitflug!).

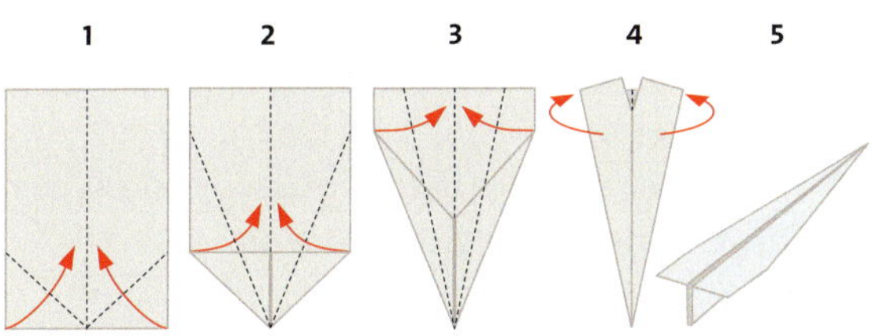

Aufgaben:

a) Vergleiche die Flugleistung des Papierfliegers mit der des Airbus.

b) Nenne Gründe für eventuelle Unterschiede. Überlege, wie du die Gleitflugeigenschaften deines Papierfliegers verbessern könntest.

V2 Papierbewegung im Luftstrom

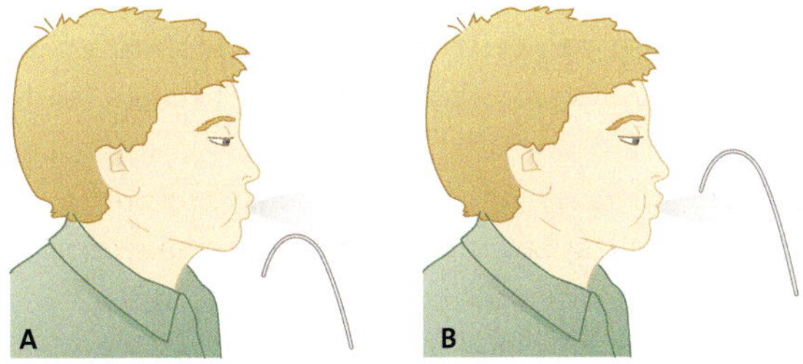

Material: 1 Blatt DIN-A4

Durchführung: Ein Papierblatt wird an zwei Ecken erfasst und entsprechend der Abbildung an den Mund gehalten. Anschließend wird kräftig gepustet.

Aufgaben:

a) Vermute, wie sich das Blatt jeweils bewegen wird.

b) Führe den Versuch durch und vergleiche die Beobachtungen mit deiner Vermutung.

A3 Landemanöver bei Gänsen

In der abgebildeten Flughaltung lassen sich Gänse aus größerer Höhe schnell auf einem Gewässer nieder. Erst kurz über dem Wasser drehen sie sich wieder in die Waagerechte.

Aufgabe: Stelle eine Vermutung für dieses Verhalten auf.

A4 Flugarten beim Mäusebussard

Ein Mäusebussard fliegt zu seinem Horst.

Aufgabe: Benenne die zu den einzelnen Wegabschnitten gehörenden günstigsten Flugarten und begründe.

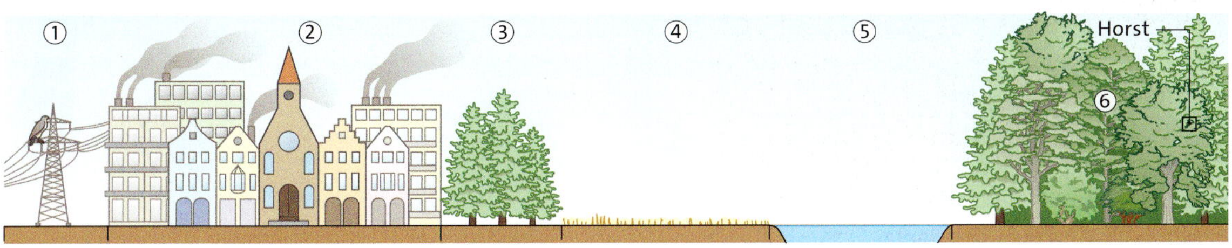

2 Vögel mit besonderen Angepasstheiten

2.1 Die Stockente

Auf einem Fluss schwimmt ein Stockentenpaar. Das Weibchen ist braun gefärbt, das Männchen hat einen grünen Kopf. Trotz der Wasserströmung halten beide Enten mit kräftigen Schwimmbewegungen ihren flachen, *kahnförmigen* Körper an der gleichen Stelle. Zwischen den drei Zehen spannen sich Schwimmhäute. Wenn die Ente den Fuß nach vorn zieht, werden die Zehen zusammengelegt. Dadurch wird der Widerstand im Wasser verringert. Beim Rückwärtsschlag dieser **Schwimmfüße** spreizen sich die Zehen. So kann die Ente über die vergrößerte Fußfläche mehr Druck auf das Wasser ausüben.

Warum kann die Ente auf dem Wasser schwimmen? Wenn Haken- und Bogenstrahlen der Deckfedern exakt miteinander verhakt sind, entsteht ein Gitter, dessen winzige Zwischenräume kein Wasser hindurchlassen. So wird zwischen den darunterliegenden Daunenfedern ein Luftpolster gehalten, welches die Ente auf dem Wasser trägt. Bis zu zwei Stunden am Tag verwenden Enten deshalb auf die Gefiederpflege. Die Deckfedern werden sorgsam mit dem Schnabel geordnet und mit Fett aus der über dem Schwanzansatz liegenden Bürzeldrüse eingerieben. So bleiben die Federn Wasser abweisend und biegsam. Die Luft im Daunengefieder und eine dicke Fettschicht unter der Haut verhindern zusätzlich das Auskühlen im Wasser.

1 Stockentenpaar

An seichten Uferstellen kann man Stockenten oft bei der Nahrungssuche beobachten. Mit den Füßen wird der Untergrund aufgewirbelt. Dann taucht die Ente ruckartig mit dem Oberkörper ins Wasser, sodass nur noch der Schwanz herausragt. Dieses Verhalten nennt man *Gründeln*. Dabei streckt die Ente den Hals bis zum Grund des Gewässers, saugt mit der Zunge das Wasser durch die geöffnete Schnabelspitze ein und presst es dann an den Schnabelseiten wieder heraus. Durch kammartige Hornleisten am Schnabelrand und kurze Borsten an den Rändern der Zunge werden kleine Wassertiere und Teile von Wasserpflanzen abgesiebt und im Schnabel zurückgehalten. Man bezeichnet diese Schnabelform als **Seihschnabel.**

1 Entenküken sind kurz nach dem Schlüpfen aus dem Ei bereits schwimmfähig. Begründe dies.

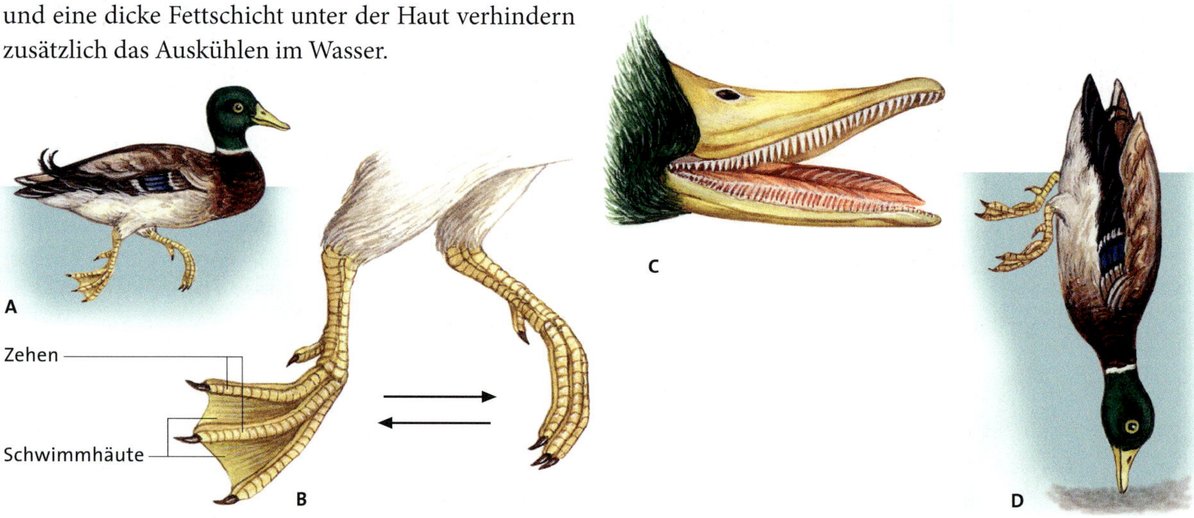

2 Angepasstheiten bei der Stockente.
A Schwimmende Ente; **B** Schwimmfüße in Bewegung; **C** Seihschnabel; **D** Ente beim Gründeln

Wissen kompakt Wasservögel

Name: **Haubentaucher**
Kennzeichen: kleiner als Stockente, Federhaube, spitzer Schnabel
Lebensraum: größere Seen und Teiche mit Schilfrand
Ernährung: Fische, Frösche, Krebse, Schlangen
Brut: Schwimmnest aus verrottenden Wasserpflanzen am Schilfrand, drei bis fünf Eier

Name: **Kormoran**
Kennzeichen: etwa gänsegroß, weitgehend schwarz, liegt niedrig im Wasser, Hals hochgereckt
Lebensraum: Seen, Teiche, Küste
Ernährung: jagt Fische unter Wasser
Brut: Nest auf durch Kormorankot abgestorbenen Bäumen in Gewässernähe, brütet in Gemeinschaften, drei bis fünf Eier

Name: **Höckerschwan**
Kennzeichen: Schnabel mit schwarzem Höcker, Flügel beim Schwimmen oft segelartig aufgestellt
Lebensraum: flache, pflanzenreiche Seen; Teiche und langsam fließende Flüsse
Ernährung: gründelt nach Wasserpflanzen und Kleintieren
Brut: großes Schilfnest, fünf bis sieben Eier

Name: **Blessralle** (Blesshuhn)
Kennzeichen: taubengroß, schwarz mit weißem Schnabel und weißem Stirnschild
Lebensraum: Seen und Teiche
Ernährung: Würmer, Muscheln, Schnecken, Wasserpflanzen
Brut: Nest aus Wasserpflanzen nahe der freien Wasserfläche, vier bis zehn Eier

1 Wende auf Haubentaucher und Höckerschwan das Erschließungsfeld Angepasstheit an. Gehe auf Ernährung und Nestbau ein.

2 Stelle eine begründete Vermutung zur Tauchfähigkeit von Kormoran und Blessralle aufgrund ihrer Ernährungsweise auf.

2.2 Der Mäusebussard

Ein hungriger Mäusebussard kreist am Morgen über einem kleinen Wäldchen, in dem sich sein Schlafbaum befindet. Das Geräusch von Landmaschinen veranlasst ihn, zu einer frisch gemähten Wiese zu fliegen. Dort lässt er sich auf einem Baum am Wiesenrand nieder und hält Ausschau. Mit seinen scharfen Augen erkennt er eine auf der Wiese herumlaufende Maus. Im Gleitflug stößt der Bussard herab. Im letzten Moment bremst er mit ausgebreitetem Schwanz und wirft seine Beine nach vorn. Dabei stoßen die Krallen wie Dolche in die Beute. Mit Greifbewegungen und mit einem Biss in den Nacken wird die Beute getötet. Die erbeutete Maus in den Fängen, fliegt der Bussard zu einem höher gelegenen Platz, um dort in Ruhe zu fressen.

Das Oberteil des kräftigen, scharfkantigen Schnabels ist hakenartig nach unten gebogen. Diese Schnabelform ist eine Angepasstheit an die Nahrungsaufnahme, bei der mit dem Schnabel Fleischstücke aus dem Beutetier herausgerissen werden. Unverdauliche Nahrungsbestandteile wie Federn und Haare würgt der Vogel nach der Verdauung wieder aus dem Magen heraus. Die Verwandten des Mäusebussards greifen ihre Beute ebenfalls mit den Füßen. Man fasst diese Vögel daher in der Familie der **Greifvögel** zusammen.

1 Mäusebussard im Segelflug

Wie die meisten Greifvögel ernährt sich auch der Mäusebussard gern von Aas. Da man ihn deshalb manchmal auf toten Rehen sah, schrieb man ihm größere Beute zu, als er tatsächlich fangen kann. Bis in die Mitte des letzten Jahrhunderts hinein wurden deshalb Greifvögel als unliebsame Konkurrenten von den Jägern intensiv bekämpft. Man schätzt, dass noch vor 70 Jahren in ganz Europa jährlich bis zu einer Million Greifvögel, unter ihnen viele Mäusebussarde, getötet wurden. Trotz der inzwischen eingestellten Verfolgung durch die Jäger sind viele Greifvögel immer noch gefährdet. Oft verunglücken sie an Stromleitungen oder stoßen mit Fahrzeugen zusammen. Das Entfernen von Gehölzen in der Landschaft erschwert außerdem den Beutefang.

1 Erläutere an einem Greifvogelpräparat aus der Schulsammlung Bau und Aufgabe des Greiffußes.

2 Stelle eine Vermutung an, warum der Mäusebussard durch den verringerten Einsatz von Schädlingsbekämpfungsmitteln geschützt werden kann.

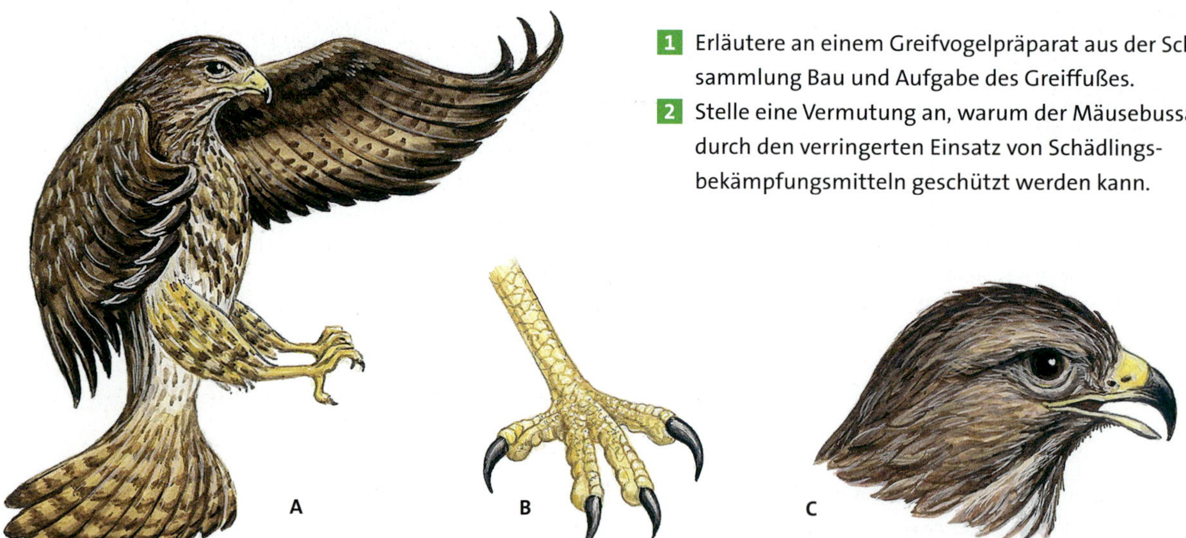

2 Angepasstheiten des Mäusebussards an den Nahrungserwerb.
A Angriffshaltung; **B** Greiffuß; **C** leistungsfähige Augen, scharfkantiger Hakenschnabel

Wissen kompakt Greifvögel

Name: Wanderfalke
Lebensraum: überall, wo Brutplatz und Beute vorhanden sind
Beute: Vögel
Jagdtechnik: stürzt sich mit bis zu 380 Kilometer pro Stunde von oben auf unter ihm fliegende Vögel
Brutplatz: Nischen an Felsen und Gebäuden sowie alte Horste anderer Vögel

Name: Habicht
Lebensraum: abwechslungsreiche Wälder und ihre Randgebiete
Beute: Vögel und kleine Säugetiere
Jagdtechnik: Überraschungsangriff aus niedrigem Suchflug, bei dem jede Deckung genutzt wird
Brutplatz: Horst auf Bäumen im unteren Kronenbereich

Name: Schlangenadler
Lebensraum: trockene und gebüschreiche Berglandschaften, Wiesen und Felder mit eingestreuten Wäldern, meidet intensiv bewirtschaftete Gebiete
Beute: Schlangen, Eidechsen
Jagdtechnik: rüttelnder Suchflug in einer Höhe von 20 bis 30 Metern
Brutplatz: Horst auf Bäumen

Name: Fischadler
Lebensraum: an fischreichen Gewässern
Beute: Fische
Jagdtechnik: stürzt sich aus dem Rüttelflug in das Wasser, kann Fische sicher mit den zwei nach hinten gerichteten Zehen festhalten
Brutplatz: Horst in Felsnischen, in der Spitze hoher Bäume oder auf Hochspannungsmasten

1 Vergleiche den Beutefang von Habicht und Fischader. Erkläre die dabei zu beobachtenden Verhaltensunterschiede.

2 Stelle eine Vermutung an, warum sich in manchen Gegenden die Brutreviere der hier abgebildeten vier Greifvogelarten überlappen können.

2.3 Die Schleiereule

Nachts streicht eine Schleiereule lautlos über eine Wiese und sucht nach Beute. Ihr seidenweiches Gefieder und der besondere Bau der ersten Schwungfedern verhindern die Entstehung von Fluggeräuschen. Sie besitzt sehr lichtempfindliche Augen. Aber auch ihr Gehör spielt beim Mäusefang eine wesentliche Rolle. Kleine Federchen, die rings um die beiden Ohröffnungen liegen, bilden einen trichterförmigen *Gesichtsschleier*. So kann die Eule auch das leiseste Rascheln wahrnehmen. Über der Geräuschquelle rüttelt sie kurz und stößt mit vorgestreckten Fängen hinab. Mit sicherem Griff erfasst die Eule die Maus. Dabei dreht sie zusätzlich zur Hinterzehe eine weitere Zehe nach hinten, die *Wendezehe*. Dann wird die Maus durch einen Biss ins Genick getötet.

Mit der toten Maus im Schnabel fliegt die Eule zum Brutplatz. Dieser befindet sich meist in dunklen, hoch gelegenen Räumen, oft in den Spitzen von Kirchtürmen. Eulen bauen keine Nester. Auch die Schleiereule legt ihre Eier auf dem Untergrund ab. Das Weibchen brütet allein und wird während dieses einen Monats vom Männchen mit Nahrung versorgt. Die mitgebrachte Maus wird zerteilt und den bettelnden Jungen vorgelegt. Die unverdaulichen Reste der Beute, also Haare und Knochen, werden im Magen der Eulen zu einem Klumpen zusammengepresst und dann herausgewürgt. Solche **Gewölle** findet man am Brutplatz oder den Ruheplätzen der Eulen in größeren Mengen. Zwölf Wochen nach dem Schlupf verlassen die Jungvögel den Brutplatz, sodass die Altvögel in guten Mäusejahren noch eine zweite Brut großziehen können.

1 Schleiereulenpaar

Die jungen Eulen sind vielen Gefahren ausgesetzt. In strengen Wintern verhungern viele. Eine weitere große Gefahr stellt der Straßenverkehr dar. In Deutschland kommen noch sieben weitere Eulenarten vor. Am häufigsten begegnet man dem Waldkauz. Seltener sind dagegen die größte Eulenart, der Uhu, und der kleine Sperlingskauz.

1 Vergleiche Schleiereule und Mäusebussard hinsichtlich Brutplatz, Nahrung sowie Ort und Zeit des Beutefangs. Begründe, ob beide Arten im selben Gebiet vorkommen können.

2 Angepasstheiten der Schleiereule an die Jagd in der Nacht.
A Angriffshaltung; **B** gezähnelte Schwungfeder; **C** Greiffuß mit Wendezehe; **D** Ohröffnung mit Gesichtsschleier

2.4 Spechte – Kletterkünstler am Stamm

Hört man im Wald unregelmäßiges Hämmern oder laute Trommelwirbel, sind das Hinweise auf die Anwesenheit eines Buntspechts. Mit hämmernden Schlägen des kräftigen, spitzen Schnabels meißelt ein Specht Löcher in den Stamm. Dadurch gelangt er an Insekten, die unter der Rinde und im Holz leben. Diese Nahrungsquelle macht dem Specht keine andere heimische Vogelart streitig. Der Spechtschnabel wird aufgrund seiner Angepasstheit als **Meißelschnabel** bezeichnet.

Mit seiner langen, empfindlichen Zunge können Spechte in die freigelegten Insektengänge eindringen und diese abtasten. Spürt er dabei ein größeres Insekt auf, zieht er die Zunge zurück und schleudert sie blitzschnell wieder vor. Die mit Widerhaken versehene Zungenspitze bohrt sich dann wie eine Harpune in den Körper der Beute. Kleinere Tiere bleiben gleich an dem klebrigen Speichel hängen, der die Zunge umgibt. Wegen ihrer besonderen Bewegungsweise bezeichnet man sie als **Schleuderzunge.**

Die spitzen, gebogenen Krallen an den vier Zehen ihrer **Kletterfüße** geben Spechten beim Hämmern und Klettern festen Halt. Je zwei Zehen sind nach vorn beziehungsweise nach hinten gerichtet. Während des Hämmerns stützen sich Spechte auf kräftige Schwanzfedern. Dieser **Stützschwanz** ist ebenfalls eine Angepasstheit der Spechte an das Klettern an senkrechten Baumstämmen.

Spechte sind die meiste Zeit des Jahres Einzelgänger. Zur Fortpflanzung finden sich Männchen und Weibchen bei den meisten Arten durch Rufe und rhythmische Trommelsignale. Zum Trommeln schlagen Spechte schnell hintereinander gegen einen trockenen Ast. Die Bruthöhle wird von beiden Partnern gemeinsam gezimmert. In die fertige Höhle legt das Weibchen auf eine Schicht von Spänen seine weißen Eier. Beide Geschlechter brüten und beteiligen sich an der Aufzucht der Jungen. Nach dem Ausfliegen der jungen Spechte können die alten Höhlen von vielen anderen Tieren als »Nachmieter« genutzt werden.

1 Im Gegensatz zu vielen Singvögeln legen Spechte weiße Eier. Deute diesen Sachverhalt im Hinblick auf die Angepasstheit der Spechte.

1 Angepasstheiten des Buntspechtes. **A** Meißelschnabel; **B** Schleuderzunge; **C** Kletterfuß; **D** Stützschwanz

2 Buntspecht beim Füttern der Jungen

3 Fortpflanzung beim Haushuhn

Der Hahn lockt eine Henne zu sich, indem er kräht, mehrmals mit den Füßen scharrt, zurücktritt und auf den Boden pickt. Dieses Verhalten macht die Henne aufmerksam. Sie kommt heran und sucht nach dem vom Hahn angezeigten Futter. Diese Situation nutzt der Hahn für die **Paarung** aus, die mit der Begattung abgeschlossen wird. Dabei pressen beide ihre Kloaken aufeinander, sodass die Spermien vom Männchen in das Weibchen übertragen werden können.

Im Eierstock der Henne reifen Eizellen heran, die eine große Menge an Nährstoffen enthalten, den gelben *Dotter.* Das Eigelb eines Vogeleis entspricht einer einzigen großen Zelle, der Eizelle. Sobald diese Dotterkugeln in den Eileiter gelangen, können sie befruchtet werden. Im Lauf der weiteren Entwicklung entsteht aus einem Teil des Dotters eine Keimscheibe. Aus dieser Keimscheibe entwickelt sich der Embryo, der zum jungen Vogel heranwächst. Auch wenn ein Ei nicht befruchtet wurde, gelangt es für etwa zwölf Stunden in einen besonders drüsenreichen Abschnitt des Eileiters. Hier wird ihm ein zweites Nährstoffdepot mitgegeben, das *Eiklar.* In dieses Eiklar sind feste Eiweißfäden eingelagert, die man als *Hagelschnüre* bezeichnet. Sie halten die Dotterkugel in der Mitte des Eies.

1 Hahn lockt Henne an

Am Ende des Eileiters wird das Ei von zwei Schalenhäuten umgeben, die am stumpfen Ende eine Luftkammer zwischen sich einschließen. Abschließend erhält das Ei in der Schalendrüse eine stabile Kalkschale. Diese weist über 10 000 winzige Poren auf, durch die der Embryo Sauerstoff und Kohlenstoffdioxid mit seiner Umwelt austauscht.

In die Schale können zusätzlich Farbstoffe eingelagert werden. Bei wildlebenden Vogelarten treten dabei Angepasstheiten auf: Spechte und Eisvögel, die geschützt in Höhlen brüten, legen reinweiße Eier. Möwen und Watvögel, die am Boden nisten, haben Eier, die auf bräunlichem Grund dunkel gefleckt sind.

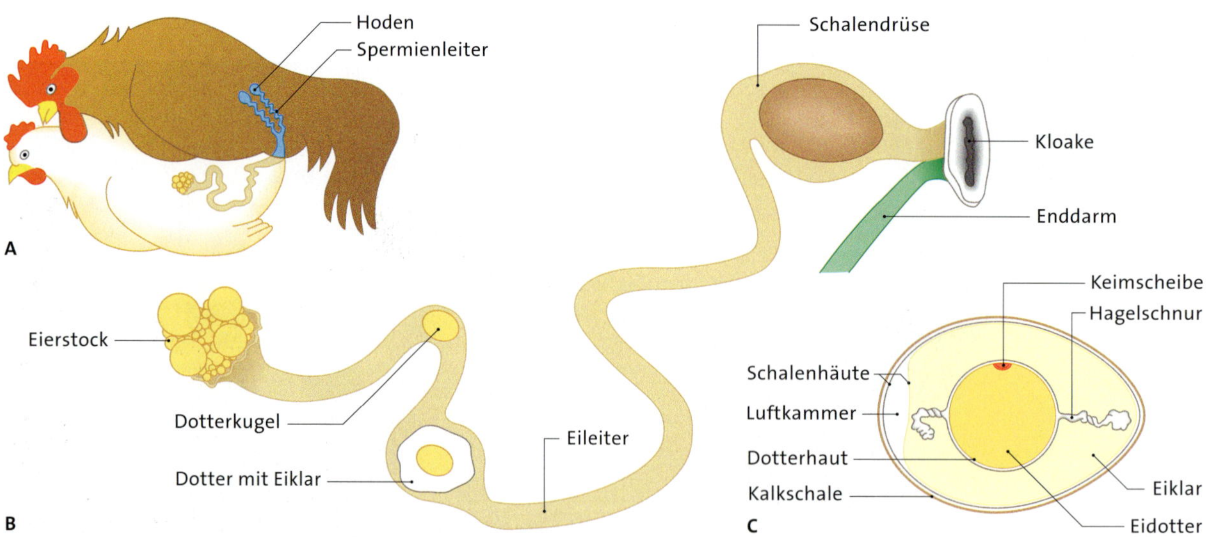

2 Entstehung eines Eies. A Begattung; **B** Bildung des Eies; **C** Längsschnitt durch das fertige Ei

Etwa 20 Stunden nach der Befruchtung wird das Ei im Nest abgelegt, wo es geschützt ist. Entfernt man das Ei nicht, so legt die Henne jeden Tag ein weiteres, bis das *Gelege* mit etwa 14 Eiern vollständig ist.

Für die weitere Entwicklung des Embryos muss das Ei ständig warm gehalten werden. Die Glucke, so nennt man die Mutterhenne, sitzt dabei fast ununterbrochen auf dem Gelege und wärmt es mit ihrem Körper. Dieses Verhalten wird als *Brüten* bezeichnet. Damit die Eier nicht von unten her auskühlen, werden sie von der Glucke regelmäßig gewendet. Dabei dreht sich die an den Hagelschnüren hängende Dotterkugel immer so, dass die Keimscheibe nach oben zum warmen Bauch der Glucke zeigt.

Ab dem dritten Tag der Bebrütung wird das Eiklar als Nährstoffspender genutzt. Sechs Tage nach der Eiablage hat ein Netz von Blutgefäßen den Dotter umwachsen. In ihnen transportiert das vom Schlag des winzigen Herzens in Bewegung gesetzte Blut die Nährstoffe des Dotters zum Embryo. Vom siebten Tag an fallen am Kopf die verhältnismäßig großen Augen auf. Am 14. Tag wiegt das Küken schon zehn Gramm. Flügel und Beine sind gut sichtbar, auch die Federn sind herangewachsen.

Ab dem 20. Tag ist das Küken bereit zum Schlüpfen. Es nimmt die letzten Reste des Dotters als Nährstoffvorrat für die ersten Tage nach dem Schlupf in seinen Körper auf. Mit einem harten Höckerchen auf dem Oberschnabel, dem *Eizahn,* zerreißt das Küken am 21. Tag die beiden Schalenhäute und ritzt von innen die Kalkschale an. Durch Picken vergrößert es das entstandene Loch und drückt gegen die Schale, bis diese aufbricht.

Das Küken ist mit einem dichten Flaum aus gelben Daunenfedern bedeckt. Es folgt sofort den Rufen der Glucke und pickt nach der von ihr freigescharrten Nahrung. Hühner sind, genau wie Enten und Gänse, Nestflüchter. Schnell lernt das Küken von der Mutter, Fressbares von Ungenießbarem zu unterscheiden. Auch lernt es die Lage der Orte, an denen viel Nahrung zu finden ist. Die Glucke beschützt das Küken vor Feinden und nimmt es bei Kälte und Nässe unter ihr Gefieder.

1 Stelle die Entwicklung des Eies im Huhn in einer Tabelle dar. Verwende dafür die Spaltenüberschriften Ort und Vorgang.

2 Begründe, warum das Küken die Eierschale am stumpfen und nicht am spitzen Pol durchbricht.

3 Heutzutage werden die meisten Hühner in Brutapparaten ausgebrütet. Nenne drei Bedingungen, auf die dabei geachtet werden muss. Begründe jeweils die Bedeutung der Bedingungen.

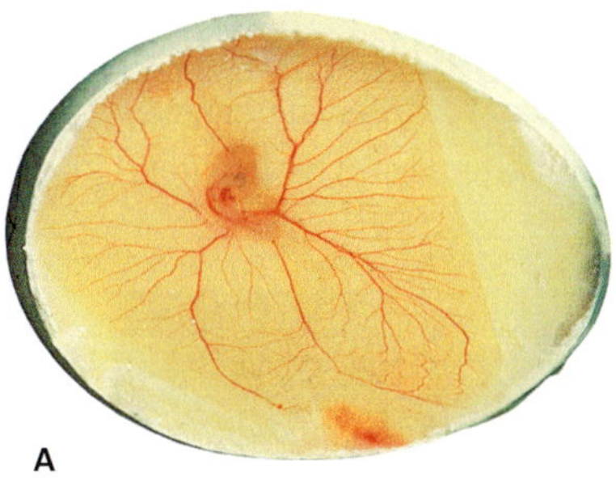

A

C

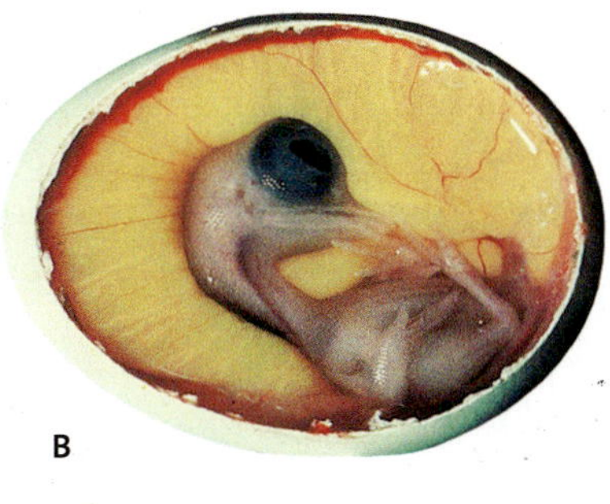

B

D

3 Hühnchenentwicklung. **A** 6. Tag; **B** 14. Tag; **C** 20. Tag; **D** Schlupf am 21. Tag

Aufgaben und Versuche Eier

V1 Präparation eines Hühnereis

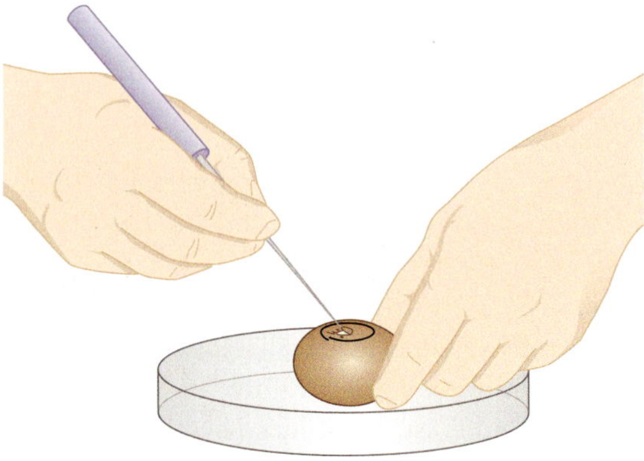

Material: Hühnerei; Petrischale; Präpariernadel; Schere; Pinzette; Lupe; Faserschreiber

Durchführung: Lege ein Hühnerei in die Petrischale. Kennzeichne mit dem Faserschreiber auf der Längsseite des Eies eine ovale Fläche von drei Zentimeter Länge und zwei Zentimeter Breite. Halte das Ei mit einer Hand fest. Kratze und stoße vorsichtig mit der Präpariernadel in der Mitte des Ovals ein kleines Loch in die Schale. Die darunterliegende Haut sollte nicht beschädigt werden. Erweitere die Öffnung mit der Schere und hebe mit der Pinzette die Schalenstückchen ab, bis die Größe der markierten Fläche erreicht ist. Jetzt wird die Haut zerrissen und entfernt.

Aufgaben:

a) Skizziere das präparierte Ei. Beschrifte die Skizze.

b) Entleere das Ei in die Petrischale und untersuche jetzt die leere Eischale. Suche die Luftkammer. Ermittle die Anzahl der Schalenhäute.

c) Zeichne mit dem Faserschreiber ein Quadrat von fünf Millimeter Kantenlänge auf ein Stück der Eischale. Betrachte das Schalenstück anschließend unter der Lupe und zähle die im Quadrat erkennbaren Poren. Berechne die Anzahl der Poren des gesamten Hühnereies. Gehe dabei von einer Oberfläche von 50 Quadratzentimetern aus.

d) Erstelle eine begründete Vermutung für die Bedeutung der Poren in der Eischale.

V2 Wie weit rollt das Ei?

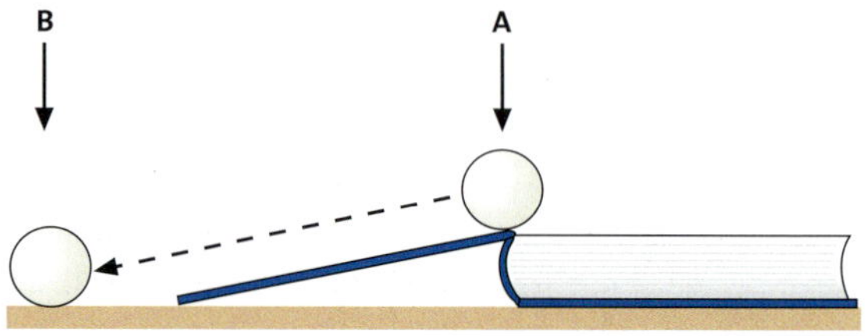

Material: gekochtes Hühnerei; Lehrbuch; Lineal; Tischtennisball

Durchführung: Lege dein aufgeklapptes Biologiebuch so in die Mitte des Tisches wie in der Abbildung dargestellt. Platziere ein gekochtes Ei mit der Längsachse parallel zur Buchmitte auf der Startposition A und lass es hinabrollen. Messe anschließend die Entfernung von A zum Ruhepunkt B. Wiederhole den Versuch mit einem Tischtennisball.

Aufgaben:

a) Erkläre den Zusammenhang zwischen Eiform und Rollstrecke.

b) Zeichne den Umriss eines Hühnereies auf ein Blatt und vergleiche ihn mit dem Umriss des abgebildeten Eies der Trottellumme. Nutze den Zusammenhang von Struktur und Funktion sowie die Abbildung des Brutplatzes zur Erklärung der Form des Lummeneies. Trottellummen brüten auf schmalen Felsvorsprüngen von Steilküsten.

Methode Vorbereiten eines kurzen Vortrages

Nicht nur im Biologieunterricht, sondern auch in anderen Fächern und im späteren Arbeitsleben wird man gelegentlich dazu aufgefordert, einen kurzen Vortrag zu erstellen. Die Aufgabe könnte zum Beispiel lauten, einen fünfzehnminütigen Vortrag zum Thema Winterfütterung von Vögeln zu halten. In der knapp bemessenen Zeit müssen die Aufmerksamkeit der Zuhörer geweckt und erhalten sowie die Inhalte verständlich vermittelt werden.

Wichtig sind zunächst Recherchen zum Inhalt. Zusätzlich zu den vorgegebenen Stichpunkten werden weitere Detailinformationen gesammelt. Dabei wird entsprechende Literatur zu Rate gezogen und im Internet gesucht. Im Beispiel könnten das die Stichpunkte Körner-, Insekten- und Früchtefresser sowie Futterhaustypen sein. Das Ergebnis ist letztlich eine Sammlung von Texten, Bildern und Grafiken. Für diese Inhalte werden Teilüberschriften gesucht. Wenn man die Inhalte als Mindmap anordnet, erkennt man leicht die noch zu recherchierenden Details.

Entscheidend für die Verständlichkeit des Vortrages ist dessen klarer und logischer Aufbau. Ein interessantes Phänomen kann als Einstieg und Überleitung zum Thema geplant werden. Danach folgen die Vorstellung der Gliederung sowie der Hauptteil. Eine kurze Zusammenfassung sowie die Quellenangabe runden die inhaltliche Vorbereitung ab. Durch verschiedene Medien wird der Vortrag anschaulich gestaltet. Dafür eignen sich zum Beispiel Tierpräparate als Originalobjekte, Modelle, Bilder, Folien, Tonaufnahmen und Tafelskizzen. Eine bewährte Hilfe stellen Präsentationsprogramme dar, die mittels Computer und angeschlossenem Beamer abgespielt werden. Ein Poster kann die Zuhörer vor dem Vortrag auf das Thema einstimmen und danach zur Diskussion anregen.

Winterfütterung von Vögeln

1 Überwinternde Vogelarten

2 Ernährung der Überwinterer
  2.1 Körnerfresser
  2.2 Insektenfresser
  2.3 Früchtefresser

3 Möglichkeiten der Winterfütterung

4 Bewertung der Winterfütterung
  4.1 Vorteile
  4.2 Nachteile

2 Folienbeispiel für die Gliederung

1 Schüler bei einem Vortrag

Vortragen muss geübt werden. Eine deutliche, nicht zu schnelle Sprache mit wechselnder Lautstärke ist dabei wichtig. Entscheidend für den Erfolg ist auch der Blickkontakt zum Publikum, welcher allerdings nur bei weitgehend freiem Sprechen möglich ist. Ein nicht zu umfangreicher Stichwortzettel ist dabei hilfreich. Beim Einüben des Vortrages wird getestet, ob die Zeitvorgabe einzuhalten ist. Außerdem sollte abschließend etwas Zeit eingeplant werden, um eventuelle Fragen der Zuhörer zu beantworten.

1 Bereite einen kurzen Vortrag zum Thema »Winterfütterung« vor.

2 Diskutiert in der Gruppe, ob es sinnvoll ist, Fragen der Zuhörer bereits während des Vortrags zuzulassen.

4 Verhaltensweisen von Amseln

Im Frühjahr hört man, besonders häufig am Morgen und am Abend, hoch oben von Baumwipfeln und Dächern Amselmännchen singen. Mit weithin hörbarem, flötendem Gesang signalisieren sie ihren Anspruch auf das Gebiet in der Umgebung dieses hervorgehobenen Platzes, der *Singwarte*. Das Amselmännchen markiert auf diese Weise ein **Revier.** Es teilt anderen Männchen mit, dass dieses Revier besetzt ist und Eindringlinge vertrieben werden. Das Singen des Männchens lockt außerdem Weibchen an.

Die Inhaber benachbarter Reviere begegnen sich häufig an den Reviergrenzen. Beide zeigen zunächst in aufrechter Körperhaltung ihre Größe und Stärke – sie *imponieren*. Das anschließende *Drohen* weist eine höhere Kampfbereitschaft aus. Genügt dies noch nicht, um den Rivalen abzuschrecken, gehen die Amselmännchen hüpfend oder laufend zum Angriff über. Die Vögel picken aufeinander ein oder flattern Brust an Brust hoch, wobei sie sich ineinander verkrallen können. Auch das Weibchen kann eindringende Konkurrentinnen durch solche Angriffe vertreiben.

Gelegentlich kann man beobachten, wie ein Männchen imponierend um ein Weibchen herum oder neben ihm herläuft. Auch durch einen auffälligen Flug mit langsamen Flügelschlägen und nach unten gerichtetem, gefächertem Schwanz versucht das Männchen, die Aufmerksamkeit des Weibchens zu erlangen. Solche Verhaltensweisen werden als *Balz* bezeichnet. Ist die Partnerin zur Paarung bereit, so fordert sie das Männchen durch eine charakteristische Körperhaltung dazu auf.

1 Amselmännchen auf der Singwarte

Das Amselpaar sucht gemeinsam den Platz für das Nest aus. Es bevorzugt dabei halbdunkle Stellen in immergrünen Gehölzen. Dort errichtet das Weibchen, zum Beispiel in einer Astgabel, ein bis zwei Meter über dem Boden den Rohbau des Nestes. Dabei verwendet es dünne Zweige und Halme. Anschließend wird in die Nestmulde eine Schicht aus feuchter Erde eingebracht und zuletzt noch mit feinen Halmen ausgepolstert. In das fertige Nest, in dem das Weibchen nun auch übernachtet, legt es vier bis fünf bräunlich gefleckte Eier mit hellgrünem Grund. Nach einer Brutzeit von 13 Tagen schlüpfen die noch unbefiederten Jungen. Sie werden weitere 13 Tage von beiden Eltern im Nest betreut und gefüttert. Deshalb werden sie als Nesthocker bezeichnet. Das Verhalten der Altvögel nennt man Brutpflege. Die Jungen strecken dem am Nestrand landenden Altvogel ihre weit aufgerissenen Schnäbel entgegen. Dies ist das Signal für die Eltern, die Nahrung in den orangeroten Rachen zu stopfen. Die Jungvögel werden mit Insekten und Regenwürmern ge-

2 Amselverhalten. **A** Singendes Männchen; **B** imponierendes Männchen; **C** drohendes Männchen; **D** Männchen greift an;

füttert. Diese Nahrung finden die Amseln am nur wenig bewachsenen Waldboden, aber auch auf Beeten, kurzen Rasen oder Komposthaufen. Mit raschen Schnabelhieben werden dabei störende Pflanzenteile beiseitegeschleudert. Regenwürmer erfassen die Amseln mit dem Schnabel, stemmen sich breitbeinig in den Boden und ziehen sie ruckartig aus der Erde.

Nachdem die noch unbeholfenen Jungamseln das Nest verlassen haben, werden sie einen weiteren Monat gefüttert. Bald streifen sie in kleineren Trupps umher, denen sich am Ende des Sommers auch einige Altvögel anschließen. Regelmäßig sieht man sie nun an Früchte tragenden Bäumen und Sträuchern, aber auch an menschlichen Abfällen, zum Beispiel an Papierkörben, bei der Nahrungssuche. Flache Wasserstellen an Springbrunnen oder Pfützen auf Wegen werden als Tränken und Badestellen genutzt. Beim Baden wirft sich die Amsel mit schnellen Kopfbewegungen und Flügelschlägen Wasser über den Rücken. Danach fliegt sie meist in einen nahen Strauch und schüttelt sich das Wasser aus dem Gefieder. Intensives Putzen und Kratzen, das immer wieder von Schüttelbewegungen unterbrochen wird, schließen sich an. Nach kühlen Nächten nehmen Amseln oft ein Sonnenbad. Dabei legen sich die Vögel mit ausgebreiteten Flügeln und Schwanz flach hin oder sitzen in ähnlicher Haltung auf einem sonnenbeschienenen Zweig.

Vor allem die stadtbewohnenden Amseln finden sich nach der Brutzeit abends an gemeinsamen Schlafplätzen ein. In solchen Schlafgemeinschaften kennen sich nur wenige Amseln persönlich. Deshalb kann sich keine Rangordnung ausbilden, sodass es häufig Streitereien um die besten Schlafplätze gibt.

3 Brütendes Amselweibchen

4 Fütterndes Amselmännchen

1 Nenne Verhaltensweisen, die nur von einem Amselmännchen bzw. von einem Amselweibchen bzw. von beiden Partnern gezeigt werden.

E Balzflug des Männchens; **F** Paarungsaufforderung des Weibchens; **G** Sonnenbaden; **H** Herausziehen eines Regenwurms

Wissen kompakt Singvögel

Name: Mehlschwalbe
Gesang: zwitschert sitzend und im Flug
Lebensraum: Städte und Dörfer
Ernährung: fängt Insekten im Flug
Nest: halbkugelförmiges Nest aus Schlamm und Speichel unter Vorsprüngen von Gebäuden
Gefährdung: Nestbau ist erschwert, weil unbefestigte Wege mit lehmigen Pfützen fehlen

Name: Feldlerche
Gesang: beim aufsteigenden Flug laut trillernd
Lebensraum: Wiesen und Felder (Wintergetreide)
Ernährung: fängt am Boden laufend Insekten
Nest: aus trockenen Grashalmen in Bodenmulde
Gefährdung: Nahrungsmangel durch Einsatz von Pflanzenschutzmitteln, zurückgehender Wintergetreideanbau

Name: Haussperling
Gesang: ruft von erhöhter Stelle »tschilp, tschilp«
Lebensraum: Städte und Dörfer
Ernährung: frisst Samen, Körner und Insekten
Nest: Nest aus Halmen in Hohlräumen und Nischen an Gebäuden
Gefährdung: Beseitigung von Nistmöglichkeiten bei der Sanierung von Gebäuden, Nahrungsmangel

Name: Pirol
Gesang: in der Lautstärke steigend, am Schluss flötendes »düdlüoh«
Lebensraum: lichte Wälder und Waldränder, Parks
Ernährung: frisst Insekten und deren Larven
Nest: napfförmiges Nest aus Bastfäden und Halmen in Astgabeln von Baumkronen
Gefährdung: wird während des Zuges gejagt

1 Erkläre, warum Mehlschwalbe, Haussperling, Feldlerche und Pirol gefährdet sind und schlage Maßnahmen zu ihrem Schutz vor.

2 Beobachte und bestimme Singvögel, die in der Umgebung der Schule leben. Benutze dazu ein Bestimmungsbuch. Erstelle eine Artenliste.

5 Viele Vögel sind gefährdet

Brachvogel, Uferschnepfe und Sumpfohreule sind in Sachsen nicht mehr zu finden, obwohl sie noch vor einigen Jahrzehnten hier gebrütet haben. Von 193 Vogelarten, die in Sachsen heimisch waren, sind 13 Arten verschwunden und 15 weitere Arten sind vom Aussterben bedroht. Dazu gehören auch so bekannte Arten wie der Wanderfalke, das Auerhuhn oder der Wiedehopf.

1991 wurde für Sachsen ein Verzeichnis der gefährdeten Tier-und Pflanzenarten erstellt, das als »Rote Liste« bezeichnet wird. In dieser Liste gibt es mehrere Gefährdungsstufen, wie zum Beispiel die Kategorie 1, in der sich vom Aussterben bedrohte Arten finden. Die Rote Liste wird regelmäßig überprüft, um Veränderungen festzustellen. Außerdem soll sie eine Handhabe für mögliche Maßnahmen geben, die die bedrohten Arten schützen könnten. Beispielsweise wurde auch der Weißstorch in diese Liste aufgenommen. Störche sind zwar in Sachsen noch häufiger anzutreffen als in anderen Bundesländern. Jedoch sind diese Vögel auch hier gefährdet, wie die andauernde Abnahme der Bestände zeigt. Um diesem Verlust entgegen zu wirken, wurden spezielle Förderprogramme eingerichtet. Im Mittelpunkt dieser Programme stehen die Untersuchung der Ursachen des Rückgangs und die Entwicklung von Gegenmaßnahmen.

Durch die Aktivitäten des Menschen werden die Lebensräume vieler Arten zerstört. So werden zum Beispiel den Störchen durch Umwandlung von Feuchtgebieten in Ackerland und durch die Bebauung von Flussauen die Nahrungsgebiete genommen. Dazu kommt der landwirtschaftliche Einsatz von Düngemitteln und Pflanzenschutzmitteln wie Insektiziden. So sind Wanderfalke und Sperber vor allem durch den Einsatz des inzwischen verbotenen Insektengiftes DDT geschädigt worden.

Mehrere Vogelarten werden durch die wirtschaftliche Nutzung der Wälder bedroht. Der Bau von Straßen, Flugplätzen und Neubaugebieten zerschneidet Wälder, sodass der Lebensraum vieler Vogelarten stetig verkleinert wird. Durch die Arbeiten im Forst werden die Vögel nachhaltig gestört. Beispielsweise werden durch das Schlagen kranker Bäume den Höhlenbrütern die Nistplätze genommen.

Die Bedrohung vieler Wasservögel geht auf die Intensivierung in der Teichwirtschaft zurück sowie den Ausbau und die Verschmutzung von Gewässern. Dazu kommen noch Störungen durch Tourismus und Freizeitaktivitäten sowie die direkte Bedrohung bestimmter Vogelarten durch den Menschen. Am bekanntesten ist hier der Kormoran, der sich von Fischen ernährt und deshalb von Anglern und Teichwirten verfolgt wird. Durch Einrichtung von Naturschutzgebieten kann den bedrohten Vogelarten eine Chance zum Überleben gegeben werden.

1 Recherchiere die mögliche Gefährdung von Vögeln durch Stromleitungen und Windkraftanlagen.

1 In Sachsen bereits ausgestorben: Uferschnepfe

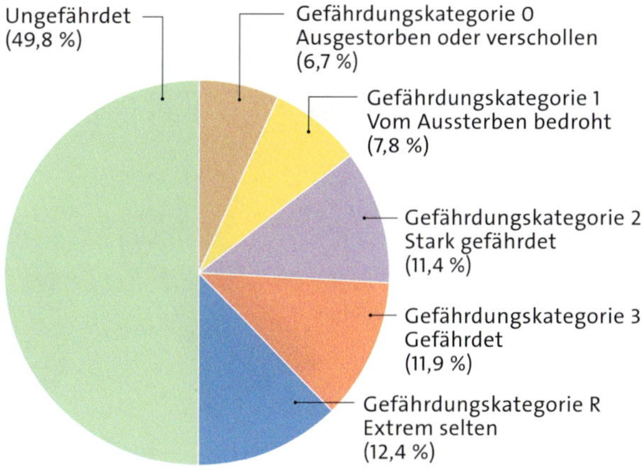

2 Gefährdungssituation sächsischer Brutvögel

Zusammenfassung Vögel in ihren Lebensräumen

Erschließungsfeld Struktur und Funktion

Federn sind Strukturen, die nur bei den Vögeln vorkommen. Sie bestehen aus Horn und sind somit leicht und gleichzeitig stabil. Hakenstrahlen und Bogenstrahlen verbinden sich zur dichten Fläche der Federfahne. Die aus den Schwungfedern gebildete Tragfläche setzt deshalb der Luft einen Widerstand entgegen. Die Deckfedern sind wasser- und weitgehend luftundurchlässig. Sie schützen den Vogelkörper. Farbeinlagerungen in den Federn helfen den Tieren beim Erkennen von Artgenossen. Daunenfedern besitzen zerschlissene Federstrahlen, die in alle Richtungen zeigen. Dadurch kann sich zwischen ihnen ein großes Luftvolumen halten, welches den Vogelkörper isoliert und somit vor Wärmeverlust schützt.

Erschließungsfeld Angepasstheit

Vögel besitzen eine ganze Reihe hohler Knochen. Ein Teil der Wirbel ist zusammengewachsen. Dadurch ist die Körperachse sehr stabil. Der Hornschnabel ist leicht und zahnlos, kann aber scharfkantig und spitz sein. Eine Harnblase fehlt. Der gesamte Bau des Vogelkörpers stellt also in seiner Leichtbauweise eine Angepasstheit an das Fliegen dar.

Form und Stellung der Flügel sind sehr variabel. Das ermöglicht den Vögeln verschiedene Flugformen. So kann der Mäusebussard im Segelflug nach Beute suchen und anschließend im Rüttelflug auf einer Stelle verharren, um eine Maus genau zu fixieren. Der Gleitflug ermöglicht es ihm, schnell zum Boden zu gelangen und die Beute zu greifen, mit der er sich dann im Ruderflug zum Kröpfplatz bewegt. Die Flugformen stellen somit Angepasstheiten im Verhalten dar.

Erschließungsfeld Fortpflanzung

Durch die Balz finden sich beide Geschlechter zur Paarung. Bei der Begattung pressen die Partner ihre Kloaken aufeinander, sodass die Spermien vom Männchen auf das Weibchen übertragen werden. Das im Eierstock des Weibchens gebildete Eigelb des Vogeleis entspricht der Eizelle. Diese wird im Eileiter befruchtet. Auf dem Weg durch den Eileiter wird der Dotter vom Eiklar und anschließend von einer festen Kalkschale umgeben. Die Eier werden ausgebrütet. Die Jungen schlüpfen entweder als nackte Nesthocker oder als voll befiederte Nestflüchter. In beiden Fällen werden sie noch eine gewisse Zeit von den Altvögeln betreut.

1 **Das Federkleid ist typisch für Vögel**

Wissen vernetzt Vögel in ihren Lebensräumen

A1 Angepasstheit von Bewohnern der Flussaue

	Flussregenpfeifer	Eisvogel
Eilänge × Eibreite in mm	30 × 22	23 × 19
Eimasse in g	7,6	4,2
Nestlingszeit in Tagen	0	25

Flussregenpfeifer und Eisvogel sind typische Bewohner der Ufer naturnaher Flüsse. Beide besitzen etwa die gleiche Körpergröße, haben aber unterschiedliche Ernährungsgewohnheiten. Der Eisvogel stürzt sich als Stoßtaucher auf kleinere Fische, während der Flussregenpfeifer auf Kies- und Sandbänken nach Insekten und anderen Kleintieren sucht.

Aufgaben:

a) Vergleiche mit Hilfe des Materials Lage und Bedingungen der Brutplätze sowie das gesamte Fortpflanzungsverhalten von Flussregenpfeifer und Eisvogel. Erläutere, inwiefern Angepasstheiten an die Lebensweise auftreten.

b) Begründe, warum beide Arten im gleichen Lebensraum vorkommen können.

A2 Innerer Bau der Feder

Das Bild zeigt den Querschnitt durch den Schaft einer Schwungfeder.

Aufgabe: Beschreibe den inneren Bau des Federschaftes. Begründe den Bau unter Berücksichtigung des Zusammenhangs von Struktur und Funktion.

A3 Schnäbel und Füße bei Vögeln

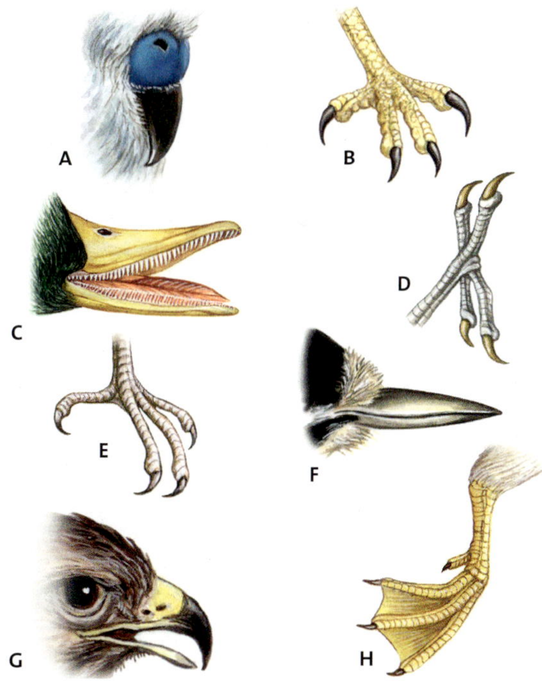

Die abgebildeten Schnäbel und Füße gehören zu vier Vogelarten.

Aufgabe: Benenne die Arten und ordne die entsprechenden Füße und Schnäbel zu. Begründe jeweils die Zuordnung.

Säugetiere in ihren Lebensräumen

Jede Menge Tiere …

Die meisten der abgebildeten Tiere wirst du kennen. Nenne ihre Namen. Versuche Körpermerkmale zu finden, an denen du die verschiedenen Arten sicher erkennen kannst. Informiere dich in Tierbüchern über die Lebensweise von drei der abgebildeten Tierarten. Was stellst du fest? Die Tiere sehen alle unterschiedlich aus, sie haben aber dennoch einige Gemeinsamkeiten. Findest du sie heraus?

Finde eine Begründung, warum auf der Abbildung auch ein Mensch zu sehen ist.

Vordergliedmaßen von Säugetieren

Ordne den Buchstaben A bis F in den Fotos die richtigen Skelette der Vordergliedmaßen 1 bis 6 zu.

Eines der abgebildeten Lebewesen ist kein Säugetier. Vergleiche dessen Gliedmaßenskelett mit den Säugetierskeletten und ziehe begründete Schlussfolgerungen.

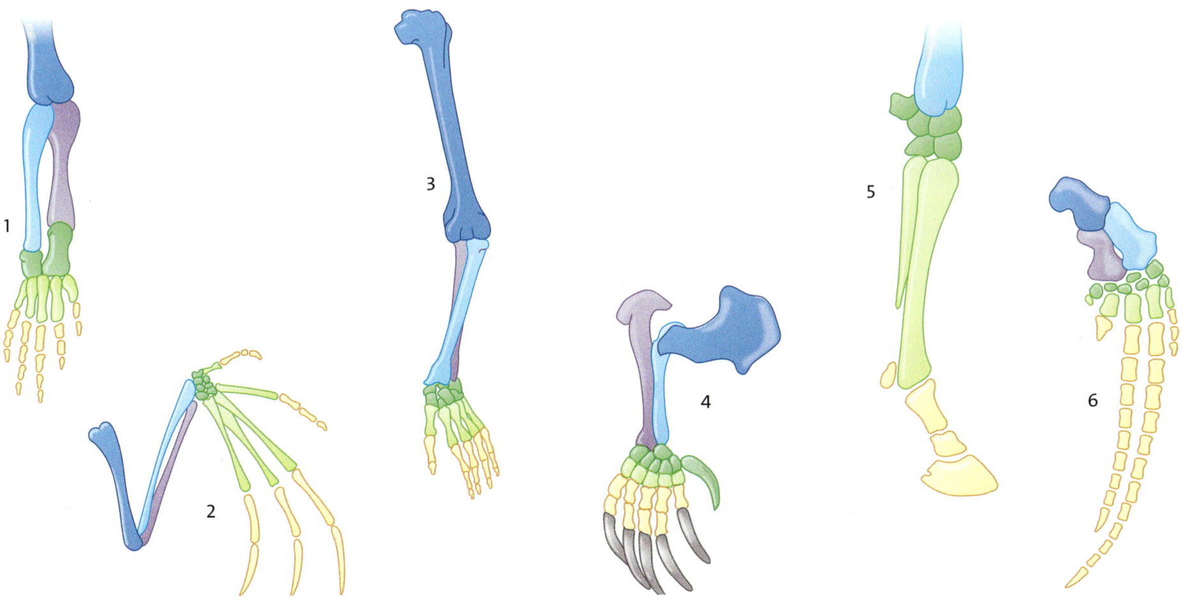

1 Hunde – älteste Haustiere des Menschen

1.1 Körperbau des Hundes

Geht man mit einem Hund regelmäßig spazieren, fallen bestimmte Verhaltensweisen auf. Lässt man ihn zum Beispiel auf einer Wiese frei laufen, scheint er etwas zu suchen: Mit der Nase dicht am Boden folgt er offensichtlich einer unsichtbaren Spur. Hunde haben einen sehr feinen Geruchssinn und können Duftspuren erkennen, die der Mensch nicht wahrnehmen kann. Man bezeichnet Hunde deshalb als **Nasentiere.** Menschen nutzen diese Fähigkeit, indem sie Hunde beispielsweise bei der Suche nach Drogen oder Sprengstoffen einsetzen. Hunde können sogar noch menschliche Geruchsstoffe erfassen, die durch die Sohle eines Schuhes abgegeben werden. Sie werden deshalb auch bei der Suche nach vermissten oder verschütteten Personen eingesetzt.

Entfernt sich ein Hund bei seiner Suche zu weit, kann sein Besitzer ihn mit einer Hundepfeife zurückrufen. Diese erzeugt sehr hohe Töne, die außerhalb des menschlichen Wahrnehmungsvermögens liegen. Der Hund kann diese Töne jedoch noch hören: Er stellt die Ohren auf und dreht den Kopf in Richtung der Geräuschquelle. Wegen ihres empfindlichen Hörsinns werden Hunde auch als **Ohrentiere** bezeichnet. Diese außerordentlichen Sinnesleistungen der Hunde nutzen Menschen schon seit langer Zeit. Knochenfunde aus Zentralrussland belegen, dass Hunde bereits seit mehr als 14 000 Jahren in der Nähe des Menschen oder in seiner Obhut leben.

1 Schäferhund

Hunde sind ausdauernde und schnelle Läufer. Dies wird durch den Bau ihrer Beine und Füße ermöglicht. Während Menschen beim Gehen mit den ganzen Fußsohlen den Boden berühren, treten Hunde nur mit den Zehen auf. Man bezeichnet sie daher als **Zehengänger.** Die Krallen an den Zehen sind kurz und stumpf. Sie können nicht eingezogen werden und ermöglichen ein sicheres Abstoßen beim Laufen. Der Rumpf eines Hundes wird von der langen und biegsamen Wirbelsäule gestützt. Die Vordergliedmaßen sind über den Schultergürtel und die Hintergliedmaßen über das Becken mit der Wirbelsäule verbunden.

2 Einsatzbereiche von Hunden. **A** Spürhund; **B** Suchhund

Entdeckt ein Hund während eines Spazierganges einen Hasen, wird er ihm in großen Sprüngen hinterher hetzen. Dabei zeigt der Hund große Ausdauer. Man bezeichnet diese Jagdweise als Hetzjagd und den Hund als **Hetzjäger.** Er wird deshalb auch zur Gruppe der Landraubtiere gerechnet.

Ein erbeutetes Tier wird mit den langen, dolchartigen Eckzähnen, den **Fangzähnen,** festgehalten. Die sechs kleineren Schneidezähne, die zwischen den Fangzähnen stehen, dienen lediglich dazu, Fleischreste von Knochen abzuzupfen. Die Vorbackenzähne und Backenzähne sind spitz und scharf. In Ober- und Unterkiefer fällt auf jeder Seite jeweils ein besonders großer, deutlich gezackter Zahn auf: Im Oberkiefer ist es der letzte Vorbackenzahn, im Unterkiefer der erste Backenzahn. Diese **Reißzähne** gleiten beim Zubeißen wie die beiden Teile einer Schere aneinander vorbei und zerbrechen und zerschneiden die Beute in kleinere Stücke. Man nennt solch ein Gebiss ein **Raubtiergebiss.**

Die Angaben zu den Zähnen können auch übersichtlicher in einer **Zahnformel** erfolgen. Dabei schreibt man die Zähne des Oberkiefers auf einen Bruchstrich und die des Unterkiefers darunter. Die linke und die rechte Kieferhälfte sind jeweils spiegelbildlich aufgebaut. Deshalb werden in der Zahnformel auch nur die Zahnfolgen einer Kieferhälfte in der Reihenfolge

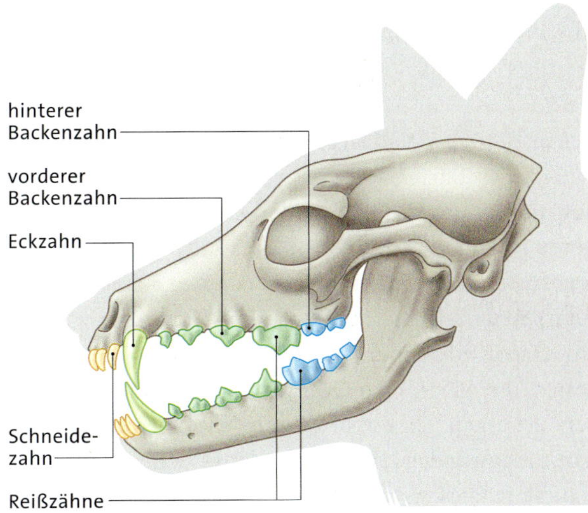

4 **Schädel des Hundes**

Schneide-, Eck-, vorderer- und hinterer Backenzahn angegeben. Die Zahnformel der Hunde lautet also:

$$\frac{3 \quad 1 \quad 4 \quad 2}{3 \quad 1 \quad 4 \quad 3}$$

Im Mundraum wird der Nahrung Speichel aus den Speicheldrüsen zugesetzt. Dadurch kann sie leichter geschluckt werden und gelangt über die Speiseröhre in den Magen. Durch den säurehaltigen Magensaft werden Krankheitserreger abgetötet, die mit der Nahrung aufgenommen wurden. Gleichzeitig beginnt durch die

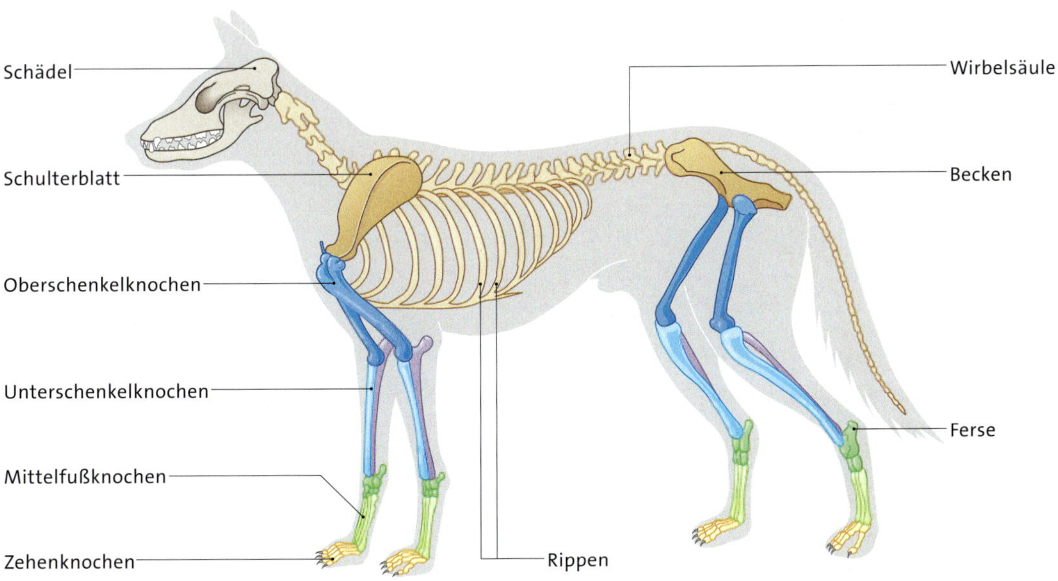

3 **Skelett des Hundes**

Einwirkung der Magensäure die Verdauung. So bezeichnet man die Zerlegung der Nahrung in ihre Bausteine. Aus dem Magen gelangt die Nahrung in den Darm. Durch den Darmsaft wird sie weiter zerlegt. Die freigesetzten Bausteine werden in die Darmwand aufgenommen. In ihr befinden sich feine Blutgefäße, deren Wände so dünn sind, dass die Bausteine der Nahrung durch sie hindurch in das Blut gelangen können. Mit dem Blutstrom werden sie im Körper verteilt. Im Darm verbleiben nur unverdauliche Nahrungsreste. Ihnen wird ein Großteil des enthaltenen Wassers entzogen. Dadurch werden sie eingedickt und in Kot umgewandelt. Dieser wird über den After ausgeschieden. Die fleischliche Nahrung des Hundes enthält viele Nährstoffe, die sehr schnell ins Blut gelangen können. Deshalb ist der Abschnitt des Darmes, in dem die Nährstoffe aufgenommen werden, nicht sehr lang.

Im Körper werden aus den Bausteinen der Nahrung körpereigene Stoffe aufgebaut, die *Baustoffe*. Andere Stoffe, die *Betriebsstoffe*, sind für die Aufrechterhaltung der Körperwärme oder für die Ausführung von Muskelbewegungen sowie weiterer Lebenstätigkeiten erforderlich. So enthält die Milch, die zum Säugen der Jungen in den Milchdrüsen einer Hündin gebildet wird, eine große Menge beider Stoffarten.

Für die Lebensvorgänge ist neben den Betriebsstoffen ein in der Luft enthaltenes Gas notwendig, der Sauerstoff. Dieser gelangt durch das Maul und die Nase in die Luftröhre und weiter in die Lungen. Dort tritt der Sauerstoff durch die dünnen Wände der Lungen in feine Blutgefäße über. Über das Blut wird er im Körper verteilt. Im Gegenzug wird das im Körper entstandene Kohlenstoffdioxid an die Atemluft abgegeben.

Von den Sinnesorganen wie Augen und Ohren werden Informationen über Nerven an das Gehirn geleitet. Dort werden die Meldungen verarbeitet. Der Hauptnervenstrang, der vom Gehirn entlang der Wirbelsäule verläuft, wird als *Rückenmark* bezeichnet. Über das Rückenmark werden auch Befehle vom Gehirn an die Muskeln übertragen.

1 Vergleiche die Zahnformel des Hundes mit einem Hundeschädel aus der Sammlung oder der obigen Abbildung.

2 Beobachte und beschreibe, wie ein Hund einen Knochen bearbeitet.

3 Erläutere den Begriff Hetzjäger.

4 Beschreibe den Weg der Nahrung durch den Körper des Hundes.

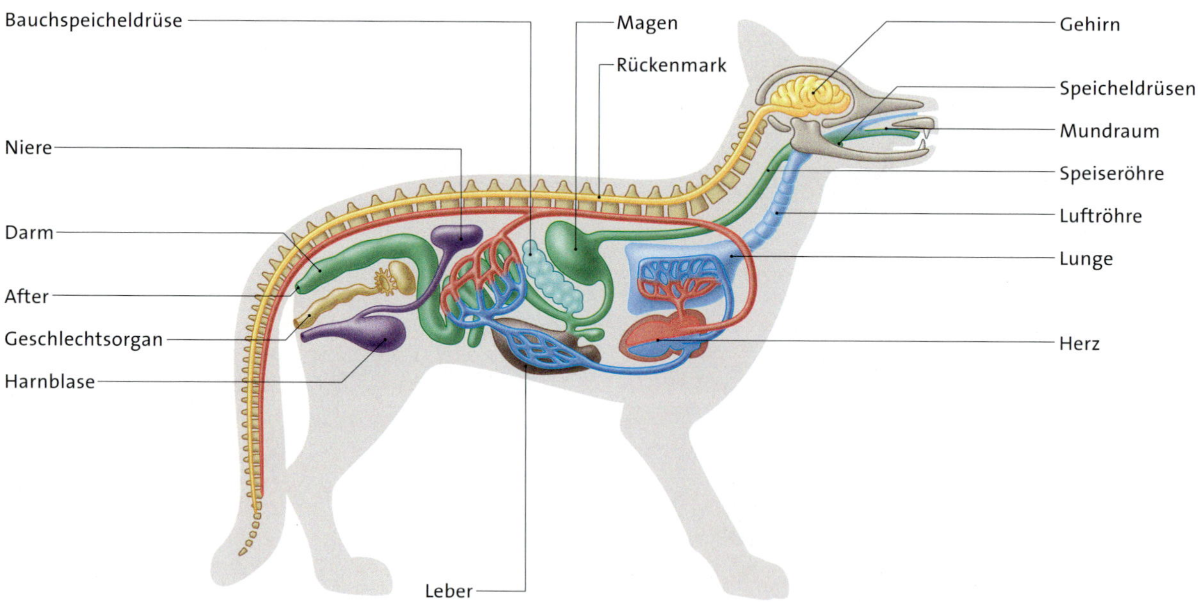

4 **Wichtige innere Organe des Hundes**

1.2 Hunde stammen vom Wolf ab

In den meisten Zoologischen Gärten findet man bei den Raubtieren ein Gehege für Wölfe. Betrachtet man diese Tiere, fallen sofort große Übereinstimmungen in Körperbau, Aussehen und Verhalten zwischen Wölfen und Hunden auf.

Hunde sind im Laufe von einigen Jahrtausenden aus Wölfen hervorgegangen. Anfangs dürften Wölfe den umherziehenden, jagenden Menschengruppen wahrscheinlich nur in größeren Abständen gefolgt sein, weil sie auf Nahrungsreste hofften. Die Wölfe kamen dann wohl immer näher und einige blieben schließlich beim Menschen. Dieser hat sie dann weitergezähmt und zur Jagd, zur Bewachung oder zum Schutz der Siedlungen eingesetzt. Die Menschen begannen, die Tiere entsprechend ihrer Eigenschaften auszuwählen und zu züchten. So entstanden im Laufe der Zeit unterschiedlich aussehende Formen, die man als **Rassen** bezeichnet. Man nennt diesen Prozess **Domestikation.**

Die europäischen Wölfe leben in Familienrudeln. Die beiden Elterntiere sind die Leitwölfe des Rudels. Dazu gehören die Welpen und die Jungtiere des vorjährigen Wurfes. Kleinere Auseinandersetzungen im Rudel werden durch Demutshaltung und Imponiergehabe geregelt. Derartige Verhaltensweisen bezeichnet man als Rangordnung. Die Leitwölfe übernehmen die Führung beim Jagen und legen das Revier fest. Die Abgrenzung des Reviers erfolgt durch verspritzen von Harn sowie durch Lautäußerungen.

Besonders auffällig wird die Verwandtschaft zwischen Hund und Wolf im Verhalten von Hunden untereinander. Beispielsweise nähert sich ein rangniedriger Hund einem ranghöheren meist in geduckter Haltung von der Seite. Rüden heben häufig ihr Bein, um kleine Mengen Urin auszuscheiden. Mit dieser Duftmarke grenzen sie auf Nasenhöhe der Artgenossen ihr eigenes Territorium ab.

1 Beschreibe Vorteile, die Wölfe durch die Nähe zum Menschen haben.

2 Erkläre, wie ein Wolfsrudel sein großes Revier gegen fremde Wolfsrudel abgrenzen kann.

1 Heulendes Wolfsrudel

2 Wölfe mit erlegtem Hirsch

3 Lebensbild aus der Steinzeit

Wissen kompakt Hunderassen

Name: **Dalmatiner**
Schulterhöhe: 50 bis 60 cm
Aussehen: kurzhaarig, weiß mit schwarzen oder braunen Punkten, schlank und hochbeinig
Verwendung: Begleithund, anhänglicher Familienhund

Name: **Labrador**
Schulterhöhe: 60 bis 65 cm
Aussehen: kurzhaarig, schwarz, gelb oder schokoladenfarben, muskulös
Verwendung: apportier- und wasserfreudiger Jagdhund, auch als Such- oder Blindenhund, anhänglicher Familienhund

Name: **Dackel oder Teckel**
Schulterhöhe: 23 bis 25 cm
Aussehen: je nach Rasse kurz- bis langhaarig, schwarz bis rotbraun, kurzbeinig
Verwendung: für die Jagd in Fuchs- und Dachsbauten, auch als Stöber- und Spürhund, Familienhund mit Hang zum eigenständigen Handeln

Name: **Yorkshire Terrier**
Schulterhöhe: 20 bis 24 cm
Aussehen: langhaarig, zierlich
Verwendung: Begleithund, sehr temperamentvoll, eine der kleinsten Rassen

1 Erläutere am Beispiel der Hunderassen das Phänomen der Vielfalt.

1.3 So verhalten sich Hunde

Hunde sind ausgesprochen lernfähig und können für Menschen kaum wahrnehmbare Körpersignale sicher deuten. Aufgrund dieser Eigenschaften sind sie in der Lage, Menschen zu verstehen und in enger Gemeinschaft mit ihnen zusammenzuleben.

Hunde zeigen ähnliche Verhaltensweisen wie Wölfe. Die Menschen, mit denen sie zusammenleben, stellen ihr »Rudel« dar. Herrchen oder Frauchen sehen sie meist als Leittier an. Durch konsequente Erziehung bringt man sie dazu, auch die übrigen Familienmitglieder als höherrangig anzusehen.

Nicht nur Gerüche und Lautäußerungen stellen wichtige Signale für das Leben der Hunde dar. Auch mit der Körpersprache können Hunde sich vielfältig ausdrücken. So können sie durch verschiedene Körperstellungen ihren Platz in der Rangordnung und ihre jeweilige Stimmung nach außen deutlich machen. Besonderes Augenmerk kommt dabei dem Schwanz und den Ohren zu. Ein selbstbewusstes Tier, das in der Rangordnung weit oben steht, trägt seinen Schwanz aufrecht. Je tiefer die Stellung in der Rangordnung ist, desto tiefer wird der Schwanz getragen. Ein sehr ängstliches Tier hält den Schwanz zwischen den Beinen eingeklemmt unter dem Bauch.

Ähnlich verhält es sich mit den Ohren. Ranghohe, aufmerksame Tiere stellen die Ohren aufrecht, rangniedere und ängstliche Tiere klappen die Ohren flach nach hinten. Unterwirft sich ein rangniederes Tier, legt es sich auf den Rücken und zeigt dem Ranghöheren seine schutzlose Kehle. Dieses Verhalten sollten Hunde auch den Familienmitgliedern gegenüber zeigen.

Aber auch andere Verhaltensweisen zeigen die Verwandtschaft des Hundes mit dem Wolf. So markieren männliche Hunde genauso wie Wölfe ihr Revier mit Urin. Hunde drehen sich auch im Haus auf der Stelle mehrfach um sich selbst, bevor sie sich niederlegen. Wölfe richten sich so im hohen Gras einen Schlafplatz her.

1 Berichte von weiteren Verhaltensweisen, die die Verwandtschaft der Hunde mit den Wölfen belegen.

2 Beschreibe den Gesichtsausdruck der Hunde in der Abbildung.

1 Körpersprache des Hundes. **A** Demutshaltung; **B** ängstliches Drohen; **C** aggressives Drohen; **D** Imponieren; **E** Markieren

1.4 Hunde säugen ihre Jungen

Im Frühjahr und Herbst neigen männliche Hunde, die **Rüden,** zum Streunen. »Da ist sicher eine **Hündin** läufig«, meint der entnervte Hundebesitzer und legt seinen Rüden an die Leine.

Auch eine Hündin verändert in dieser Zeit ihr Verhalten. Sie ist unruhig und will ständig ins Freie. Diese Läufigkeit dauert etwa drei Wochen. Für Züchter sind diese Tage wichtig: Denn nur während dieser Zeit lässt sich eine Hündin mit einem Rüden paaren. Während der Paarung gibt der Rüde seine Spermien in die Scheide der Hündin ab. Dadurch können mehrere Eier durch jeweils ein Spermium **befruchtet** werden. Dann ist die Hündin trächtig. So bezeichnet man eine Schwangerschaft bei Tieren.

Nach etwa neun Wochen bringt die Hündin meist sechs bis zehn Junge zur Welt, die **Welpen.** Bei der Geburt sind die Jungen noch von einer Fruchtblase umgeben. Die Hündin zerreißt diese und beißt die Nabelschnur durch, mit der die Welpen mit dem Körper der Mutter verbunden sind. Das tut den Welpen nicht weh, denn die Nabelschnur ist nicht schmerzempfindlich. Anschließend leckt die Mutter ihre Jungen ab und säubert sie so. Zwischen den Geburten der einzelnen Welpen können Minuten oder Stunden liegen. Die Jungen sind zunächst vollkommen hilflos. Die Augen und Ohren, die anfangs noch durch Hautfalten verschlossen sind, werden erst nach etwa zwei Wochen geöffnet. Die Welpen können auch nur unbeholfen kriechen und weder gehen noch stehen. Deshalb werden sie als **Nesthocker** bezeichnet.

Auf der Bauchseite der Hündin liegen die Milchdrüsen oder **Zitzen** in zwei Reihen. Mit pendelnden Bewegungen des Kopfes werden diese von den Jungen gesucht. Haben die Welpen eine Zitze gefunden, saugen sie kräftig an ihr und treten mit den Vorderpfoten gegen das *Gesäuge.* Dieser Milchtritt fördert den Fluss der **Milch.** In den folgenden zwei Monaten werden die Jungen gesäugt. Erst allmählich gewöhnen sie sich an feste Kost. Während dieser Zeit werden die Welpen von der Mutter auch weiter verteidigt, gewärmt und gesäubert. Ohne diese **Brutpflege** könnten die Welpen nicht überleben.

1 Beschreibe die unterschiedlichen Brutpflegehandlungen einer Hündin.

2 Erkläre, warum die Brutpflege für die Welpen lebensnotwendig ist.

1 Basset-Hündin säugt ihre Jungen

1.5 Hundehaltung

In vielen Familien kommt früher oder später der Wunsch nach einem Hund auf. Dies ist nicht verwunderlich, da Hunde gesellige und treue Haustiere sind und die Welpen zudem niedlich aussehen. Die Entscheidung für einen Hund setzt Tierliebe und Verantwortungsbewusstsein voraus. Vor der Anschaffung eines Hundes sollte man bedenken, dass der Hund wahrscheinlich zehn bis zwölf Jahre leben wird, in Ausnahmefällen können Hunde sogar zwanzig Jahre alt werden. Für die Familie bringt die Haltung eines Hundes große Veränderungen mit sich. Vieles muss berücksichtigt werden, will man den Hund tiergerecht halten.

Der neue Hausbewohner braucht Platz. Steht dieser nicht ausreichend zur Verfügung, kann sich die Familie keinen Hund zulegen. Hunde wollen auch nicht den ganzen Tag in der Wohnung gehalten werden. Sie brauchen viel Bewegung und müssen dreimal bis viermal täglich ausgeführt werden. Hunde sind Rudeltiere und wollen daher nicht allzu lange alleine bleiben. Sie müssen selbstverständlich jeden Tag gefüttert werden, deshalb müssen entsprechende Kosten berücksichtigt werden. Eine eventuelle Haftpflichtversicherung und die Hundesteuer sind jährlich fällig und verursachen weitere Kosten. Auch Halsband, Hundeleine und Korb müssen mit eingeplant werden. Wichtig sind Besuche beim Tierarzt: Hundekrankheiten wie Tollwut und Hundebandwurm sind auch für Menschen gefährlich. Außerdem müssen regelmäßig Impfungen und Wurmkuren durchgeführt werden. Auch der Anschaffungspreis ist zu berücksichtigen: Während Hunde aus dem Tierheim relativ preiswert sind, sind Rassehunde oft teuer.

Mit einem Hund hat man noch weitergehende Verpflichtungen: Will man am Wochenende wegfahren oder länger verreisen, muss man den Hund mitnehmen oder in gute Hände geben. Bei der Neuanschaffung eines Hundes muss man auch viel Zeit für die Erziehung aufwenden. Der Welpe wird in den ersten Nächten oft jaulen, weil er die Nähe seiner Mutter gewöhnt ist und nicht alleine sein will. Außerdem muss er stubenrein werden. Der Hund muss lernen, alle Familienmitglieder als ranghöher anzuerkennen. Dies gilt besonders gegenüber schwächeren Kleinkindern.

1 Zeige an den Beispielen der Abbildungen (A bis K), wie man Hunde artgerecht halten sollte. Begründe die Maßnahmen.

1 Artgerechte Hundehaltung

2 Die Hauskatze – ein Schleichjäger

Eine Katze schleicht lautlos über eine Wiese. Aufmerksam stellt sie die Ohren auf und sieht in eine bestimmte Richtung. Sie hat eine Maus entdeckt. Tief geduckt und regungslos verharrt sie und fixiert ihre Beute. Das Zittern ihrer Schwanzspitze zeigt, wie aufmerksam die Katze ist. Mit einem Mal drückt sie sich mit den kräftigen, muskulösen Hinterbeinen vom Boden ab und schnellt hoch und nach vorn. Während dieses Sprungs streckt die Katze ihre Vorderbeine und die Pfoten. Dabei fährt sie ihre Krallen aus und kann so die Maus festhalten und fangen. Mit einem Biss in den Nacken tötet sie die Maus. Bei der Jagd auf ein Beutetier machen Katzen so gut wie keine Geräusche, sie treten nur mit den weichen, samtartigen Zehenballen auf. Deshalb bezeichnet man Katzen auch als **Schleichjäger.**

Selbst in der Dämmerung sind Katzen erfolgreiche Jäger. Das Auge ist das empfindlichste Sinnesorgan der Katzen. Durch die Pupille gelangt Licht in das Auge. Am Tage ist die Pupille zu einem schmalen Schlitz verengt und in der Dämmerung öffnet sich die Pupille. So wird die einfallende Lichtmenge durch die Größe der Pupille reguliert. Katzenaugen enthalten eine besondere Schicht, die das einfallende Licht ähnlich wie bei einem Spiegel von der Hinterwand des Auges zurückwirft. Dadurch leuchten Katzenaugen, wenn sie in der Dunkelheit von Licht angestrahlt werden. Durch diese reflektierende Schicht können Katzen auch geringe Lichtmengen optimal nutzen und sehen deshalb in der Dämmerung und bei Nacht wesentlich besser als ein Mensch. Jagen Katzen im hohen Gras, können sie ihre Beute nicht sehen. Mit ihren beweglichen, trichterförmigen Ohrmuscheln peilen sie die Stelle an, von der die Geräusche kommen, und können so die Beute orten.

Betrachtet man eine Katzenschnauze, fallen die langen **Schnurrhaare** an der Oberlippe und die **Tasthaare** über den Augen auf. Diese Sinneshaare sind fester und länger als die Körperhaare und helfen Katzen, sich räumlich zu orientieren. Mit ihrer Hilfe können sie Gegenstände ertasten. Berühren die Sinneshaare einen Gegenstand, schließen die Katzen sofort ihre Augen und schützen sie so vor Verletzungen. Sie kann einen Gegenstand aber auch ohne direkte Berührung wahrnehmen. Die Sinneshaare reagieren nämlich auch auf Strömungs- und Luftdruckunterschiede, die von Gegenständen ausgehen. So sind Katzen in der Lage, selbst in völliger Dunkelheit Hindernisse zu erkennen oder die Position eines Beutetieres festzustellen. Die Stellung und Fächerung der Schnurrhaare weist außerdem auf die Stimmung einer Katze hin: Breit gefächerte Schnurrhaare signalisieren Aufmerksamkeit und Aktionsbereitschaft. Seitwärts gerichtete Schnurrhaare signalisieren Ruhe und schmal zurückgelegte drücken Zurückhaltung aus.

Beim Laufen sind die Krallen der Vorderpfoten in eine Falte zwischen den Fußballen eingezogen. Erst beim Ausstrecken der Vorderpfoten werden kleine Muskeln

1 Jagdverhalten der Katze. **A** Anschleichen; **B** Vorbereitung zum Absprung; **C** Absprung; **D, E** Sprungphase; **F** Landung

aktiviert, die über Sehnen mit den Krallen verbunden sind: Durch den Zug der Sehnen werden die scharfen Krallen ausgefahren. So können sie beim Beutefang zum Ergreifen der Beute eingesetzt werden.

Mit den spitzen, dolchartigen Eckzähnen, den Fangzähnen, halten Katzen ein Beutetier fest. Die großen Backenzähne zerschneiden das Fleisch des Beutetiers. Besonders groß sind die jeweils dritten Backenzähne des Ober- und Unterkiefers. Mit ihnen reißen Katzen Fleisch aus dem Beutetier heraus. Daher werden diese Zähne Reißzähne genannt. Die spitzen kleinen Schneidezähne sind gut geeignet, Fleisch von Knochen abzunagen. Das Gebiss der Katze ist typisch für ein Raubtier. Katzen fressen neben Mäusen auch Ratten, Vögel, junge Kaninchen, Frösche, Eidechsen und Blindschleichen.

Ähnliche Verhaltensweisen wie beim Jagen ausgewachsener Katzen lassen sich auch beim Spiel junger Katzen beobachten. Jungtiere lernen spielerisch das Anschleichen, Lauern, Anspringen und Greifen der Beute. Sind Katzen nicht sehr hungrig, spielen sie oft mit ihrer Beute, bevor sie diese töten und fressen. Nach dem Fressen lecken Katzen ihr Fell mit der rauen Zunge ab. An dieser bleiben Schmutz, ausgefallene Haare, aber auch Ungeziefer kleben und werden heruntergeschluckt.

1 Beschreibe mithilfe der Abbildungen A bis E das Jagdverhalten der Katze.

2 Erstelle die Zahnformel für das Katzengebiss.

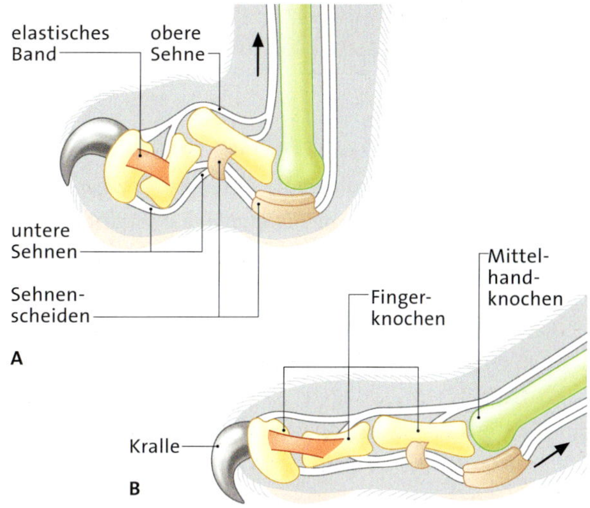

2 Krallenbewegung bei Katzen

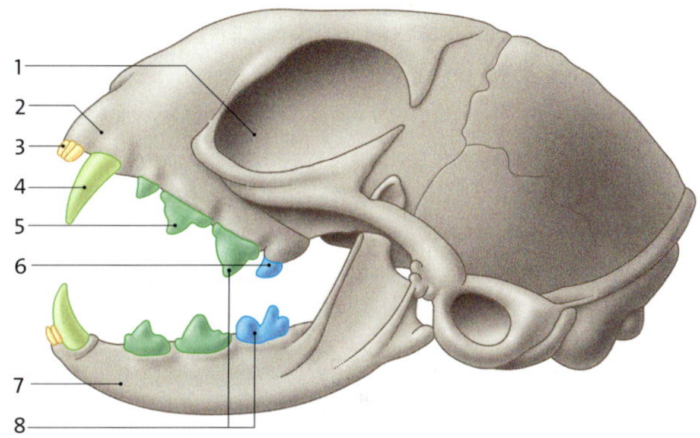

3 Schädel einer Katze. **1** Augenhöhle, **2** Oberkiefer, **3** Schneidezahn, **4** Eckzahn/Fangzahn, **5** vorderer Backenzahn, **6** hinterer Backenzahn, **7** Unterkiefer, **8** Reißzähne

Aufgaben und Versuche – Vergleich von Hund und Katze

A1 Untersuchung des Fells von Säugetieren

Material: Säugetierpräparate oder Fellproben aus der Biologiesammlung mit Grannen- und Wollhaaren (zum Beispiel Hauskatze, Hund, Eichhörnchen, Marder); Pinzette; Lupe; Zeichenmaterial

Durchführung: Betrachte das Präparat im Ganzen und mit der Lupe.

Aufgaben:

a) Betrachte mit der Lupe die Grannenhaare und Wollhaare. Benenne ihre Aufgaben. Fertige eine Zeichnung der beiden Haartypen an.

b) Beschreibe die Anordnung des Fells am verwendeten Präparat. Vergleiche mit der Behaarung am Unterarm und am Kopf des Menschen.

c) Beschreibe, in welcher Richtung im Fell die Haare liegen. Eine Katze weicht aus, wenn sie gegen diese Richtung gestreichelt wird. Erläutere dieses Verhalten.

d) Erkläre in welchen Situationen man häufig die Redewendung: »Dies geht mir gegen den Strich!« hören kann. Stelle eine begründete Vermutung an, wie sie entstanden sein könnte.

Hinweis:

Das Präparat soll nicht mit den Händen berührt werden. Es wurden eventuell giftige Chemikalien zur Konservierung verwendet.
Vor der Versuchsdurchführung müssen auch mögliche Tierhaarallergien beachtet werden.

A2 Auf die Pfote kommt es an

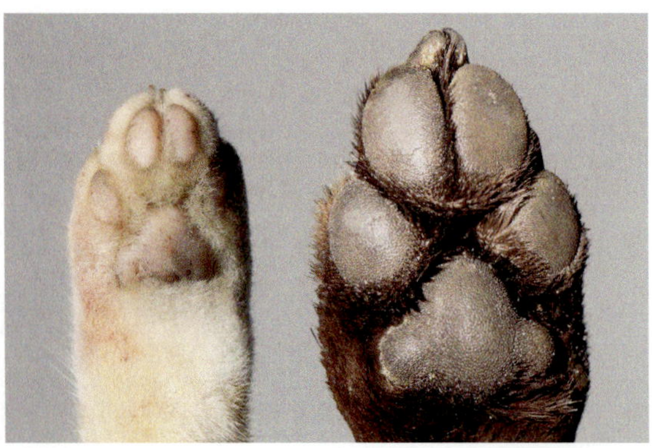

Aufgaben:

a) Beschreibe die beiden Pfoten. Zeige Gemeinsamkeiten und Unterschiede auf.

b) Entscheide und begründe, welche der beiden Pfoten einer Katze und welche einem Hund gehört.

c) Erläutere am Beispiel von Katzen- und Hundepfote den Zusammenhang zwischen Struktur und Funktion.

V3 Ausziehbare Krallen

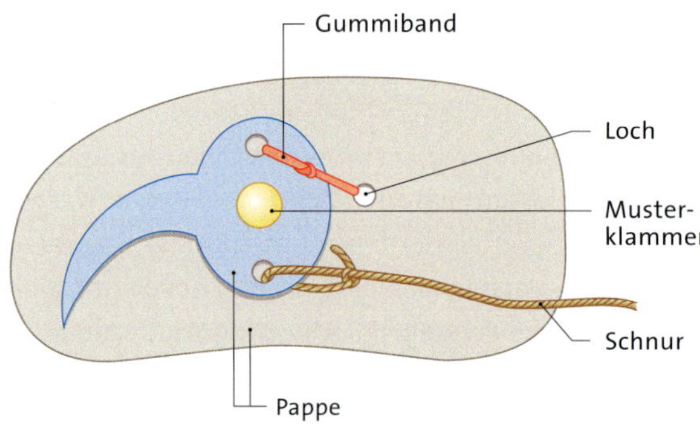

Material: Pappe (DIN-A4), Schere, Schnur, Musterklammer, Gummiband

Durchführung: Zeichne den Umriss von Katzenpfote (grau) und Kralle (blau) nebeneinander auf die Pappe. Versehe die Kralle entsprechend der Abbildung mit drei Löchern und die Pfote mit einem Loch. Schneide Pfote und Kralle aus und verbinde sie durch die Musterklammer miteinander. Befestige die Schnur an der Kralle und verbinde Kralle und Pfote mit dem Gummiband.

Aufgaben:

a) Ziehe vorsichtig an der Schnur und lasse sie dann wieder los. Notiere deine Beobachtungen.

b) Vergleiche das Modell mit der echten Katzenpfote. Lege dazu eine Tabelle an.

A4 Revierverhalten von Katze und Hund

Katzen beanspruchen wie Hunde ein festes Revier. Die obige Abbildung zeigt drei typische Verhaltensweisen, mit denen Katzen ihr Revier markieren.

Aufgaben:

a) Stelle eine begründete Vermutung an, was die Katze jeweils gerade macht und worin die Reviermarkierung besteht.

b) Beschreibe Verhaltensweisen des Wolfes, mit denen ein Revier abgegrenzt wird.

A5 Fellpflege

Die Oberfläche einer Katzenzunge ist rau. Dies liegt an hornigen Stacheln, die auf der Zunge sitzen und nach hinten gerichtet sind. Zur Fellpflege leckt sich die Katze ausgiebig.

Aufgaben:

a) Erläutere die Struktur der Katzenzunge und stelle einen Zusammenhang zur Funktion her.

b) Stelle begründete Vermutungen an, wie die Struktur der Katzenzunge auch die Nahrungsaufnahme erleichtert.

A6 Körpersprache von Katzen und Hunden

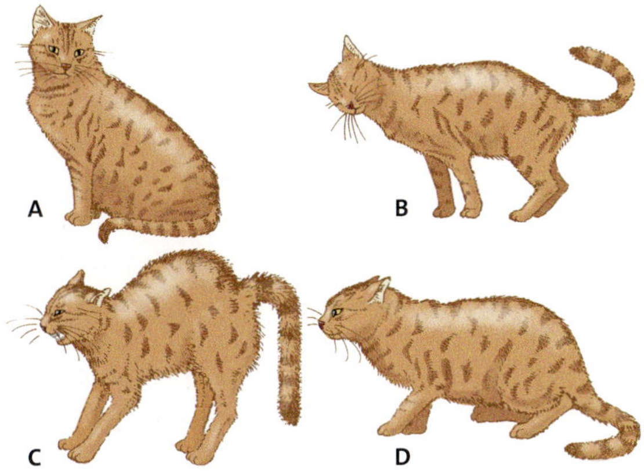

Die »Stimmungslage« einer Katze kann man an ihrer Körpersprache erkennen. Die Abbildung zeigt jeweils eine Katze kurz vor dem Angriff, bei Erkundungsverhalten, im Zustand großer Erregung sowie in Ruhe und Sicherheit.

Aufgaben:

a) Ordne den genannten vier Stimmungslagen jeweils eine der Abbildungen A bis D zu.

b) Beschreibe das Aussehen eines Hundes bei den entsprechenden Stimmungslagen.

c) Erkläre, warum sich erwachsene Hunde und Katzen nicht »verstehen«, wenn sie nicht miteinander aufgewachsen sind.

A7 Katzenaugen verändern sich

Aufgaben:

a) Vergleiche die beiden Abbildungen.

b) Erkläre deine Beobachtungen.

3 Das Rind

3.1 Rinder stammen von einem Wildrind ab

Seit der Eiszeit vor etwa 15 000 Jahren lebten in Europa und Asien zwei Wildrindarten, der **Auerochse** und der **Wisent.** Der Auerochse, auch **Ur** genannt (Abkürzung für »urzeitlicher Ochse«), muss ähnlich ausgesehen haben wie das heutige Parkrind aus England, nur dass sein Fell dunkel war. Auerochsen und Wisente lebten in Herden und bewohnten gebüschreiche, lichte Wälder. Sie ernährten sich von Blättern, Trieben, Zweigen und Rinde sowie von Gräsern und Kräutern. Im Herbst fraßen die Rinder Beeren, Eicheln und andere Früchte sowie Pilze. Mit dieser energiereichen Kost bauten sie Fettreserven auf, von denen sie während der frostigen, nahrungsarmen Wintermonate zehren konnten.

Die Steinzeitmenschen jagten die Wildrinder, weil sie deren schmackhaftes Fleisch und wärmende Felle zu schätzen wussten. Malereien in den Felshöhlen von Lascaux in Südfrankreich oder den Höhlen von Altamira in Nordspanien zeigen die Tiere zur damaligen Zeit. Mit der Veränderung der Lebensweise des Menschen vom Jäger und Sammler zum Ackerbauern wurden immer mehr Wälder gerodet. Durch die Zerstörung ihres Lebensraumes und die zunehmende Jagd auf die Wildrinder wurden die Auerochsen bis zum Beginn des siebzehnten Jahrhunderts ganz ausgerottet. Auch die Bestände der Wisente gingen in Europa so weit zurück, dass die Art fast ausstarb. Durch planmäßige Züchtung der wenigen verbliebenen Tiere konnten die Wisente wieder vermehrt und später in einem polnischen Nationalpark ausgewildert werden. Daher gibt es heute wieder frei lebende Wisente in Osteuropa.

Im Gegensatz zum Wisent wurden die Auerochsen vor etwa 6000 Jahren von den damaligen Ackerbauern als Nutztier entdeckt. Auerochsen waren gut für die Haustierhaltung geeignet: Die Milch der Kühe stellte eine eiweißreiche Nahrungsquelle dar und die Kraft der Rinder wurde zum Ziehen schwerer Lasten oder zum Pflügen der Felder genutzt. Die Tiere waren so wertvoll, dass sie nur selten und meist erst in hohem Alter geschlachtet wurden.

Durch Weiterzüchtung von Rindern mit besonderen Eigenschaften entstanden im Laufe der Jahrhunderte immer neue **Rinderrassen.** So unterschiedlich diese heute auch aussehen – alle europäischen Rinderrassen lassen sich auf den Auerochsen als Stammform zurückführen.

1 Recherchiere in Büchern oder im Internet die steinzeitlichen Höhlenmalereien. Benutze Stichworte wie »Höhlenmalerei«, »Lascaux« oder »Altamira«. Vergleiche die auf den Fels gezeichneten Rinder mit dem Englischen Parkrind.

2 Erläutere Maßnahmen, mit denen der Mensch das Überleben der Wisente in der freien Natur sichern kann.

1 Englisches Parkrind

2 Wisent

Methode Erstellen einer Mindmap

Eine **Mindmap** ist eine gute Methode, um Gedanken und Überlegungen zu einem Thema zu sammeln und zu strukturieren. Alle Gedanken, die einem zur Gliederung dieses Themas einfallen, werden notiert. Dabei muss zunächst keine strenge Reihenfolge eingehalten werden. Mit dieser Sammlung von Gedanken (engl. = mind) oder Überlegungen kann eine Art Karte (engl. = map) zu einem Thema entwickelt werden.

In die Mitte eines Papiers, einer Pappe, Folie oder Tafel wird der zentrale Begriff oder das zu bearbeitende Thema geschrieben, zum Beispiel »Verwertung eines Rindes«. Von diesem Thema ausgehend werden Verzweigungen gezeichnet, die *Hauptäste*. Diese gliedern das Thema in einzelne Bereiche und fächern es gleichzeitig auf. Jeder Ast wird mit einem Stichwort beschriftet, das für einen Gedanken oder Gliederungspunkt steht. Dabei sollten nur Substantive verwendet werden, zum Beispiel »Haut« oder »Haare«. Die Hauptäste können wiederum in *Nebenäste* aufgefächert werden, die ebenfalls mit Stichworten oder Symbolen zu beschriften sind, beispielsweise mit »Lederwaren«. Auch dieser Nebenast kann noch einmal untergliedert werden, womit dann die verschiedenen Produkte der Lederwarenindustrie aufgezeigt werden können. Besonders anschaulich wird eine Mindmap, wenn für die Äste unterschiedliche Farben verwendet werden oder wenn sie mit Bildern versehen wird. Ganz einfach geht dies mit einem entsprechenden Computerprogramm.

Eine Mindmap kann besonders gut in Partner- oder Gruppenarbeit erstellt werden. Sie eignet sich sehr gut zur Erarbeitung eines Referates. Auf diese Weise kann man sich zunächst eine Übersicht über die verschiedenen Teilbereiche eines Themas verschaffen. Das erleichtert die Gliederung des Referates.

Diese Methode bietet aber nicht nur die Möglichkeit der Gedankenstrukturierung in der Findungsphase. Sie eignet sich auch gut zur anschaulichen Darstellung von Arbeitsergebnissen. Eine Mindmap stellt also auch eine gute Präsentationsmöglichkeit dar.

1 Erstelle in einer Gruppe eine Mindmap zum Thema »Milch und Milchprodukte«.

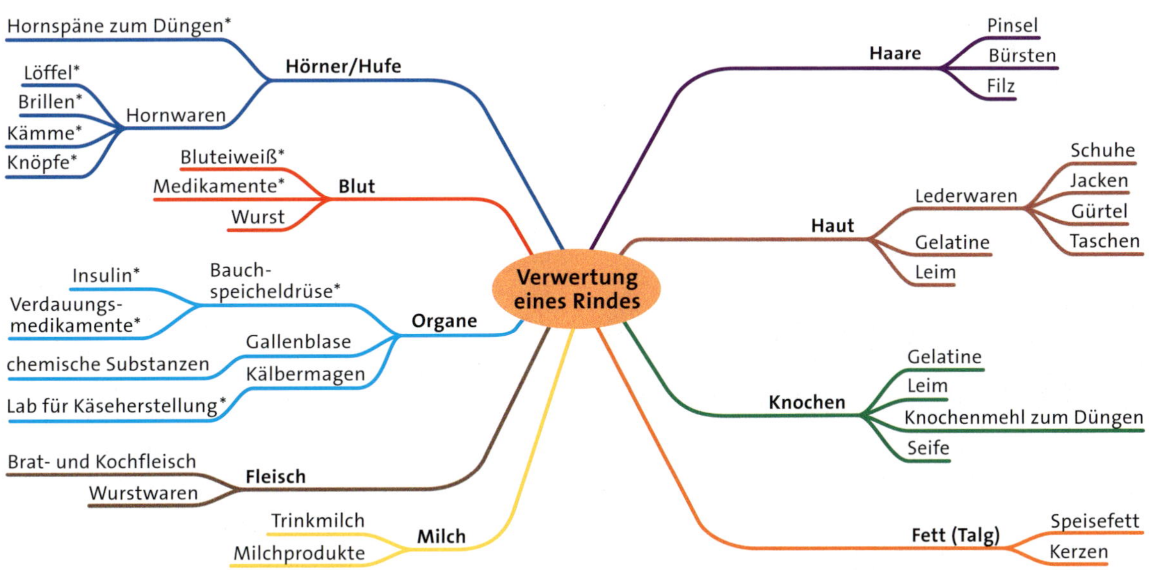

1 **Mindmap zum Thema »Verwertung eines Rindes« (* = früher)**

3.2 Das Rind ist ein Wiederkäuer

Geht man an einer Rinderweide entlang, so sieht man einige Rinder im Stehen grasen, während andere ruhig im Gras liegen und die Kiefer kauend bewegen, ohne dabei Nahrung aufzunehmen. Rinder sind **Pflanzenfresser.** Sie umfassen beim Fressen mit ihrer rauen Zunge ganze Grasbüschel, reißen sie ab und schlucken sie unzerkaut hinunter. Auf diese Weise können sie in kurzer Zeit viel Nahrung in ihren Magen aufnehmen.

Zunächst wird die Nahrung im Maul gut eingespeichelt. Dazu können Rinder pro Tag bis zu 150 Liter Speichel bilden. Die eingespeichelte Nahrung gelangt über die Speiseröhre in den *Pansen.* Dies ist der erste von vier Teilen des Rindermagens. Er kann bis zu 200 Liter fassen. Hier wird die Nahrung eingeweicht und mit Hilfe von Bakterien und anderen Mikroorganismen für die Verdauung vorbereitet. Durch ständige Bewegungen der Magenwand wird die Nahrung im Pansen gut durchmischt und gelangt dabei in den *Netzmagen.* Dieser Magenteil hat eine netzartige Wandstruktur, wodurch die Nahrung zu kleinen Nahrungsportionen geformt wird. Diese werden über die Speiseröhre wieder ins Maul des Rindes befördert. Nun zerkaut das Tier das Pflanzenmaterial erst richtig, meist 30 bis 60 Minuten nach der Nahrungsaufnahme. Deshalb bezeichnet man Rinder als **Wiederkäuer.**

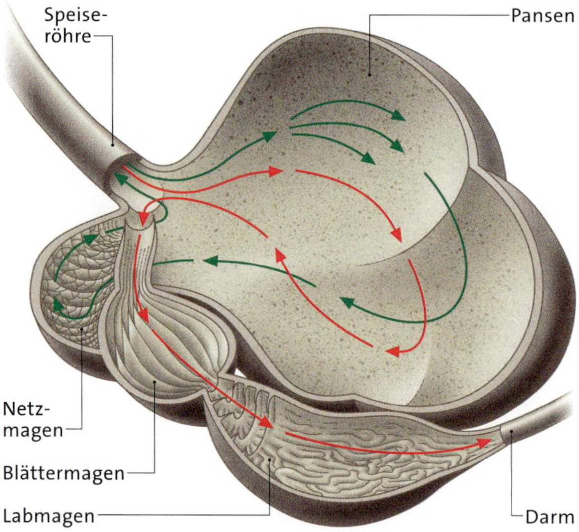

2 Der Weg der Nahrung durch den Magen eines Rindes

1 Rinder auf der Weide

Nach dem Wiederkäuen rutscht der Speisebrei wieder in den Pansen. Durch die Magenbewegung gelangt feines Material in den *Blättermagen*, während das grobe im Pansen verbleibt. Die Wand des Blättermagens enthält zahlreiche Falten, wodurch dessen Oberfläche stark vergrößert wird. Durch diese große Kontaktfläche wird dem Nahrungsbrei das überschüssige Wasser entzogen. Es gelangt durch die Magenwand in den Blutkreislauf und steht dem Tier damit unter anderem wieder für die Speichelproduktion zur Verfügung. Vom Blättermagen wird der eingedickte Nahrungsbrei in den *Labmagen* befördert. Hier findet die eigentliche Verdauung statt. Inzwischen haben nämlich die Bakterien und Wimperntierchen des Nahrungsbreis die Nährstoffe weitgehend in ihre Bausteine zerlegt. Nun werden im Labmagen die Bakterien und Wimperntierchen abgetötet und die Bausteine freigesetzt. Im anschließenden Darmtrakt werden diese durch die Darmwand in das Blut des Rindes aufgenommen. Der unverdauliche Rest wird über den After als Kot ausgeschieden. Gras ist verhältnismäßig nährstoffarm und schwer verdaulich. Deshalb müssen Rinder täglich große Mengen Grünfutter fressen, um ihren Bedarf an Bau- und Betriebsstoffen zu decken. Rinder besitzen einen 50 bis 60 Meter langen Darm. Über diese große Austauschfläche gelingt es, die geringe Nährstoffmenge des Grases weitgehend aufzunehmen.

Mit Hilfe ihres Gebisses können Rinder die pflanzliche Nahrung gut aufnehmen und weiterverarbeiten. In jeder Hälfte des Unterkiefers befinden sich drei große Schneidezähne und ein ebenso großer Eckzahn. Diese

Zähne fehlen im Oberkiefer. Hier befindet sich stattdessen eine verhornte Kauplatte. Kurze Gräser werden wie mit einer Zange zwischen den Schneidezähnen des Unterkiefers und der Hornplatte eingeklemmt und mit einem Ruck abgezupft. Das Zerkleinern der unzerkaut verschluckten Nahrung erfolgt beim Wiederkauen mit den sechs Backenzähnen in jeder Ober- und Unterkieferhälfte. Diese Backenzähne bestehen aus unterschiedlich harten Substanzen, dem harten Zahnschmelz sowie den weicheren Zahnbein und Zahnzement. Da diese Substanzen sich beim Kauen unterschiedlich stark abnutzen, bilden sich scharfe Kanten, die Schmelzfalten. Damit zermahlen Rinder die harten Gräser. Solche Mahlzähne sind typisch für ein **Pflanzenfressergebiss.**

Am Schädel der Rinder befinden sich zwei Knochenzapfen, auf denen die beiden Hörner sitzen. Diese bestehen aus dem gleichen Material wie Haare und Hufe, nämlich aus dem Eiweißstoff Horn. Die großen Augen sitzen seitlich im Schädel. Dadurch haben Rinder eine gute Rundumsicht und können Feinde aus allen Richtungen kommend erkennen. Allerdings können Rinder nicht alle Farben sehen und sind gegenüber Rottönen nahezu blind. Stiere können daher beim Stierkampf nur von der Bewegung des Tuches provoziert werden.

Rinder können bis zu 1300 kg wiegen. Dieser schwere Körper wird von vier stämmigen Beinen getragen. Betrachtet man ein Rinderbein, so scheinen die Gelenke an der falschen Stelle zu sitzen. Das liegt daran, dass ein Teil des Beins von dem massigen Körper verdeckt wird und Rinder auf den Spitzen ihrer Zehen laufen: Sie sind *Zehenspitzengänger.* Wie bei den meisten Säugetieren besteht auch das Vorderbeinskelett eines Rindes aus Oberarmknochen, Elle und Speiche, Handwurzelknochen, Mittelhandknochen und Fingerknochen. Jedoch sind beim Rind Elle und Speiche sowie die Mittelhandknochen jeweils zusammengewachsen, was die Stabilität des Beins erhöht. An jedem Fuß sind zwei Finger besonders kräftig entwickelt und an der Spitze jeweils von einer *Klaue* aus hartem Horn umgeben. Wegen dieser beiden Klauen nennt man Rinder **Paarhufer.** Zwei weitere Zehen sind verkümmert; sie heißen *Afterklauen.* Beim Auftreten auf den Boden spreizen sich die Klauen auseinander. Dies verhindert, dass ein Rind auf weichem Untergrund zu tief einsinkt.

1 Ein Rind frisst täglich 50 bis 100 kg Grünfutter. Erläutere die Verdauung dieser großen Nahrungsmenge.

2 Vergleiche die Backenzähne eines Rindes mit denen einer Katze.

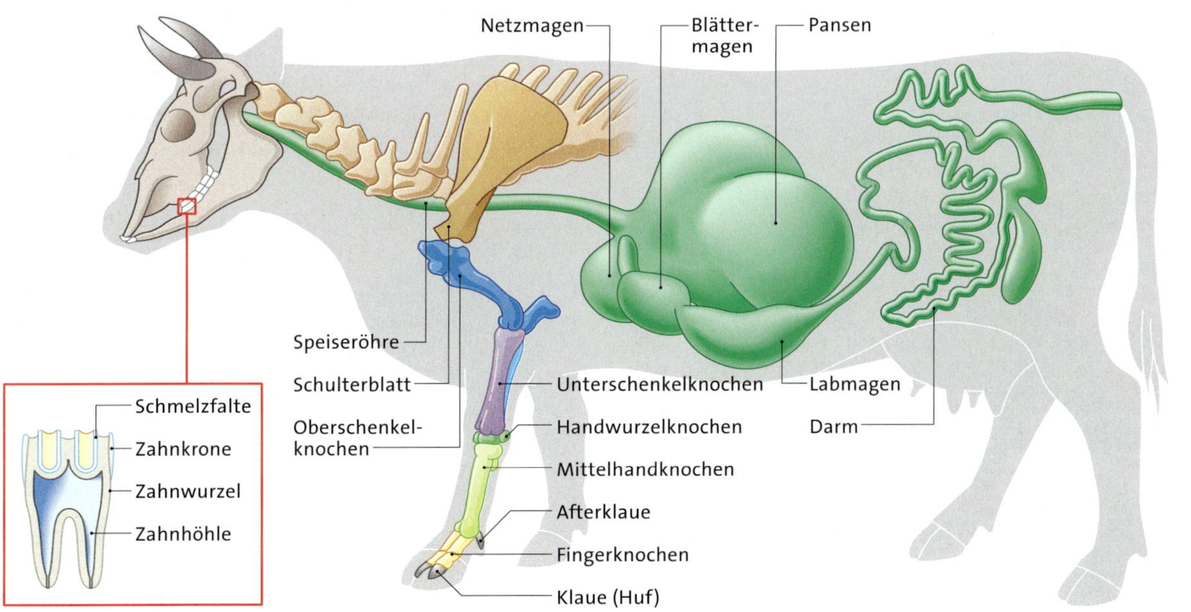

3 **Skelett und Verdauungsorgane beim Rind**

4 Das Schwein – ein Allesfresser

Bei einem Waldspaziergang sieht man manchmal stark zerwühlte Bodenflächen. Solche Spuren sind Hinweise auf **Wildschweine.** Die Stammform der Hausschweine lebt auch heute noch in unterholzreichen Laub- und Mischwäldern. Hier finden die Wildschweine ausreichend Nahrung und Deckung. Sie bevorzugen feuchtes, morastiges Gelände mit schlammigen Tümpeln, in denen sie sich wälzen können. Durch dieses *Suhlen* wird die Haut der Schweine mit einer Schlammkruste überzogen, die von lästigem Ungeziefer befreit und davor auch schützt.

1 **Bache mit Frischlingen**

Die Wahrscheinlichkeit, einem Wildschwein im Wald zu begegnen, ist recht gering. Diese Tiere sind nachtaktiv und halten sich tagsüber meist versteckt. Sie leben in Familienverbänden, den *Rotten*, zusammen. Eine Rotte besteht aus mehreren Weibchen und ihren Jungen. Wildschweinweibchen werden **Bachen** und ihre Jungen **Frischlinge** genannt. **Keiler** sind geschlechtsreife Wildschweinmännchen. Sie sind Einzelgänger und gesellen sich nur während der Paarungszeit im Spätherbst zu einer Rotte.

2 **Frischling und Frischlingsspur**

3 **Kämpfende Keiler**

Eine Bache bringt im Frühjahr vier bis zwölf Frischlinge zur Welt. Sie haben auf ihrem braunen Fell helle Längsstreifen, die sich mit zunehmendem Alter verdunkeln. Ausgewachsene Wildschweine zeigen eine grau-braun-gelbliche Fellfärbung mit langen, schwarzen Borsten, weshalb sie auch als Schwarzwild bezeichnet werden.

Wildschweine besitzen, wie alle Schweine, eine rüsselartig verlängerte Schnauze. Diese ermöglicht ihnen eine vielfältige Nahrungssuche. Sie wühlen den Boden nach Wurzeln, Würmern, Insekten, Mäusen oder Maulwürfen um, fressen aber auch Gras und Waldfrüchte wie Kastanien, Eicheln, Bucheckern und Pilze. Im Gebiss der Wildschweine sind die Schneidezähne schräg nach vorn gestellt. So können Wildschweine leicht Gras abzupfen. Auch die hinteren Backenzähne mit ihrer stumpfen Oberfläche dienen der Zerkleinerung pflanzlicher Nahrung. Die vorderen Backenzähne

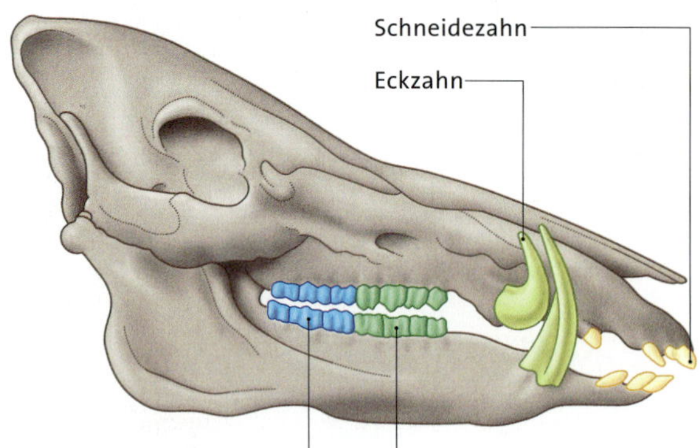

4 **Schädel und Gebiss des Keilers**

dagegen weisen spitze Kanten auf und ähneln denen eines Raubtiergebisses. Mit diesem Gebiss kann sowohl pflanzliche Nahrung als auch Fleisch zerbissen und gekaut werden. Wildschweine sind **Allesfresser** und ihr Gebiss wird als *Allesfressergebiss* bezeichnet. Eine Besonderheit in diesem Gebiss sind die seitlich aus dem Maul herausragenden, nach oben gerichteten Eckzähne. Sie sind bei Keilern besonders stark ausgeprägt und können bis zu 30 Zentimeter lang werden. Diese *Hauer* arbeiten wie Wetzsteine gegeneinander und wachsen ständig nach. Sie dienen Wildschweinen zum Aufbrechen des Bodens bei der Nahrungssuche oder zum Zerreißen von Fleischteilen. Keiler benutzen sie im Kampf um ein Weibchen auch als Hiebwaffen.

Wildschweinfrischlinge, die von Menschen aufgezogen werden, sind in der Regel sehr zutraulich und an die Pflegeperson gebunden. So fiel es leicht, Schweine in der Nähe des Wohnplatzes zu halten. Die Domestikation der Schweine begann vor etwa 8000 Jahren. Früher wurden die Schweine eines Dorfes oft in den Wald getrieben, um sie Waldfrüchte fressen zu lassen. Die Stallhaltung begann erst später. Im schützenden Stall kann eine **Sau** zwei Mal im Jahr Junge werfen. Die **Ferkel** können unmittelbar nach der Geburt laufen und nach vierwöchiger Säugezeit selbst Nahrung suchen.

Trotz jahrhundertelanger Züchtung des Schweins zum Haupt-Fleischlieferanten haben sich seine Verhaltensweisen nur wenig verändert. Im Freien durchwühlen Hausschweine den Boden und suhlen sich im Schlamm. Die Nahrung der Stalltiere besteht heute

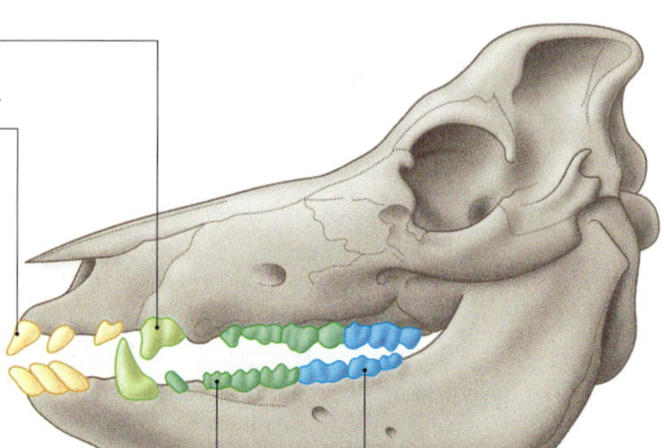

5 Schädel des Hausschweins

6 Sau mit Ferkeln

meist aus Kraftfuttermischungen. Dies führt zu einer schnelleren Gewichtszunahme. Unterstützt wird dies durch den Bewegungsmangel der Mastschweine, die oft in engen Boxenställen gehalten werden.

Schädel- und Gebissform des Hausschweins unterscheiden sich – ebenso wie die Körperform – von der des Wildschweins. Zur Gewinnung weiterer Koteletts wurden Mastschweine mit bis zu fünf weiteren Rippen gezüchtet, wodurch sich ihr Körper verlängerte. Im Gegensatz zur Körperlänge wurden die Beine im Verlauf der Züchtungen immer kürzer und dicker. Schweine laufen auf ihren Zehenspitzen. Da die zwei mit Hufen versehenen Zehen besonders stark ausgeprägt sind, gehören die Schweine zu den **Paarhufern.**

1 Stelle die unterschiedlichen Körpermerkmale von Wild- und Hausschwein in einer Tabelle gegenüber.

2 Stelle Zusammenhänge zwischen Struktur und Funktion der Zähne des Wildschweins her.

3 Fertige eine Mindmap zum Thema »Verwertung des Hausschweins« an.

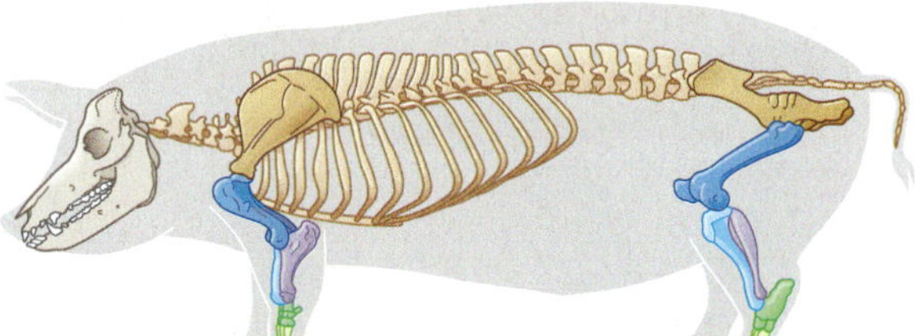

7 Skelett des Hausschweins

5 Wildlebende Säugetiere sind an ihre Lebensräume angepasst

5.1 Der Maulwurf – ein Leben im Boden

Am Morgen vor einem Meisterschaftsspiel erlebt der Platzwart des Fußballvereins eine böse Überraschung: Der Rasenplatz ist um den Mittelkreis mit Erdhügeln übersäht. Solche Erdhügel stammen von Maulwürfen, die versteckt im Boden leben. Man findet sie sowohl im Kulturland, das heißt in Äckern, Weiden, Wiesen oder Gärten, als auch in Wäldern. Maulwürfe meiden jedoch zu steinige und wassergetränkte Böden.

Obwohl man oberirdisch oft viele Hügel sieht, verbirgt sich darunter meist nur ein Bau. Dieser besteht aus einer Vielzahl von Kammern und Gängen, die oft eine Gesamtlänge von über 150 Meter erreichen. Den Mittelpunkt des Baues bildet ein Wohnkessel. Von ihm zweigen Jagd- und Laufgänge ab. Diese werden in der Regel im Bereich der Wurzelschicht in etwa 40 Zentimeter Tiefe gegraben. Die Gänge ermöglichen dem Maulwurf einerseits die Erbeutung von Nahrung und versorgen den Bau andererseits mit Sauerstoff. Dies ist besonders wichtig, weil im Boden der Gehalt an Sauerstoff viel geringer sein kann als außerhalb des Baues. Von Wohnkessel und Laufgängen führen Aushubgänge senkrecht zu den Maulwurfshügeln. Durch diese wird lockere Erde zur Oberfläche geschoben. Gleichzeitig verbessern sie die Durchlüftung des Baues.

Maulwürfe fressen alle möglichen Tiere, von einer Waldameise bis hin zu einer jungen Maus. Die Nahrung fällt entweder in die Gänge und wird bei ausgedehnten Suchen erbeutet oder sie wird ausgegraben. Aufgespürt wird die Beute mit dem Geruchs- und dem Tastsinn. Dazu pendelt der Kopf mit der rüsselartigen Nase und den Tasthaaren unentwegt zwischen den Wänden des Ganges hin und her. Eine häufige Nahrung sind Regenwürmer, aber auch Schnecken, Asseln, Spinnen, Tausendfüßer und Käferlarven werden gern gefressen. Das Gebiss des Maulwurfs ist an die Nahrung angepasst: 44 spitze Zähne können die Beute gut festhalten und zerbeißen. Auch wegen des typischen Gebisses wird der Maulwurf der Ordnung der **Insektenfresser** zugerechnet. Viele der Beutetiere des Maulwurfs werden als Pflanzenschädlinge betrachtet. Auch deshalb stehen Maulwürfe unter Naturschutz.

Der Maulwurf ist hervorragend an das Leben im Boden angepasst. Sein Körper ist walzenförmig und die Extremitäten sind kurz. Sein samtschwarzes Fell ist ohne Strich: Es lässt sich problemlos in alle Richtungen bürsten. Die Sinnesorgane sind gut geschützt. Die

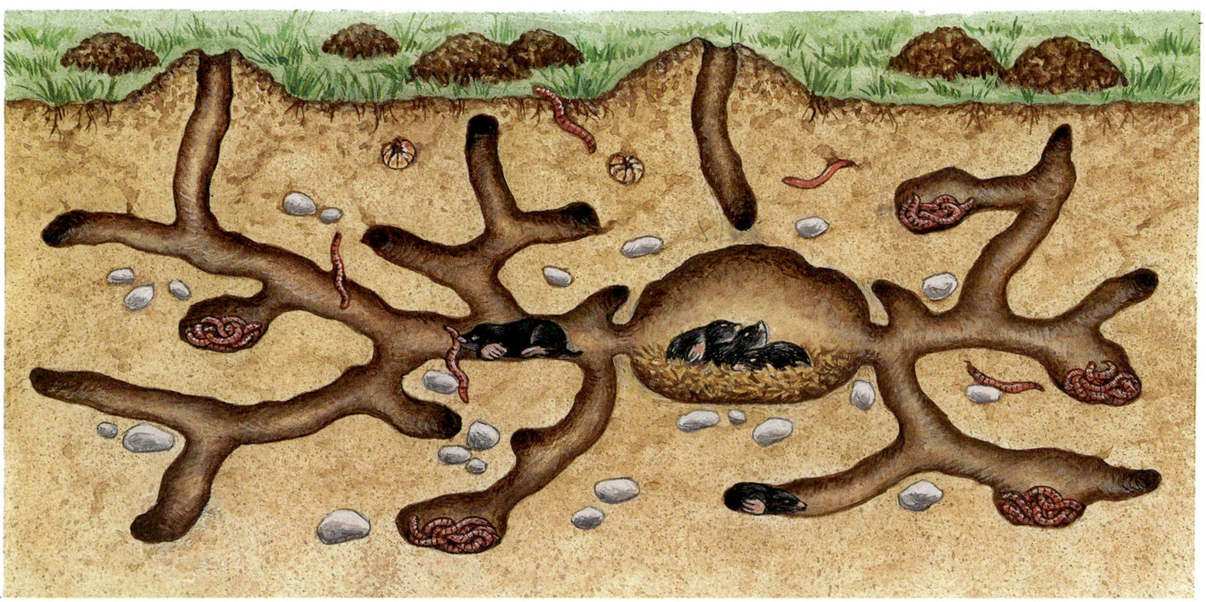

1 Gangsystem des Maulwurfs

kleinen Augen liegen im Fell verborgen. Obwohl der Maulwurf keine Ohrmuscheln hat, kann er gut hören. Die Gehörgänge werden mit einer Haut verschlossen. Neben dem guten Geruchs- und Gehörsinn verfügt der Maulwurf auch über einen feinen Tastsinn durch Haare an Schnauze und Schwanzspitze. Daneben nimmt er auch Bodenerschütterungen wahr. So werden mögliche Fressfeinde wie Wildschwein und Dachs, die den Maulwurf ausgraben können, rechtzeitig bemerkt.

Der Maulwurf gräbt seinen Bau mit dem keilförmigen Kopf voran in lockere Böden. Die Nase wird dabei durch den Rüsselknorpel stabilisiert. Mund- und Nasenöffnung sind nach unten gerichtet. Die Innenseiten der Hände sind nach außen gedreht und schaufeln die Erde seitlich nach hinten. Zusätzlich zu den fünf bekrallten Fingern verbreitert das krallenlose Sichelbein die Handfläche. Mit den Hinterbeinen stemmt sich der Maulwurf dabei in den Gangwänden fest.

Die Weibchen sind etwas größer als die Männchen. Sie werfen in der Regel von April bis Juni drei oder vier Junge. Diese verlassen im Spätsommer das mütterliche Revier. Den Winter über bleiben Maulwürfe im Gegensatz zu vielen anderen Säugetieren aktiv, denn auch viele ihrer Beutetiere sind weiterhin erreichbar. Trotzdem legen sie sich Vorräte an, indem sie Regenwürmern das Vorderende abbeißen. Die Beute bleibt dadurch zwar am Leben, kann sich aber nicht mehr fortbewegen.

3 Maulwurf. **A** In einem Hügel; **B** Armskelett

1 Erläutere die Angepasstheiten des Maulwurfs an seine unterirdische Lebensweise und zeige die jeweiligen Vorteile auf.

2 Vergleiche das Gebiss des Maulwurfes mit dem einer Katze.

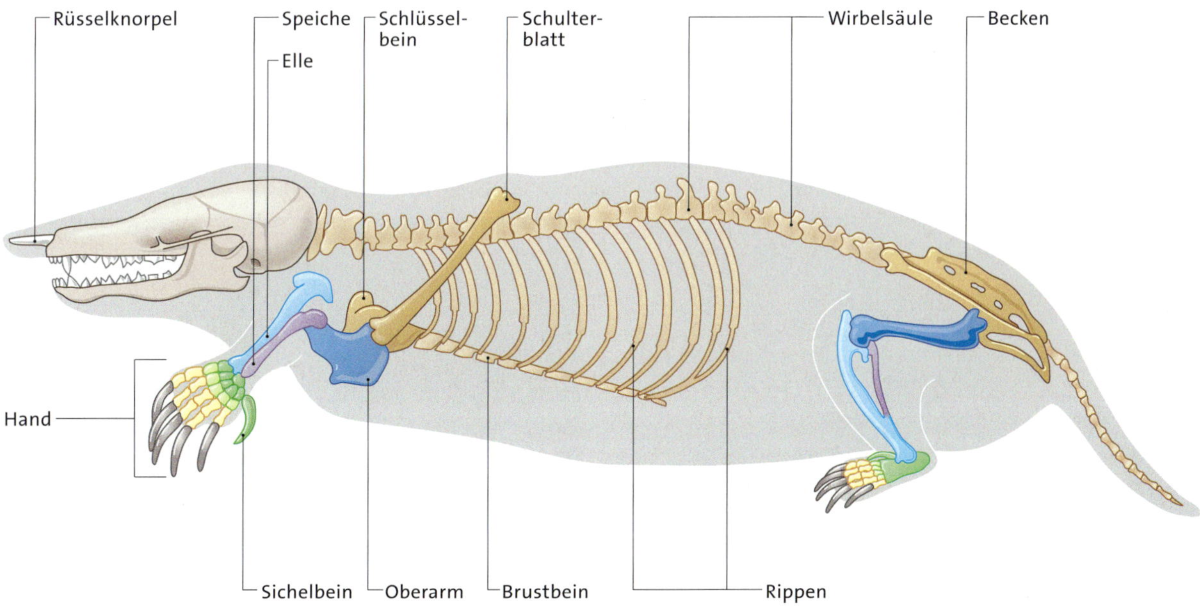

2 Skelett des Maulwurfs

5.2 Die Fledermaus – ein fliegendes Säugetier

1 **Großes Mausohr**

Eulen und Fledermäuse sind dämmerungsaktiv. Während die Augen der Eulen groß sind, haben Fledermäuse nur sehr kleine Augen. Weiterhin kann man beobachten, dass Fledermäuse beim Fliegen oft das Maul öffnen. Gibt es da einen Zusammenhang? Der italienische Naturforscher Lazzaro SPALLANZANI (1729–1799) führte zur Klärung dieser Frage mehrere Experimente durch. Er spannte viele Fäden quer durch einen verdunkelten Versuchsraum. Die Fäden versah er mit Glöckchen. Dann ließ er eine Fledermaus in dem Raum frei, aber nichts war zu hören. Die Fledermaus flog also problemlos, ohne anzustoßen. Nun legte er der Fledermaus eine Augenbinde an und wieder war nichts zu hören. Als SPALLANZANI den Tieren aber Tüten über ihre Ohren stülpte, klingelten die Glöckchen.

Damit war geklärt, dass die Ohren für die Orientierungsfähigkeit der Fledermäuse notwendig sind. Aber was bedeutet das geöffnete Maul? Durch weitere Experimente konnte nachgewiesen werden, dass Fledermäuse **Ultraschallschreie** ausstoßen. Diese Töne sind so hoch, dass Menschen sie nicht mehr hören können. Wenn Ultraschallwellen auf eine Wand oder auf eine fliegende Beute treffen, wie zum Beispiel einen Nachtfalter, werden sie wie ein Echo reflektiert, also zurückgeworfen. Fledermäuse berechnen aus der Zeitverzögerung zwischen dem Ausstoßen der Ultraschallschreie und dem Eintreffen des zugehörigen Ultraschallechos, wie weit der reflektierende Gegenstand entfernt ist. Das ermöglicht ihnen die sichere Orientierung, unabhängig davon, ob es hell oder dunkel ist. Weil verschiedene Oberflächen die Ultraschallschallwellen unterschiedlich reflektieren, können Fledermäuse zum Beispiel einen hochgeworfenen Kieselstein von einem pelzigen Nachtfalter unterscheiden.

Das Gebiss der Fledermäuse ist mit seinen vielen spitzen Zähnen zum Festhalten von Insekten gut geeignet. Trotzdem werden Fledermäuse nicht zu den Insektenfressern gerechnet, sondern bilden eine eigenständige Gruppe, die **Flattertiere.** Die Vordergliedmaßen der Fledermäuse sind zu Flügeln umgebildet. Zwischen Armen, Beinen, Rumpf und Schwanz sind jeweils Flughäute gespannt. Die Armknochen sind deutlich verlängert. So erreichen die Flughäute eine große Oberfläche. Durch das Sporenbein, einen zusätzlichen Knochen am Fuß, kann die Schwanzflughaut gespannt werden.

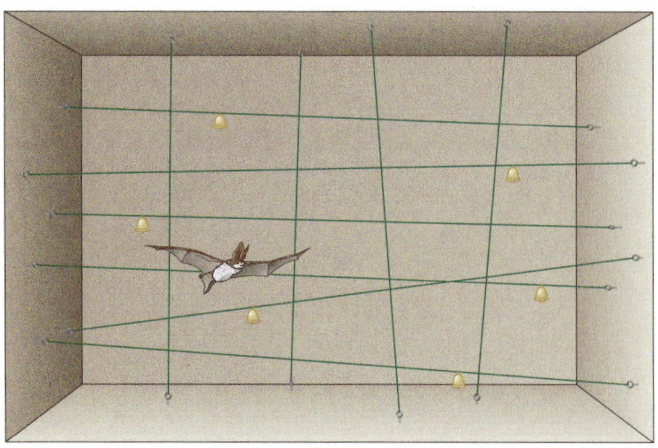

2 **SPALLANZANI-Experiment**

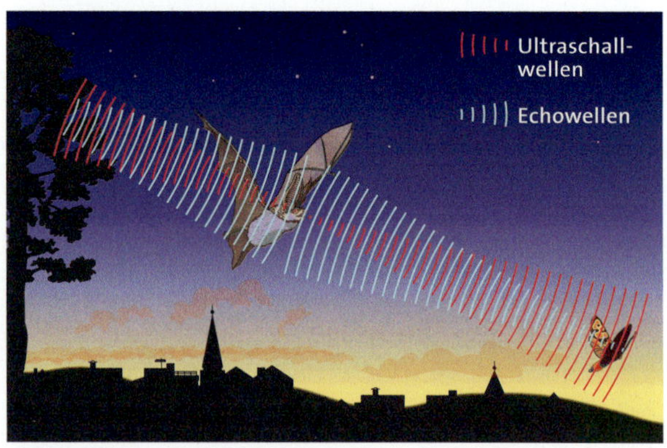

3 **Orientierung der Fledermäuse**

Daumen und Zehen tragen Krallen, mit denen sich Fledermäuse gut festhalten können.

Fledermäuse leben gesellig. Die kalte Jahreszeit verbringen sie in **Winterquartieren** wie Höhlen oder alten Stollen. Dort halten sie kopfüber, mit den Beinen an der Decke hängend, Winterschlaf. Im zeitigen Frühjahr verlassen sie ihre Winterquartiere. Als Sommerquartiere dienen Baumhöhlen, Dachstühle oder Scheunen. Oft finden sich mehrere Weibchen zusammen, die an einem Platz gemeinsam ihre Jungen großziehen. Jedes Weibchen hat normalerweise ein Junges, das sechs bis acht Wochen lang gesäugt wird. In den ersten Lebenstagen werden die Jungtiere von ihren Müttern auf die nächtlichen Jagdausflüge mitgenommen. Dabei klammern sie sich im Fell der Mutter fest.

In Deutschland stehen Fledermäuse unter strengem Schutz. Trotzdem ist ein starker Rückgang der Bestände vieler Arten zu verzeichnen. Dies liegt vor allem daran, dass die Zahl der zur Verfügung stehenden Sommer- und Winterquartiere drastisch zurückgeht: Dachstühle werden abgedichtet und isoliert, Höhlen wurden aus Sicherheitsgründen verschlossen. Gleichzeitig nimmt auch die Zahl der möglichen Beutetiere deutlich ab, da der Lebensraum von Insekten immer weiter eingeschränkt wird.

In den amerikanischen Tropen gibt es Fledermäuse, die sich von Früchten, Pollen und Nektar ernähren. Manche Blüten werden sogar von Fledermäusen bestäubt. Eine typische Fledermausblume ist die Bananenstaude. In Südamerika gibt es Fledermäuse, deren Ernährungsweise Anlass für Schauermärchen gibt, weil sie sich von Blut ernähren. Vampirfledermäuse ritzen nachts mit ihren Zähnen die Haut schlafender Säugetiere, die davon meist nicht einmal aufwachen. Das aus der Wunde sickernde Blut wird aufgeleckt, aber nicht ausgesaugt. Somit ist der Name »Vampirfledermaus« irreführend.

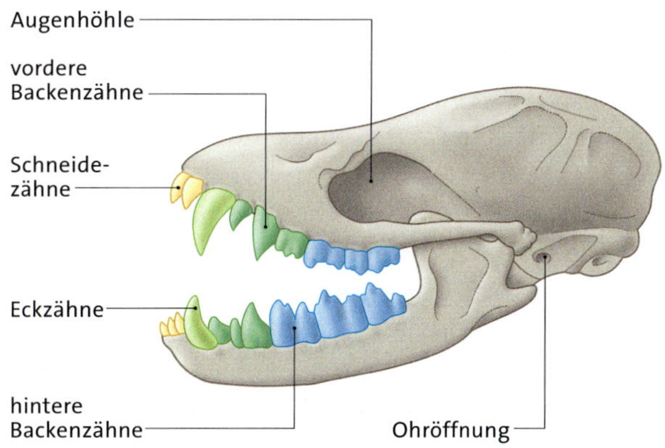

5 Fledermaus. Schädel und Gebiss

1 Erläutere die Angepasstheiten von Fledermäusen an ihren Lebensraum und erläutere die jeweiligen Vorteile.

2 Erläutere das Aufspüren von Beutetieren durch eine Fledermaus und stelle es als Angepasstheit heraus.

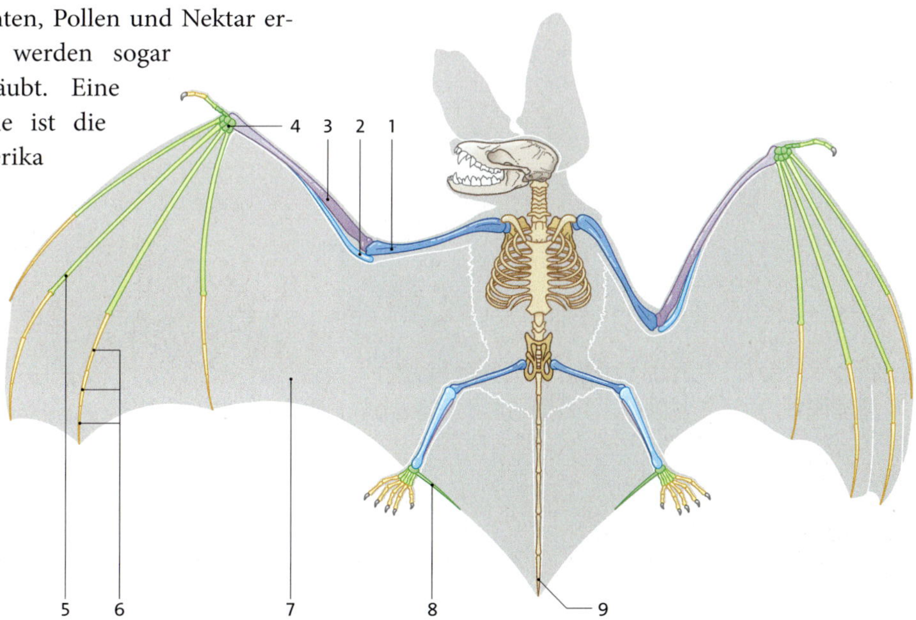

4 Fledermausskelett.
1 Oberarmknochen,
2 Elle,
3 Speiche,
4 Handwurzelknochen,
5 Mittelhandknochen,
6 Fingerknochen,
7 Flughaut,
8 Sporenbein,
9 Schwanz

5.3 Seehund und Schweinswal – Säugetiere im Wasser

Spaziergänger im Watt können manchmal auf einer Sandbank einen Seehund entdecken. An Land stützen sich die Tiere auf ihre flossenartig ausgebildeten Vorderbeine und bewegen sich vorwärts, indem sie den Körper nach vorne werfen. Wenn es schnell gehen soll, hoppeln sie nach vorn. Die Hinterbeine werden nicht eingesetzt. So schwerfällig sich die Tiere an Land bewegen, so gewandt und schnell sind sie im Wasser.

Der Körper der Seehunde ist lang gestreckt und verjüngt sich nach hinten, er ist spindelförmig. So setzt er dem Wasser nur wenig Widerstand entgegen. Die Vorderbeine sind verbreitert und verdrängen viel Wasser, wenn sie ruderartig bewegt werden. Die Hinterbeine sind nach hinten gerichtet und zeigen mit den Fußsohlen zueinander. Schlagen die Seehunde die Füße kräftig zusammen, erzeugen sie den nötigen Vortrieb. Die Finger und Zehen sind durch Schwimmhäute miteinander verbunden, was die Wasserverdrängung zusätzlich erhöht. So können die Seehunde viel schneller schwimmen als beispielsweise Menschen.

Ausgewachsene Seehunde sind reine Fischfresser und erbeuten ihre Nahrung tauchend. Dabei erreichen sie Tiefen von bis zu 50 Metern und können über eine halbe Stunde unter Wasser bleiben. Meist kommen Seehunde jedoch nach wenigen Minuten an die Meeresoberfläche, um Luft zu holen. Dabei werden die

1 Seehunde auf einer Sandbank

Nasenlöcher weit geöffnet. Beim erneuten Abtauchen werden sie ebenso wie die Öffnungen der Ohren dicht geschlossen. Ohrmuscheln fehlen, sie würden den Widerstand beim Schwimmen nur unnötig erhöhen. Eine dicke Speckschicht isoliert gegen das kalte Wasser. Speck ist zudem leichter als Wasser: Dadurch erhalten die Seehunde so viel Auftrieb, dass sie ohne eigene Bewegung im Wasser schweben können. Die Tiere nutzen diese Tatsache, indem sie im Wasser zuweilen sogar schlafen.

Der Nachwuchs der Seehunde wird nach elf Monaten Tragzeit meist im Juni oder Juli auf Sandbänken zur Welt gebracht. Die Jungtiere werden auf den Sandbänken gesäugt und bleiben dort auch während der Jagdausflüge der Mutter. Da sie in dieser Zeit oft nach ihrer Mutter rufen, werden sie als Heuler bezeichnet.

2 Tauchende Seehunde

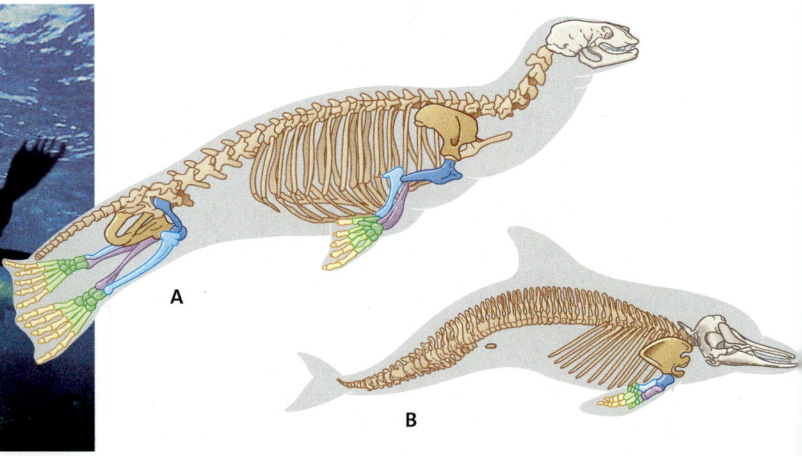

3 Skelette. **A** Seehund; **B** Kleiner Schweinswal

Mit dem bis zu 32 Meter langen und 130 Tonnen schweren Blauwal stellt die Gruppe der Waltiere das derzeit größte Tier auf der Erde. An den Küsten Deutschlands lebt mit dem Kleinen Schweinswal ein Verwandter dieses Riesen. Er erreicht eine Länge von etwa 180 Zentimetern und ein Gewicht von bis zu 65 Kilogramm.

Früher konnten in Nord- und Ostsee Gruppen von bis zu 100 Schweinswalen beobachtet werden. Heute sind die Tiere sehr selten geworden, obwohl sie unter strengem Schutz stehen. Viele Schweinswale verenden in Netzen, weil sie ertrinken. Denn als Säugetiere haben die »Walfische« keine Kiemen, sondern Lungen. Sie atmen über ein Spritzloch auf der Kopfoberseite, das den Nasenlöchern entspricht. Ein weiteres typisches Säugetiermerkmal lässt sich während der Entwicklung im Mutterleib erkennen: Die ungeborenen Schweinswale sind noch deutlich behaart.

Der Nachwuchs kommt nach neun bis elf Monaten Tragzeit im Frühsommer im Meer zur Welt. Die Jungen sind dann knapp einen Meter groß. Sie werden acht Monate gesäugt. Nach drei bis fünf Jahren sind sie geschlechtsreif. Schweinswale können 15 bis 20 Jahre alt werden.

Schweinswale ernähren sich von kleineren Tintenfischen sowie von Fischen in der Nähe des Meeresbodens, zum Beispiel von Heringen, Makrelen, Dorschen und Schollen. Erstaunlich ist dabei, dass die Schweinswale ihre Beute zielsicher fangen, obwohl sie nicht besonders gut sehen können. Ähnlich wie Fledermäuse benutzen auch Schweinswale Ultraschallschreie zur Orientierung. Die von Gegenständen oder anderen Lebewesen reflektierten Ultraschallwellen geben den Tieren Auskunft über ihre Umwelt. Bei der Verfolgung ihrer Beute erreichen die Schweinswale große Geschwindigkeiten von bis zu 50 Kilometern pro Stunde. Dies ermöglicht ein geringer Wasserwiderstand, der unter anderem durch die elastische Haut und den spindelförmigen Körper gegeben ist.

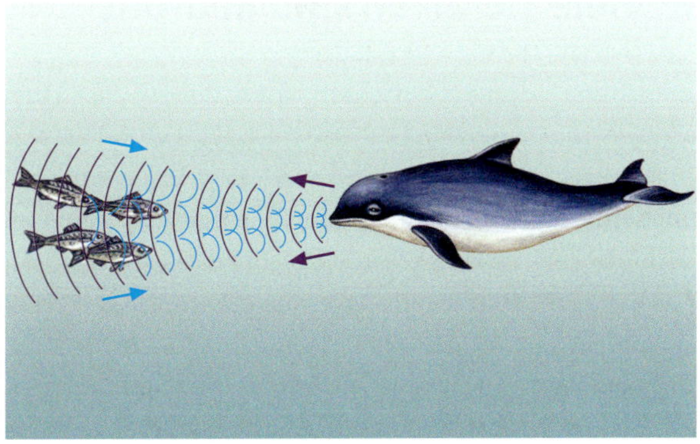

5 Ortung der Beute durch einen Schweinswal

1 Vergleiche die Skelette von Seehund und Schweinswal anhand der Abbildungen. Stelle Zusammenhänge zwischen Struktur und Funktion her.

2 Nenne die Angepasstheiten des Seehundes und des Schweinswales an ihre Lebensweise.

3 Vergleiche die Bewegungsweise von Seehund und Schweinswal.

4 Schweinswal

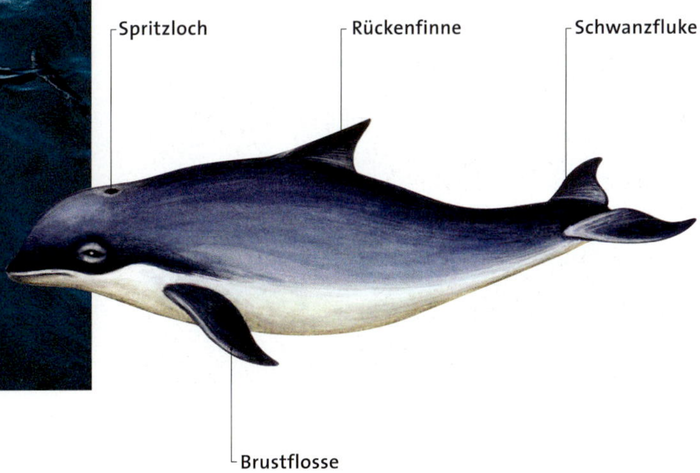

6 Viele Tierarten sind bedroht

Zeitungsmeldungen berichten häufig davon, dass Tierarten vom Aussterben bedroht sind. Dies gilt nicht nur für exotische Tiere wie den Sibirischen Tiger, sondern auch für einheimische Arten. Beispielsweise ist von den etwa einhundert einheimischen Säugetierarten rund die Hälfte in ihrem Bestand gefährdet.

Einige Arten waren oder sind in Deutschland ausgestorben und geraten erst in die Schlagzeilen, wenn sie wieder einwandern, wie zum Beispiel Wölfe in Sachsen oder gelegentlich Braunbären in Bayern. Die Schlagzeilen in den Zeitungen geben Hinweise auf den Grund für das Aussterben: Menschen haben Angst vor großen Raubtieren und haben sie auch deshalb in Deutschland bewusst ausgerottet. Außerdem richten diese Raubtiere Schaden an, wenn sie zum Beispiel Nutztiere erbeuten.

Bei anderen Tieren sind Verschwinden und Wiederauftauchen weniger spektakulär. Oft fehlen sie nicht wegen zu starker Bejagung, sondern wegen bewusster oder unbewusster Veränderungen der Umwelt durch Menschen. Fischotter sind beispielsweise sehr gut an das Leben im Wasser angepasst. Wenn Bäche und Flüsse durch Begradigungen schneller fließen und ihr Uferbewuchs entfernt wird, verliert der Fischotter eine wichtige Lebensgrundlage: ruhige, bewachsene Ufer als Unterschlupfstellen für Fische und Krebse, die Hauptnahrung der Otter. Bedrohte Tierarten und ihre Lebensräume lassen sich besonders gut in Gebieten schützen, die von Menschen gar nicht oder nur sehr behutsam genutzt werden. Dazu gehören zum Beispiel **Naturschutzgebiete.**

Aber auch die Wiedereinbürgerung von Wildtieren ist möglich. Ein gutes Beispiel ist der Luchs, der im Harz 1818 ausgerottet wurde. In den 1990er Jahren dachte man über eine erneute Ansiedlung des Luchses im Harz nach. Dabei mussten nicht nur biologische Aspekte berücksichtigt werden. Auch die örtliche Bevölkerung, Landwirte, Jäger und Tourismusmanager mussten von dem Projekt überzeugt werden. Inzwischen wurden mehr als 20 Luchse im Harz erfolgreich ausgewildert. Dies belegen 18 Jungtiere, die bis zum Jahre 2006 in freier Wildbahn geboren wurden.

1 Erläutere die Aspekte, die bei der Wiederansiedlung von Luchsen im Harz berücksichtigt werden mussten.

2 Bewerte Pläne zur Wiedereinführung von Braunbären in den deutschen Alpen.

1 **Bedrohte Tierarten.** **A** Luchs; **B** Tiger; **C** Fischotter

Wissen kompakt Bedrohte heimische Säugetiere

Name: **Kleine Hufeisennase**
Aussehen: Oberseite graubraun, Unterseite grau, Körper bis 40 mm, Flügelspannweite 250 mm
Nahrung: kleine fliegende Insekten
Vorkommen: Laubwälder
Besonderheit: schwirrender Flug mit häufigen Richtungswechseln, das Vorkommen im Dresdner Elbtal wurde 2007 weltbekannt, als dadurch ein vorläufiger Baustopp der Waldschlösschenbrücke begründet wurde
Ursachen der Gefährdung: Nahrungsmangel durch Einsatz von Insektiziden; Verlust von Unterschlupfmöglichkeiten
Rote Liste in Sachsen: vom Aussterben bedroht (Kategorie 1)

Name: **Gartenschläfer**
Aussehen: Oberseite rotbraun, Unterseite weiß, Kopf mit schwarzen Streifen, Körper bis 17 cm, langer Schwanz, Gewicht bis 140 g, vor dem Winterschlaf bis 210 g
Nahrung: Allesfresser: Insekten, Würmer, Schnecken, kleine Wirbeltiere, Früchte, Samen
Vorkommen: überwiegend Laub- und Nadelwälder
Besonderheit: nachtaktiv, verbringt den Tag in einem kugelförmigen Nest, Winterschlaf von Oktober bis April
Ursachen der Gefährdung: Pflanzenschutzmittel, Störungen im Lebensraum
Rote Liste in Sachsen: stark gefährdet (Kategorie 2)

Name: **Feldhamster**
Aussehen: rötliche Oberseite, dunkler Bauch, Körper bis 30 cm, Gewicht bis 500 g, kurzer, haarloser Schwanz, Backentaschen zum »hamstern« der Nahrung
Nahrung: Allesfresser: Getreide, Klee, Kartoffeln, Zuckerrüben, Regenwürmer, Feldmäuse, Insekten
Vorkommen: offene Ackerlandschaften
Besonderheit: nachtaktiv, lebt einzeln in seinem Bau, richtet sich auf, zischt und faucht, wenn er angegriffen wird
Ursachen der Gefährdung: Nahrungsmangel durch mechanisierte Landwirtschaft
Rote Liste in Sachsen: vom Aussterben bedroht (Kategorie 1)

Name: **Europäischer Biber**
Aussehen: braunes Fell, Körper bis 100 cm, Gewicht bis 30 kg, abgeplatteter, beschuppter Schwanz
Nahrung: Pflanzenfresser: im Sommer weiche Ufer- und Wasserpflanzen, im Winter Rinde von Weichhölzern wie Pappeln und Weiden
Besonderheit: staut Wasserläufe
Ursachen der Gefährdung: Zerstörung des Lebensraums, früher Jagd
Rote Liste in Sachsen: gefährdet (Kategorie 3)

1 Erstelle einen Steckbrief zu Haselmaus oder Nerz.

Methode Erstellung eines Informationsplakates

Es ist üblich, wichtige Informationen oder Produktwerbung über Plakate zu verbreiten, die an zentralen Plätzen der Stadt angebracht werden. In der Schule findet man häufig **Informationsplakate** in den Fachräumen oder auf den Fluren. Die Plakate sollen die Aufmerksamkeit des Betrachters anziehen und kurz und knapp über ein bestimmtes Thema informieren.

Der Platz auf einem Plakat ist meist begrenzt. Deshalb müssen alle Gestaltungselemente wie Texte, Fotos oder Grafiken nach inhaltlichen Schwerpunkten sorgfältig ausgewählt werden. Dabei können eine Mindmap oder eine Stichwortsammlung helfen. Texte und Bilder können aus Zeitschriften ausgeschnitten oder aus dem Internet oder Büchern kopiert werden.

Texte kann man mit einem Textverarbeitungsprogramm erstellen und ansprechend gestalten. Dabei ist unbedingt darauf zu achten, dass die Schrift nicht zu klein wird. Außerdem dürfen nicht zu viele Informationen in langen Texten zusammengetragen werden. Eine große, farbig gestaltete Überschrift mit einem gelungenen Titel oder eine auffällige Abbildung sollen den Blick fesseln und das Interesse am Plakat anregen. Die gesammelten Gestaltungselemente werden zunächst lose auf das Plakatpapier gelegt, um eine optisch ansprechende Variante zu ermitteln. Steht die endgültige Anordnung fest, werden die Elemente aufgeklebt.

1 Gestaltet in der Gruppe ein Informationsplakat zum Thema »Wiedereinbürgerung von Säugetie-

Wölfe in Sachsen

Wölfe waren noch vor 150 Jahren weit verbreitet. Durch intensive Bejagung starb der Wolf in Deutschland aus. Seit wenigen Jahren kehren er aber wieder zurück und steht unter strengstem Naturschutz.

Das sächsische Wolfsmanagement erweist sich als besonders erfolgreich. Mit Wolfspatenschaften versucht man, die Einstellung von Menschen gegenüber Wölfen zu verändern.

Denn Wölfe sind keine blutrünstigen Bestien. Sie jagen vor allem kranke und schwache Beutetiere wie Rehe, Hirsche, Wildschweine sowie kleinere Tiere und tragen so erheblich zur Gesunderhaltung ihres Lebensraumes bei.

Wiedereinbürgerung des Wolfs in Deutschland

- 1996 besiedelt ein einziges Wolfsrudel den Truppenübungsplatz Oberlausitz bei Bad Muskau
- Im Jahr 2000 werden hier erstmals Wolfswelpen geboren
- Inzwischen leben fünf Wolfsrudel in Sachsen
- Die Wölfe breiten sich in andere Bundesländer aus
- Langsamer Anstieg der Zahl der Wölfe: 2010 leben in Deutschland etwa 60 Wölfe

Verbreitung des Wolfs in Sachsen (2010)

1 **Informationsplakat**

7 Verwandtschaft von Wirbeltieren

7.1 Wirbeltiere im Vergleich

Schäferhund, Wasserfrosch, Amsel, Karpfen und Zauneidechse sind äußerlich sehr unterschiedlich gestaltete Tiere, die dennoch viele Gemeinsamkeiten aufweisen. Biologen fassen Tiere aufgrund bestimmter gemeinsamer Merkmale zu Gruppen zusammen. Alle genannten Tiere besitzen ein knöchernes Innenskelett. Typisches Kennzeichen für dieses Innenskelett ist die vom Kopf zum Schwanz verlaufende Körperachse, die *Wirbelsäule.* Sie ist aus einzelnen Knochen, den Wirbeln, aufgebaut und ermöglicht Stabilität und gleichzeitig Beweglichkeit. Aufgrund ihres gemeinsamen *Bauplans* gehören diese Tiere zum **Stamm der Wirbeltiere.**

Neben den Gemeinsamkeiten gibt es aber auch Unterschiede. Deshalb wird der Stamm der Wirbeltiere in die fünf Klassen Fische, Lurche, Kriechtiere, Vögel und Säugetiere eingeteilt. Wesentliche Unterschiede im Körperbau und in der Funktion der Organe sind durch den Lebensraum bedingt, in dem die betreffenden Tiere leben. Ganz besonders unterscheiden sich die Atmungsorgane, die Körperbedeckung und die Art der Fortpflanzung.

Fische und die Larven der Lurche sind die einzigen Wirbeltiere, die den zum Leben notwendigen Sauerstoff unmittelbar aus dem Wasser aufnehmen. Das geschieht über stark durchblutete, dünne Hautplättchen, die Kiemen. Alle anderen Wirbeltiere nehmen den Sauerstoff aus der Luft auf. Dazu haben sie Lungen mit einer stark vergrößerten inneren Oberfläche. Besonders die Lungen der Vögel sind außerordentlich leistungsfähig. Eine spezielle Angepasstheit an einen Lebensraum ist die Hautatmung der Lurche, die eine sehr dünne, stark durchblutete und immer feuchte Haut voraussetzt. Diese Beispiele zeigen Wechselwirkungen zwischen Struktur und Funktion von Organen und Angepasstheiten an die Bedingungen des Lebensraumes auf. Dies kennzeichnet ein allgemein anwendbares biologisches Prinzip, das man als **Erschließungsfeld Wechselwirkungen** bezeichnet.

Auch ein Vergleich der Körperbedeckungen in den fünf Klassen der Wirbeltiere führt zum Erschließungsfeld Wechselwirkungen. Im Lebensraum Wasser ist die dünne, schleimige Haut der Fische, die durch Knochenschuppen geschützt wird, eine besonders wirkungsvolle Angepasstheit. Die Haut der Lurche entspricht den Lebensbedingungen eines *Feuchtlufttieres,* während die trockene, mit Hornschuppen oder Hornplatten besetzte Haut der Kriechtiere diese als *Trockenlufttiere* kennzeichnet. Weder bei Fischen, noch bei Lurchen oder Kriechtieren ist eine Körperbedeckung vorhanden, die zur Aufrechterhaltung einer bestimmten Körpertemperatur dient. Dies ist für diese Wirbeltierklassen auch nicht erforderlich, da sie zu den wechselwarmen Tieren gezählt werden, deren Körpertemperatur der Umgebungstemperatur weitgehend entspricht. Dagegen sind die Federn der Vögel und die Haare der Säugetiere sehr wirkungsvolle Angepasstheiten von gleichwarmen Tieren, für die es lebensnotwendig ist, die Körpertemperatur konstant zu halten.

1 Vertreter der fünf Klassen der Wirbeltiere

Auffällige Unterschiede zwischen den fünf Klassen der Wirbeltiere finden sich auch bei der Fortpflanzung. Fische und Lurche geben meist große Mengen an Eiern und Spermien ins Wasser ab. Die Befruchtung der Eier durch die Spermien erfolgt also erst nach der Eiablage außerhalb des Körpers und wird daher als *äußere Befruchtung* bezeichnet. Die Eier von Fischen und Lurchen würden an Land schon nach kurzer Zeit vertrocknen, da sie nur von einer Gallerthülle umgeben sind. Aus den Eiern entwickeln sich Larven, die im Wasser leben. Die Entwicklung von Fischen und Lurchen ist daher in hohem Maße an Gewässer gebunden.

Im Gegensatz zu Fischen sind Kriechtiere und Vögel meist an das Leben an Land angepasst. Bei ihnen findet die Befruchtung im Inneren des Weibchens statt. Diese *innere Befruchtung* setzt eine Paarung von Männchen und Weibchen voraus. Die Entwicklung der Embryonen läuft allerdings außerhalb des weiblichen Körpers in nährstoffreichen Eiern ab. Die Eier sind von schützenden, pergamentartigen oder kalkhaltigen Schalen umgeben. So trocknen die Embryonen nicht aus. Diese schwimmen zusätzlich in einer Flüssigkeitsblase im Inneren der Eihüllen. Selbst Arten, wie die Meeresschildkröten oder Pinguine, die die meiste Zeit im Wasser leben, verfolgen diese Fortpflanzungsweise und legen ihre Eier auf dem Land.

Bei den Säugetieren erfolgt nicht nur die Befruchtung im Inneren des Weibchens, sondern auch die gesamte Entwicklung der Embryonen. Diese sind von einer Fruchtblase umgeben, die mit Fruchtwasser gefüllt ist. Die Entwicklung der Embryonen der Säugetiere verläuft im Mutterleib besonders geschützt.

Schließlich unterscheiden sich die fünf Klassen der Wirbeltiere auch in der Art und Weise, wie sich die Weibchen nach dem Schlüpfen der Jungtiere beziehungsweise nach der Geburt um ihre Nachkommen kümmern. Bei den meisten Fischen und Lurchen werden große Mengen an Eiern gebildet. Die Weibchen kümmern sich nach der Eiablage nicht mehr um die Eier. Hier gehen viele Nachkommen zugrunde, meist weil sie von Feinden gefressen werden. Bei einigen Fischarten erhöhen die Weibchen die Überlebenschancen ihres Nachwuchses, indem sie wie die Forelle eine Laichgrube graben und so eine geschützte Stelle für die Eiablage verwenden. Ein solches Verhalten bezeichnet man als **Brutfürsorge.** Beim Stichling bewachen die Männchen die Eier und auch noch die geschlüpften jungen Fische. Wenn Elterntiere ihre Nachkommen beschützen und pflegen, spricht man von **Brutpflege.** Da diese aufwendiger ist als die Brutfürsorge, legen Stichlinge auch bedeutend weniger Eier als Forellen. Bei Kriechtieren ist die Brutfürsorge bereits kennzeichnend, während die Brutpflege bei allen Vögel und Säugetieren stattfindet.

2 Brutpflege beim Stichling

Im Lauf der Erdgeschichte sind Versteinerungen früherer Lebewesen entstanden. Diese bezeichnet man als *Fossilien.* Vor etwa 400 Millionen Jahren lebten Fische als einzige Wirbeltiere. 100 Millionen Jahre später findet man zusätzlich auch Lurche, nochmals 50 Millionen Jahre später auch Kriechtiere. Vor etwa 200 Millionen Jahren treten die ersten Säugetiere auf, und die ersten Vögel findet man vor etwa 150 Millionen Jahren. Man kann daraus schließen, dass sich die Klassen der Wirbeltiere voneinander ableiten. Es hat eine **stammesgeschichtliche Entwicklung** von den Fischen über die Lurche und Kriechtiere zu den Säugetieren und Vögeln gegeben. Man kann diese Entwicklung in Form eines Stammbaums darstellen, dessen Stamm durch die frühesten Lebewesen gebildet wird. Die heute lebenden Arten stellen dann die Spitzen der Äste und Zweige dar.

1 Erläutere am Beispiel der Haut und der Atmungsorgane den Zusammenhang von Struktur und Funktion. Wende das Erschließungsfeld Wechselwirkungen an.

2 Erkläre, weshalb der Stichling weniger Eier legt als die Forelle.

3 Der Diskusfisch, ein beliebter Aquarienfisch, wird manchmal als »Säugefisch« bezeichnet. Recherchiere und erläutere.

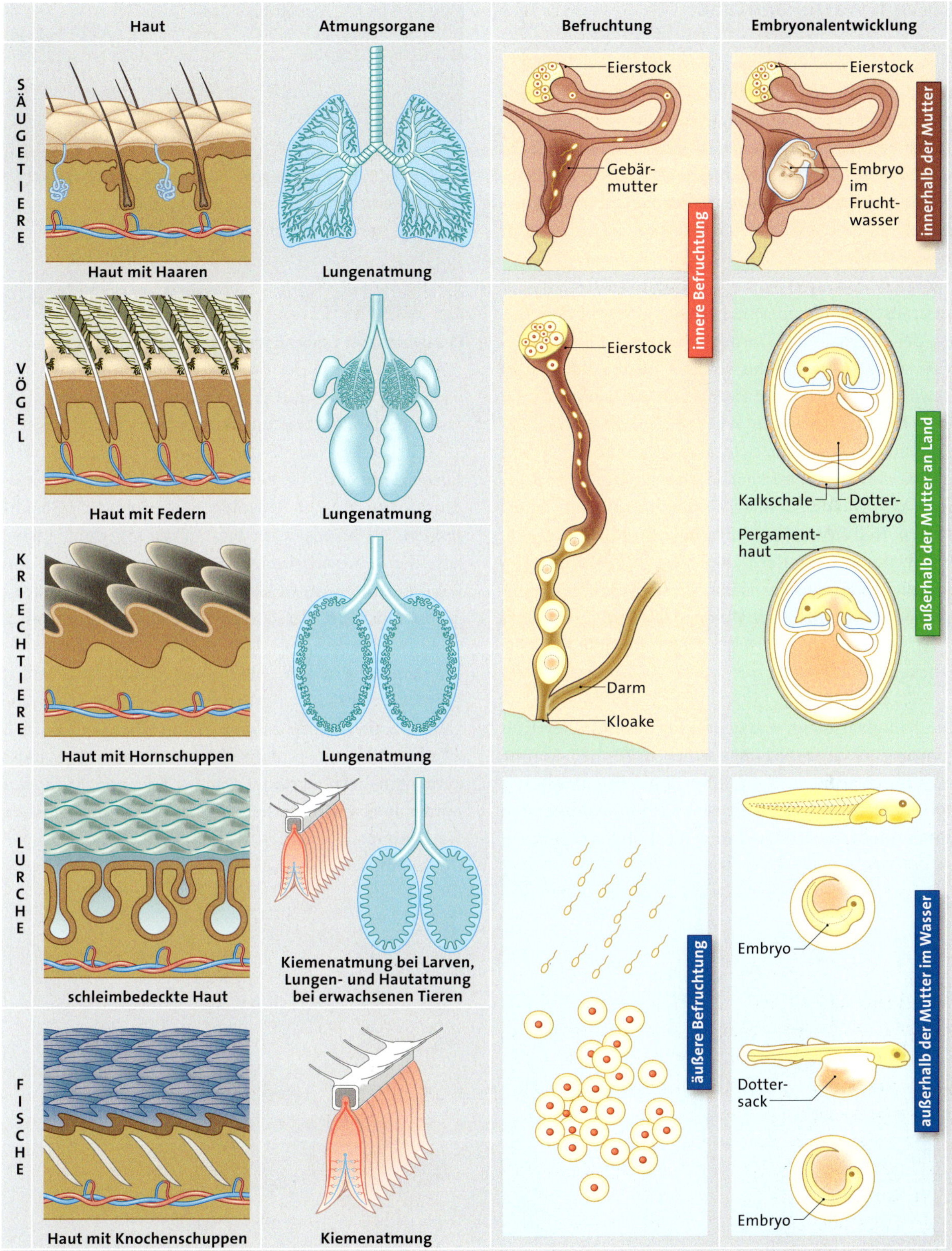

3 Die Klassen der Wirbeltiere im Vergleich

7.2 Vom Wasser ans Land

In Afrika, Südamerika und Australien gibt es Flüsse und Seen, die teilweise oder sogar vollständig austrocknen können. Dennoch leben dort Fische. Untersuchungen haben ergeben, dass diese Fische außer ihren Kiemen noch zusätzlich eine Art Lunge besitzen. Deshalb werden sie **Lungenfische** genannt. Sie können bis zu eineinhalb Meter lang und 50 Kilogramm schwer werden.

Australische Lungenfische besitzen einen Lungenflügel, der oberhalb des Darms liegt, wie die Schwimmblase eines Fisches. Beim völligen Austrocknen ihres Gewässers sterben diese Fische, weil sie hauptsächlich über ihre Kiemen atmen. Afrikanische und südamerikanische Lungenfische sieht man regelmäßig aus dem Wasser auftauchen und nach Luft schnappen. Sie können das vollständige Verschwinden des Wassers überdauern, weil sie hauptsächlich über ihre Lunge atmen. Eine Untersuchung der Lunge zeigt, dass sie aus zwei Flügeln beiderseits des Darms besteht. Wenn zu Beginn der Trockenzeit der Wasserstand ihres Gewässers sinkt, graben sich die Tiere ein und verfallen in eine Trockenstarre.

Die Fähigkeit dieser Lungenfische, sowohl über Kiemen als auch über die Lunge atmen zu können, konnte auch durch Untersuchung ihres Blutkreislaufes bestätigt werden. Ein Teil des aus den Kiemen kommenden Blutes fließt zusätzlich durch die Lungenkapillaren.

1 Australischer Lungenfisch im Wasser

Auf diese Weise kann das Blut mit Sauerstoff aus der Luft und dem Wasser angereichert werden.

Einige Lungenfische besitzen verknöcherte und mit Muskulatur versehene Skelette der Brust- und Bauchflossen. Sie erinnern im Bau an die Gliedmaßenskelette der Landwirbeltiere. Die Skelette der Brust- und Bauchflossen unterstützen die Tiere bei der Fortbewegung in flachem Wasser oder über schlammiges Land.

Eine andere Fischgruppe, die **Quastenflosser,** besitzt ebenfalls ähnlich aufgebaute Flossen. Diese Fische galten lange Zeit als ausgestorbene Übergangsformen zwischen Wasser- und Landtieren. Zu diesem Schluss kam man nach der Entdeckung von 400 Millionen Jahre alten versteinerten Resten dieser urtümlichen Fischgruppe.

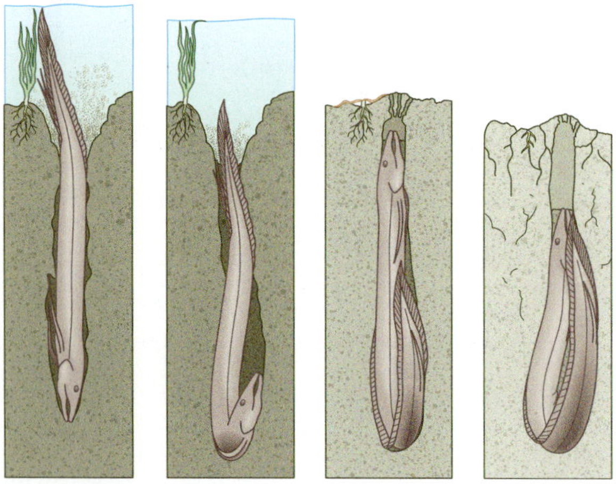

2 Ein Lungenfisch gräbt sich ein

3 Tiktaalik, ein fossiler Lungenfisch (Rekonstruktion)

Inzwischen weiß man jedoch, dass Quastenflosser eine Seitenlinie der Fische darstellen und als unmittelbare Vorfahren der Landwirbeltiere nicht in Frage kommen. Wer aber dann?

Vor rund 400 Millionen Jahren bestand das Land aus öden Sandwüsten und lebensfeindlichen Felsen. Dann entwickelten sich die ersten Landpflanzen aus Algen. Es entstanden neue Pflanzengruppen wie Moose, Bärlappe, Schachtelhalme und Farne. Durch den Pflanzenbewuchs veränderten sich die Lebensbedingungen an Land. In den riesigen Sumpfwäldern, die sich in einem feucht-heißen Klima bildeten und nun einen Großteil der Erde bedeckten, lebten beispielsweise Insekten, Spinnen und Würmer. Damit fanden die ersten landbewohnenden Wirbeltiere nicht nur erträgliche Umweltbedingungen vor, sondern auch genügend Nahrung. Umwelt und Lebewesen stehen in ständiger Wechselwirkung miteinander. Auch hier gilt also das Erschließungsfeld Wechselwirkungen.

Vermutlich sind die ersten Lurche aus Vorfahren der heutigen Lungenfische hervorgegangen. Der Lungenfisch **Tiktaalik,** der vor 380 Millionen Jahren lebte, besaß bereits Oberarmknochen, Elle, Speiche und Handwurzelknochen. Allerdings hatte er noch Flossenstrahlen anstelle von Fingern. Er war wahrscheinlich eines der ersten Wirbeltiere, das sich längere Zeit an Land aufhalten konnte. Echte Landwirbeltiere waren die fossilen Lungenfische dennoch nicht. Ihnen fehlten ein wirksamer Verdunstungsschutz sowie ein geeignetes Skelett zur schnellen Fortbewegung auf dem Lande. Erst bei urtümlichen Lurchen entstanden vor rund 300 Millionen Jahren Schulter- und Beckengürtel als Voraussetzung für eine Fortbewegung auf dem Land. Mit ihren Lungen konnten sie sich dauerhaft außerhalb des Wassers aufhalten. Nur etwa 50 Millionen Jahre später traten die ersten Kriechtiere auf. Diese konnten auch trockene Lebensräume besiedeln, da sie durch eine Haut aus Hornschuppen wirksam gegen Wasserverlust geschützt waren.

5 Landschaft im Erdaltertum vor etwa 300 Millionen Jahren

1 Beschreibe die Entwicklung des Gliedmaßenskeletts bis zum Urkriechtier.

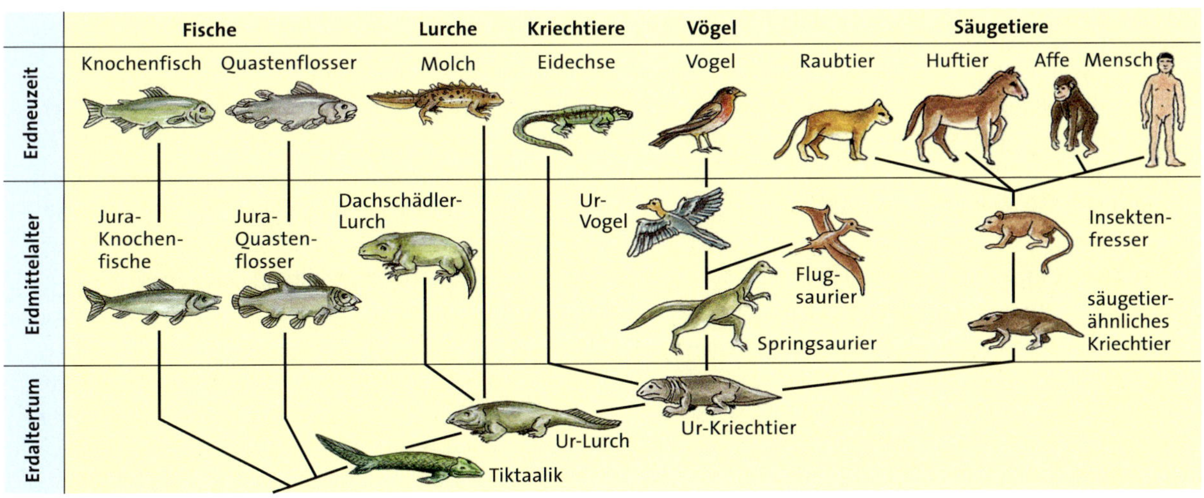

4 Stammbaum der Wirbeltiere

Zusammenfassung Säugetiere in ihren Lebensräumen

Erschließungsfeld Vielfalt

Säugetiere sind durch das gemeinsame Merkmal gekennzeichnet, dass die Jungen nach der Geburt gesäugt werden. Weiterhin sind Säugetiere gleichwarm und ihr Körper ist meist von Haaren bedeckt. Sie besiedeln nahezu alle Lebensräume der Erde. Die teilweise sehr unterschiedlichen Lebensbedingungen und Nahrungsangebote erfordern eine Vielzahl von Strukturen und Angepasstheiten. Daraus ergibt sich die Vielfalt der Säugetiere.

Hunde und Katzen sind die bekanntesten Haustiere. Sie wurden vom Menschen aus Wildtieren gezüchtet, dem Wolf und der Falbkatze. Auch die Nutztiere des Menschen wie Rinder, Pferde und Schweine entstanden durch Zähmung und Züchtung aus wilden Stammformen. Je nach der bevorzugten Nutzung wurden Rassen mit unterschiedlichen Eigenschaften gezüchtet. Mit der Haltung von Tieren übernehmen Menschen auch die Verantwortung für die Tiere in ihrer Obhut. Die Haltungsbedingungen müssen den natürlichen Ansprüchen der Tiere entsprechen.

Erschließungsfeld Fortpflanzung

Säugetiere haben eine innere Befruchtung. Die Jungen entwickeln sich im Körper der Mutter und werden in dieser Zeit über die Nabelschnur mit Nahrung und Sauerstoff versorgt. Nach der Geburt saugen sie Milch aus den Milchdrüsen ihrer Mutter.

Neugeborene Hunde und Katzen sind Nesthocker, die völlig von der mütterlichen Pflege abhängig sind. Dagegen sind neugeborene Rinder und Schweine Nestflüchter, die sich schon kurz nach der Geburt selbstständig frei bewegen können.

Erschließungsfeld Angepasstheit

Die Gliedmaßen der Land bewohnenden Säugetiere sind sehr unterschiedlich gestaltet. Zum Beispiel treten Wölfe und Katzen nur mit den Zehen und nicht mit der ganzen Fußsohle auf. Sie sind Zehengänger. Dadurch laufen sie schnell und federnd und sind bei der Jagd ihren Beutetieren oft überlegen. Rinder und Schweine sind dagegen viel massiger gebaut, ihre Beine sind muskulöser. Sie treten nur mit den Spitzen ihrer Zehen auf, die zusätzlich von einem harten Huf aus Horn umgeben sind. Sie sind Zehenspitzengänger und werden als Huftiere bezeichnet. Die Hufe ermöglichen großen und schweren Tieren schnelles Laufen auf hartem Untergrund. Rinder und Schweine laufen jeweils auf den Spitzen zweier verstärkter Zehen. Man nennt sie deshalb Paarhufer. Zwei weitere, kleinere Zehen werden beim Laufen auf weichem Untergrund nach hinten abgespreizt und verhindern so das Einsinken in morastigem Boden.

1 Katzen sind Nesthocker

Bei manchen Säugetieren haben die Gliedmaßen spezielle Angepasstheiten an die Lebensweise. Beispielsweise sind die Vorderbeine von Maulwürfen zu Grabschaufeln umgewandelt und die Vorderbeine von Fledermäusen zu Flügeln. Bei Seehunden sind die Vorderbeine als Paddel ausgebildet. Zudem haben alle im Wasser lebenden Säugetiere eine spindelförmige Gestalt, die beim Schwimmen dem Wasser nur sehr wenig Widerstand entgegensetzt.

Angepasstheiten treten auch im Verhalten von Tieren auf. Wölfe zum Beispiel leben in Familienrudeln. Die Elterntiere sind die beiden Leitwölfe, die das Revier festlegen und die Jagd anführen. Durch diese Rangordnung gibt es kaum Streitigkeiten zwischen den Rudelmitgliedern.

Erschließungsfeld Struktur und Funktion

Hunde und Katzen haben ein Raubtiergebiss mit scharfen, spitzen Zähnen. Mit den langen Eckzähnen werden Beutetiere festgehalten, mit den scharfen Backenzähnen werden Stücke aus der Beute herausgerissen. Insektenfresser wie Maulwurf, Igel oder Fledermäuse haben einen ähnlichen Gebisstyp. Rinder ernähren sich ausschließlich von Pflanzen. Diese faserige und nährstoffarme Nahrung muss besonders gründlich gekaut und zermahlen werden. Entsprechend enthält das Gebiss große und flache Backenzähne.Daran kann man das typische Pflanzenfressergebiss, das auch beim Pferd zu finden ist, erkennen. Allesfresser wie Schweine haben sowohl scharfe, spitze vordere Zähne als auch große, flache Backenzähne.

Die Nahrung der Fleischfresser ist leicht verdaulich. Ihr Darm ist im Verhältnis zur Körpergröße recht kurz. Der Abbau pflanzlicher Nahrung dagegen ist ein langwieriger Vorgang. Ihr Darm ist deshalb im Verhältnis zur Körpergröße relativ lang. Rinder sind Wiederkäuer und verwerten ihre Nahrung auf diese Weise besonders gründlich. Der Darm von Schweinen ist entsprechend ihrer Nahrung im Verhältnis zur Körpergröße kürzer als bei den Pflanzenfressern und länger als bei Raubtieren.

Erschließungsfeld Information

Tiere nehmen Informationen aus der Umwelt auf und reagieren darauf. Diese Informationen werden als Reize bezeichnet. Für die Aufnahme von Reizen sind eigene Organe vorhanden, die Sinnesorgane. Tiere sind ja nach ihrer Lebensweise unterschiedlich mit Sinnesorganen ausgestattet. Diese unterscheiden sich auch in Bau und Leistungsfähigkeit. Beim Hund sind Nase und Ohren besonders gut entwickelt, bei der Katze die Augen und der Tastsinn. Die Verarbeitung von Informationen ist etwa für den Beutefang oder die Verständigung mit Artgenossen von Bedeutung.

Erschließungsfeld Wechselwirkungen

Als Wechselwirkung bezeichnet man die Beziehungen zwischen verschiedenen Arten von Lebewesen. Ein Beispiel sind die Mikroorganismen im Pansen von Rindern, die für die Verdauung der Pflanzennahrung ganz wichtig sind. Auch die Bestäubung bestimmter tropischer Blüten bei der Nahrungssuche von Fledermäusen ist eine Wechselwirkung. Wölfe erbeuten auf der Jagd vor allem kranke und schwache Beutetiere. Dies ist aber auch für die Beutetiere selber vorteilhaft, da sich Krankheiten so weniger schnell ausbreiten können.

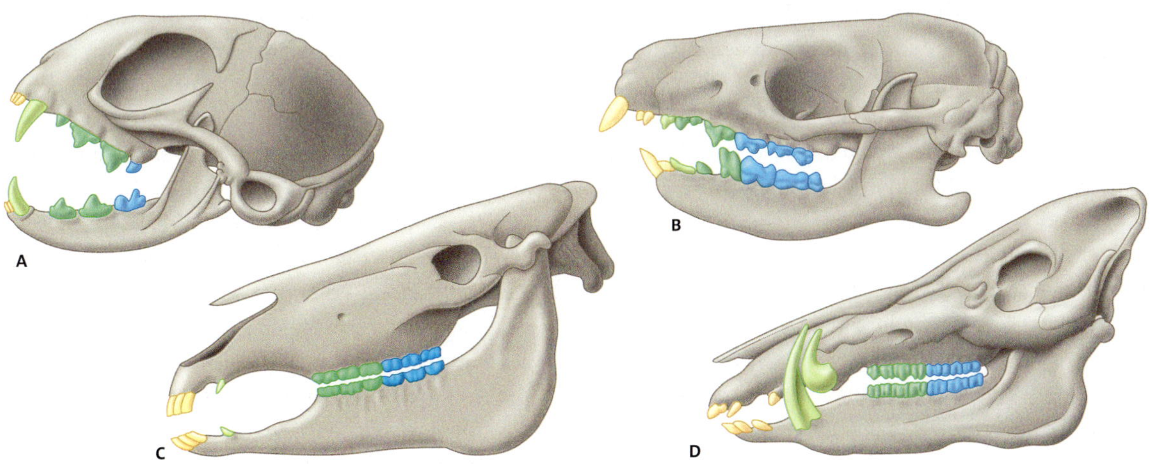

1 Schädel von Säugetieren. **A** Wildkatze; **B** Igel; **C** Pferd; **D** Schwein

Wissen vernetzt Säugetiere in ihren Lebensräumen

A1 Ein eigenartiges Tier

In Australien lebt das Schnabeltier, welches die Wissenschaftler lange Zeit nicht eindeutig einer Wirbeltierklasse zuordnen konnten: Das etwa 60 Zentimeter lange Tier hat einen »Entenschnabel« und Schwimmhäute zwischen den Fingern und Zehen. Es ist von einem Fell bedeckt und lebt überwiegend im Wasser. Das Schnabeltier ist ein guter Schwimmer und muss zum Atmen an die Wasseroberfläche kommen. Das Weibchen des Schnabeltieres legt Eier. Die geschlüpften Jungen ernähren sich zunächst von Muttermilch, bevor sie später Würmer, Insektenlarven und Schnecken fressen.

Aufgaben:

a) Diskutiert in der Gruppe, warum die Wissenschaftler Schwierigkeiten hatten, das Tier einer bestimmten Wirbeltierklasse zuzuordnen.

b) Schreibt alle Merkmale des Schnabeltieres einzeln auf Karteikarten. Erfasst dabei nur solche Merkmale, die für die Zuordnung des Tieres sinnvoll sein könnten.

c) Ordnet die Karten so, dass zueinander passende Merkmale jeweils für eine Wirbeltierklasse stehen. Benennt die zugehörigen Wirbeltierklassen. Beschriftet weitere Karten mit zusätzlichen Merkmalen dieser Klasse, die man am Schnabeltier prüfen müsste, um eine Zuordnung vorzunehmen.

d) Recherchiert, welcher Wirbeltierklasse das Schnabeltier tatsächlich zugeordnet wurde.

A2 Schweinswale verändern sich

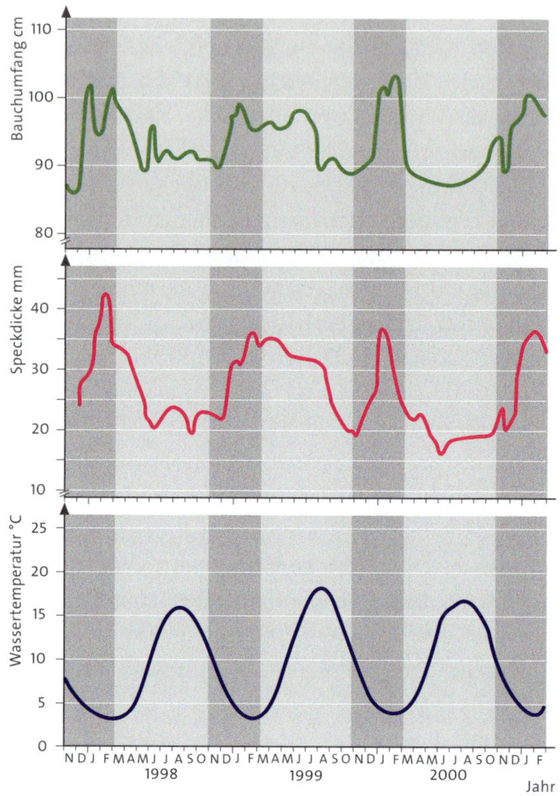

Das dänische Meeresaquarium »Fjord & Baelt« hält zu Forschungszwecken ein Paar Schweinswale in einem durch Netze abgetrennten Hafenbecken. Die Wale werden unter anderem zweimal im Monat gemessen und gewogen. Dabei sind den Forschern regelmäßige Schwankungen beim Körpergewicht und dem Leibesumfang aufgefallen, die in der obigen Abbildung dargestellt sind.

Aufgaben:

a) Beschreibe die dargestellten Kurvenverläufe.

b) Stelle begründete Vermutungen über die Zusammenhänge an, die zwischen Bauchumfang, Speckdicke und Wassertemperatur bestehen.

c) Erläutere inwiefern die jährlichen Veränderungen des Körpers der Schweinswale eine Angepasstheit darstellen.

A3 Verdauung bei Säugetieren

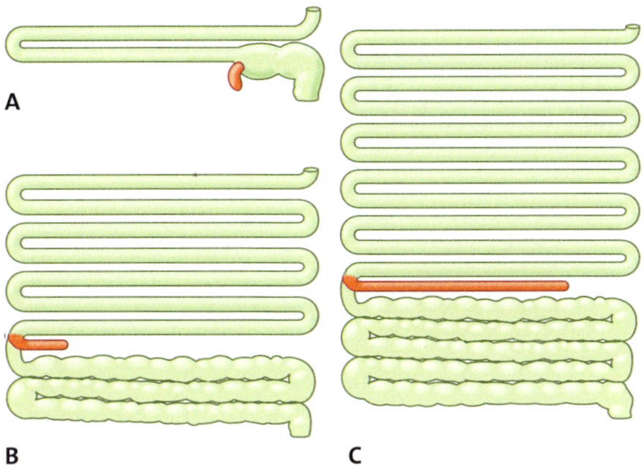

Aufgaben:

a) Die Abbildungen A bis C zeigen den Darm der Säugetierarten Katze, Rind und Schwein. Ordne die Abbildungen den entsprechenden Tierarten zu und begründe deine Zuordnung.

b) Vergleiche Ernährung und Verdauung bei Rind und Pferd. Erläutere Übereinstimmungen und Unterschiede.

A4 Brutpflege bei Säugetieren

Aufgaben:

a) Recherchiere die Brutpflege der Wildschweine und beschreibe sie.

b) Vergleiche die Jungenaufzucht von Wildschweinen und Katzen.

c) Stelle in einer Tabelle die beiden Formen der Brutpflege bei Säugetieren gegenüber und nenne jeweils einige Beispiele.

A5 Wiedereinbürgerung von Wölfen

Wölfe wurden in Deutschland in seinen heutigen Grenzen seit etwa 1850 sehr selten. Der letzte Wolf wurde wahrscheinlich 1904 auf (heutigem) deutschen Boden geschossen.

Aufgaben:

a) Erkläre, welche Voraussetzungen Menschen für die Wiederansiedlung von Wölfe schaffen müssen.

b) Erläutere, weshalb die Wiederansiedlung von Wölfen in Bezug auf die Artenvielfalt kontrovers diskutiert wird.

A6 Eier legende Wollmilchsau

Aufgaben:

a) Die Abbildung zeigt ein Fabeltier, das die positiven Eigenschaften einiger Nutztiere des Menschen in sich vereint. Nenne die Eigenschaften dieses Fabeltieres, die der Mensch nutzen könnte.

b) Stelle Überlegungen an, ob die Züchtung eines solchen Tieres möglich wäre.

Fortpflanzung und Entwicklung des Menschen

Aufklärung ist schwierig

Stellt in einem kurzen Vortrag die Schwierigkeiten dar, die der Papa offensichtlich mit der Bewältigung des Themas hat.

Taxifahrer als Geburtshelfer

(RZ) Gestern Abend erhielt Taxifahrer Rudi B. den Auftrag, die hochschwangere Karin K. ins Krankenhaus zu fahren. Die Geburtswehen hatten bereits eingesetzt. Unterwegs begann die Geburt des Kindes. Taxifahrer Rudi B. wurde zum Geburtshelfer und brachte das Kind, einen gesunden Jungen, zur Welt. Mutter und Kind sind wohlauf, Rudi B. musste ärztlich versorgt werden.

Dieser Bericht stammt aus einer Tageszeitung. Erkundigt euch bei euren Eltern oder anderen Erwachsenen, inwieweit diese Geschichte glaubwürdig ist. Sind Mutter und Kind in einer solchen Geburtssituation nicht gefährdet?

Stellt euch selbst weitere Fragen zu dieser Zeitungsnotiz und sucht Antworten.

Krabbelphase

Das abgebildete Kind ist noch nicht ganz ein Jahr alt. Es befindet sich in der Krabbelphase, in der sich die Kinder auf allen Vieren bewegen. Informiert euch bei euren Eltern über eure Entwicklung bis zum Ende des zweiten Lebensjahres. Bringt Fotos mit und gestaltet eine Pinnwand.

Nur ein Platz war noch frei ...

Schreibt zu der Abbildung passende Geschichten. Sprecht in der Klasse über die Situation aus der Sicht verschiedener Beteiligter.

Typisch männlich – typisch weiblich?

Vergleicht die beiden Abbildungen. Besprecht in der Gruppe, ob die jeweils genannten Adjektive zutreffend sind, oder ob Manches anders formuliert werden müsste.Tragt das Ergebnis in der Klasse vor.

1 Auf dem Weg zum Erwachsenwerden

Im ersten Lebensjahr entwickelt sich ein Säugling zum Kleinkind. Er bekommt einige Zähne, bewegt sich krabbelnd vorwärts und formt die ersten Laute. Die Entwicklung vom Kind zum Erwachsenen dauert ungleich länger: Jugendliche durchlaufen dabei das Stadium der **Pubertät.** Der Name leitet sich vom Lateinischen *pubertas* ab, das so viel wie »Geschlechtsreife« bedeutet. Diese Zeit ist nicht nur durch viele körperliche Veränderungen, wie zum Beispiel ein deutliches Längenwachstum, gekennzeichnet. Gleichzeitig verändert sich auch die Gefühlswelt. Im Gegensatz zum Übergang vom Säugling zum Kleinkind erleben die Jugendlichen den Übergang zum Erwachsensein außerdem bewusst – und auch das kann mit einigen Schwierigkeiten verbunden sein.

Hobbys, die gestern noch Spaß gemacht haben, erscheinen plötzlich uninteressant. Fernsehsendungen, die man gerne angeschaut hat, kommen einem langweilig und kindisch vor. Die Interessen wandeln sich. Gleichzeitig werden neben den Mitgliedern der eigenen Familie andere Personen wichtiger, mit denen man nun viel Zeit verbringt: Freund oder Freundin. Das ist auch für die Eltern eine neue Erfahrung. Während der Pubertät können außerdem extreme Stimmungsschwankungen auftreten: An manchen Tagen ist man »zu Tode betrübt«, an anderen Tagen fühlt man sich »Himmel hoch jauchzend«.

1 Stimmung während der Pubertät

Der Auslöser für die veränderten Stimmungen, Gefühle und Verhaltensweisen sind **Hormone,** die im Körper als Botenstoffe wirken. Ab der einsetzenden Pubertät werden diese Hormone verstärkt in verschiedenen Organen gebildet und durch das Blut im gesamten Körper verteilt. Über den Blutkreislauf gelangen sie an ihren jeweiligen Wirkort, zum Beispiel das Gehirn. Dort bewirken sie dann zum Beispiel Änderungen in Gefühlslage und Verhaltensweisen.

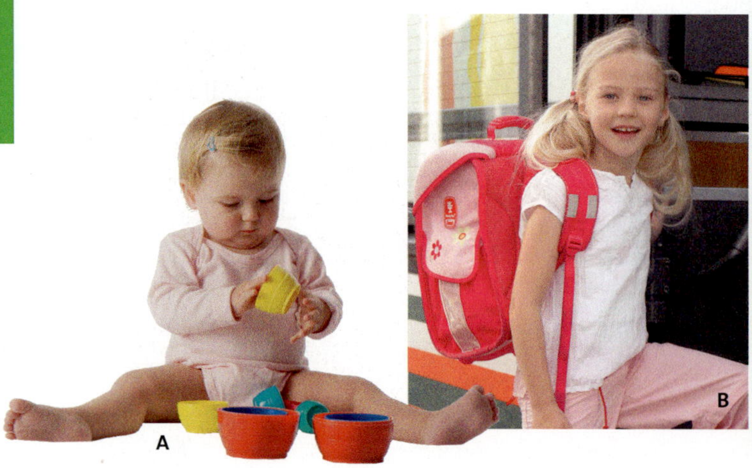

2 Menschliche Entwicklung. **A** Baby; **B** Kind; **C** Jugendliche

Am Anfang der Pubertät erfolgt die Hormonproduktion in Schüben und noch nicht so gleichmäßig wie bei einem Erwachsenen. Das erklärt die Stimmungsschwankungen. Mit zunehmendem Alter verläuft die Hormonproduktion dann immer kontinuierlicher und das Verhalten wird ausgeglichener.

Beim Erwachsenwerden kann man sich manchmal ganz schön verloren fühlen. Man weiß einfach nicht so recht, wo man hingehört. Einerseits ist man kein kleines Kind mehr, andererseits gehört man auch noch nicht richtig zur Erwachsenenwelt. Aus dieser Unsicherheit heraus betrachtet man sich selbst vielleicht auch besonders kritisch und ist mit vielem nicht zufrieden: Sei es, dass man an seinem Körper etwas auszusetzen hat, sei es, dass man sein eigenes Verhalten nicht als »cool« genug empfindet. Erwachsene scheinen immer alles besser zu können und alles besser zu wissen. Das versucht man in Gesprächen vielleicht durch forsches Auftreten auszugleichen. Dies kann zu Streit mit den Erwachsenen führen. Man fühlt sich noch mehr missverstanden und nicht ernst genommen, die Verunsicherung nimmt zu.

Dem Teufelskreis der Unsicherheit kann man entkommen, wenn man das Selbstbewusstsein entwickelt, sich so zu akzeptieren, wie man ist. Dabei hilft auch die Clique Gleichaltriger, in der man sich oft wohler fühlt, weil alle ähnlich denken und ähnliche Probleme haben. Wichtig ist aber auch, dass man sich durch die Gruppe nicht zu Handlungen verleiten oder zwingen lässt, die man später bereut. Man sollte immer selbstbewusst entscheiden, ob man etwas wirklich selber möchte. Meist zeugt es von viel mehr Erwachsensein, in der Gruppe auch einmal »nein« zu sagen, als alles mitzumachen. Dazu gehören das Selbstbewusstsein und der Mut, für die eigene Meinung einzustehen.

1 Bewerte das Verhalten der drei Jugendlichen in Abbildung 4.

2 Diskutiert in Gruppen, was den Jugendlichen in Abbildung 5 wohl durch den Kopf gehen könnte. Notiert mögliche Ängste und Hoffnungen.

3 Überlege, wie man für sich selbst mehr Verantwortung übernehmen kann.

3 Streit mit den Eltern

4 Mutprobe in der Clique

5 Wie soll ich es ihr sagen?

2 Bau und Funktion der Geschlechtsmerkmale

2.1 Vom Jungen zum Mann

Während der Pubertät verändert sich der Körper unter dem Einfluss von Hormonen. Deutlich kann man die Veränderungen vom Jungen zum Mann an den Geschlechtsorganen erkennen. Das Glied wird länger und der Hodensack größer. Weil die Geschlechtsorgane seit der Geburt vorhanden sind und das Geschlecht unverwechselbar festlegen, werden sie **primäre Geschlechtsmerkmale** genannt.

Der Körper erfährt bei Jungen in der Pubertät seinen letzten Wachstumsschub. Die gesamte äußere Erscheinung ist starken Veränderungen unterworfen. Der Körper wird »eckiger«, die Schultern verbreitern sich, während das Becken schmal bleibt. Der Oberkörper erinnert in seinem Umriss an ein »V«. Auch die Körperbehaarung nimmt insgesamt zu. So wachsen Haare unter den Achseln und oberhalb des Glieds. Letztere werden Schamhaare genannt. Schließlich beginnt auch der Bartwuchs mit einem Flaum auf der Oberlippe. Bei einigen Männern wachsen zusätzlich noch Haare auf Brust, Bauch und Rücken.

Diese zusätzlichen charakteristischen Veränderungen der körperlichen Erscheinung, die erst während der Pubertät auftreten, nennt man **sekundäre Geschlechtsmerkmale.** Eine weitere typische Veränderung bei Jungen ist der Stimmbruch. Dieser kommt zustande, weil mit dem Kehlkopf auch die Stimmbänder bis auf das Doppelte ihrer ursprünglichen Länge wachsen. Wenn Luft an den Stimmbändern vorbeistreicht, werden diese in Schwingungen versetzt und erzeugen Töne. Je länger die Stimmbänder sind, desto tiefer sind die erzeugten Töne. Deshalb hat eine Männerstimme eine deutlich tiefere Klangfarbe als die eines Jungen. Die tiefere Stimme eines Mannes ist ein sekundäres Geschlechtsmerkmal.

Die beschriebenen Veränderungen ziehen sich über mehrere Jahre hin. Dabei gibt es zwischen einzelnen Personen deutliche Unterschiede im zeitlichen Verlauf der Pubertät. Das Ergebnis der Veränderungen ist letztlich bei allen Jungen ähnlich. Man sollte den eigenen Körper selbstbewusst akzeptieren, wie er ist, denn der Wert einer Person wird nicht nach dem Beginn oder dem Entwicklungsfortschritt der Pubertät bemessen.

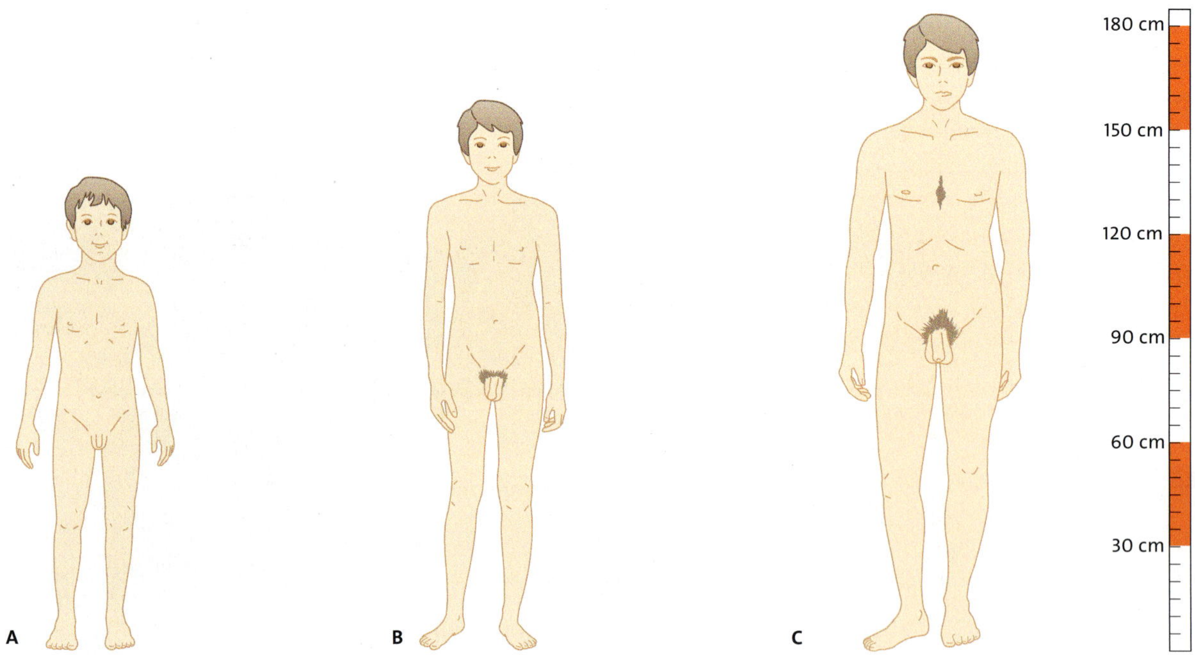

1 Entwicklung vom Jungen zum Mann. **A** 11 Jahre; **B** 13 Jahre; **C** 16 Jahre

Die Hoden sind die männlichen Geschlechtsdrüsen. In ihnen werden männliche Geschlechtshormone, vor allem das Testosteron, und auch die Spermien gebildet. Die Spermien werden in den Nebenhoden gespeichert. Bei einer entsprechenden Erregung gelangen die Spermien zusammen mit etwas Flüssigkeit über die beiden Spermienleiter zur Harn-Spermien-Röhre. Die Flüssigkeit stammt aus der Vorsteher- und der Bläschendrüse. Das Ausstoßen der jeweils über 100 Millionen Spermien heißt Spermaerguss oder *Ejakulation* und ist mit lustvollen Gefühlen, dem *Orgasmus*, verbunden.

Während der Ejakulation ist das Glied steif, weil sich die beiden Schwellkörper mit Blut gefüllt haben. Nur so versteift kann das Glied in die Scheide einer Frau eingeführt werden. Die Versteifung des Glieds heißt *Erektion* und wird zum Beispiel durch Berührungen verursacht. Ein Junge kann so einen Orgasmus selbst herbeiführen. Das nennt man Selbstbefriedigung. Dies ist eine natürliche Verhaltensweise, für die man sich nicht schämen muss. Die Selbstbefriedigung kann helfen, den eigenen Körper besser kennen zu lernen. Während der Pubertät kann es auch nachts manchmal zu unbewussten Ejakulationen kommen. Auch das ist in diesem Alter normal und kein Grund, besorgt zu sein.

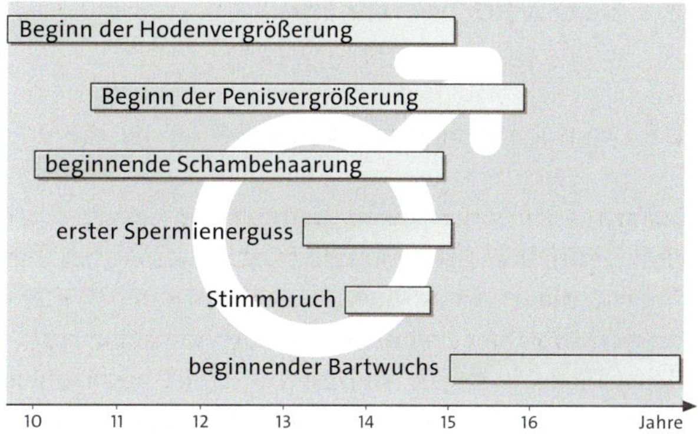

3 Veränderungen beim Jungen

Durch die erhöhte Hormonproduktion werden die Hautdrüsen zu intensiverer Talg- und Schweißproduktion angeregt. Beim Abbau von Schweiß durch Hautbakterien können besonders in den Achselhöhlen unangenehme Gerüche auftreten. Deshalb sollte man sich regelmäßig gründlich waschen und eventuell auch ein Deodorant benutzen. Bei der Reinigung des Gliedes muss die Vorhaut zurückgezogen und der darunterliegende Teil gesäubert werden, um Geruchsbelästigungen und Entzündungen vorzubeugen.

1 Beschreibe den Weg, den Spermien von der Entstehung bis zur Ejakulation durchlaufen.

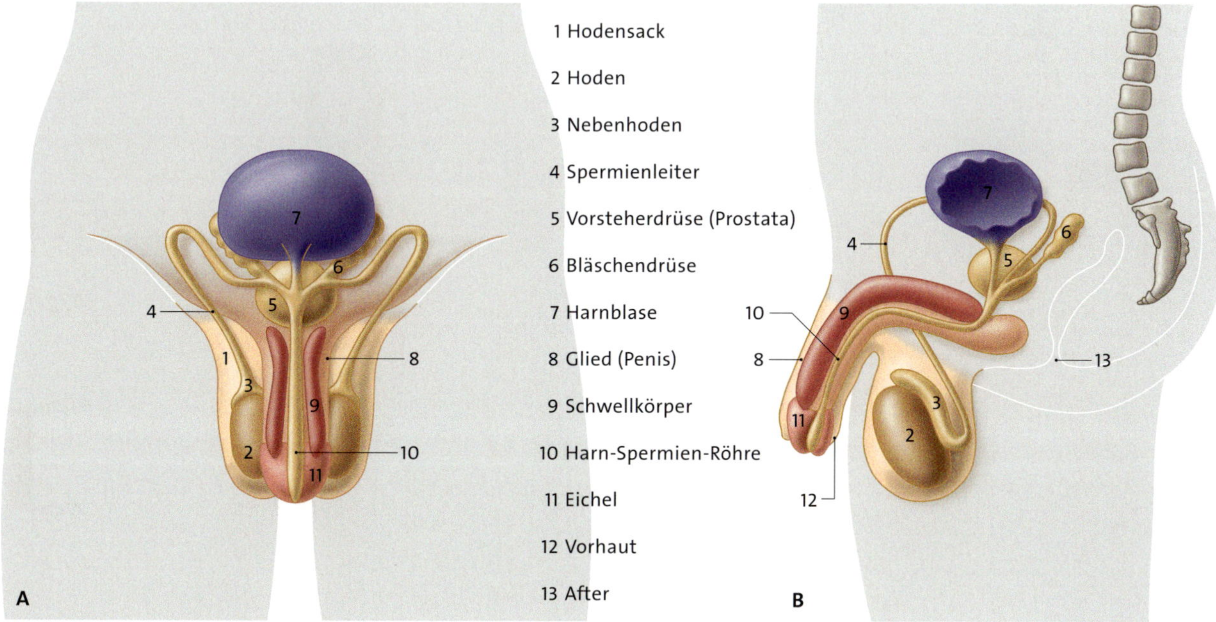

2 Männliche primäre Geschlechtsorgane. **A** Aufsicht; **B** Seitenansicht

2.2 Vom Mädchen zur Frau

Auch bei den Mädchen verändern sich unter dem Einfluss von Hormonen während der Pubertät die primären Geschlechtsorgane. Allerdings kann man das äußerlich kaum feststellen, denn deren Entwicklung findet vor allem im Körperinneren statt. Wie bei den Jungen erfährt der Körper nun seinen letzten Wachstumsschub. Dabei werden die Körperformen rundlicher. Dies geschieht, weil sich in das Unterhautgewebe mehr Fett einlagert. Auf diese Weise beginnt der Körper, Reservestoffe einzulagern, die später während einer Schwangerschaft notwendig sind.

Bei den Mädchen verbreitert sich nicht die Schulterregion, sondern das Becken. Dadurch wird gleichzeitig die schmalere Taille betont. Ein breiteres Becken erleichtert die Geburt eines Kindes. Neben der veränderten Körperform zählen auch die sich entwickelnden Brüste mit den großen Brustwarzen zu den sekundären Geschlechtsmerkmalen der Mädchen. Die Körperbehaarung der Mädchen nimmt ebenfalls zu, ist aber auf Achsel- und Schamhaare beschränkt.

Auch bei Mädchen wächst der Kehlkopf mit dem übrigen Körper, sodass die Länge der Stimmbänder zunimmt. Deshalb bekommen Mädchen ebenfalls eine tiefere Stimme, allerdings ist die Absenkung nicht so intensiv wie bei Jungen. Alle Veränderungen treten wie bei den Jungen nicht auf einmal auf, sondern ziehen sich ebenfalls über mehrere Jahre hin. Es gibt deutliche Unterschiede im zeitlichen Verlauf der Pubertät bei einzelnen Personen. Und auch bei den Mädchen ist das Ergebnis der Veränderungen nach Abschluss dieser Entwicklungszeit letztlich ähnlich.

Für Mädchen ist es vielleicht noch schwieriger als für Jungen, ihren Körper so zu akzeptieren, wie er ist. Dies zeigt sich zum Beispiel daran, dass der überwiegende Teil der Jugendlichen, der unter Essstörungen wie Magersucht leidet, weiblich ist. Durch Umwelt und Werbung wird in der westlichen Welt derzeit ein besonders schlanker Frauentyp favorisiert. Auch die Kleidermode ist seit einigen Jahren sehr figurbetont. Mädchen sollten auf jeden Fall das Selbstbewusstsein entwickeln, ihre Figur zu akzeptieren und ihren eigenen Typ zu finden. Hilfreich kann dabei auch die Erkenntnis sein, dass andere Kulturkreise durchaus abweichende Ansichten zur idealen Figur einer Frau entwickelt haben. Hier können zum Beispiel Rundungen sehr gewünscht sein.

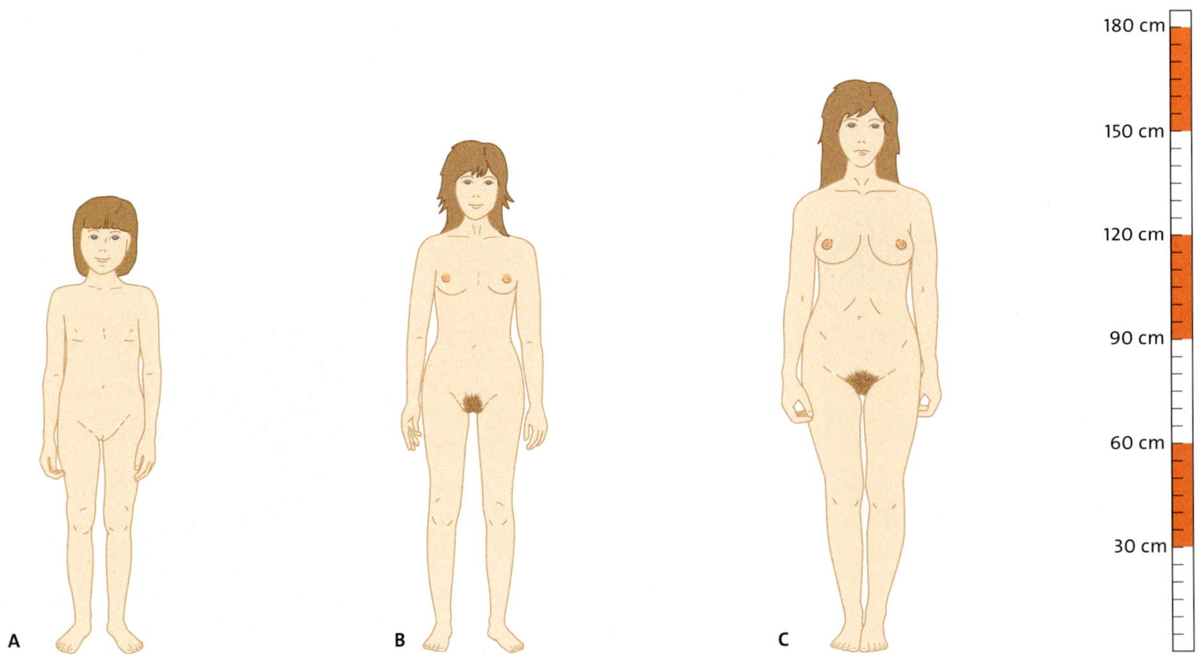

1 Entwicklung vom Mädchen zur Frau. **A** 11 Jahre; **B** 13 Jahre; **C** 16 Jahre

Die weiblichen Geschlechtsdrüsen sind die Eierstöcke. Sie sind etwa walnussgroß und liegen im Bauchraum. In ihnen wird unter anderem das weibliche Geschlechtshormon Östrogen gebildet. Außerdem befinden sich in jedem Eierstock bei der Geburt bereits viele unreife Eizellen. Ab der Pubertät reifen einzelne Eizellen heran und gelangen aus dem Eierstock über die etwa bleistiftdicken Eileiter in die Gebärmutter. Diese ist ein Hohlmuskel, etwa in der Größe einer Birne. Die Gebärmutter ist innen von einer Schleimhaut ausgekleidet. Von der Gebärmutter führt die Scheide nach außen. Die Scheide ist etwa zehn Zentimeter lang und weist innen ebenfalls eine Schleimhaut auf.

Die Öffnung der Scheide wird nach außen durch die kleinen Schamlippen begrenzt. Etwas oberhalb des Scheideneinganges endet die Harnröhre. Wo die beiden kleinen Schamlippen zusammentreffen, befindet sich der Kitzler. Wie der Name sagt, ist dieser leicht erregbar. Äußerlich sichtbar sind in der Regel nur die großen Schamlippen, die die inneren Organe schützen. Durch Berührungen des Kitzlers entstehen lustvolle Gefühle, die man auch selbst hervorrufen kann. Wegen einer Selbstbefriedigung muss sich niemand schämen. Sie kann vielmehr helfen, den eigenen Körper besser kennen zu lernen.

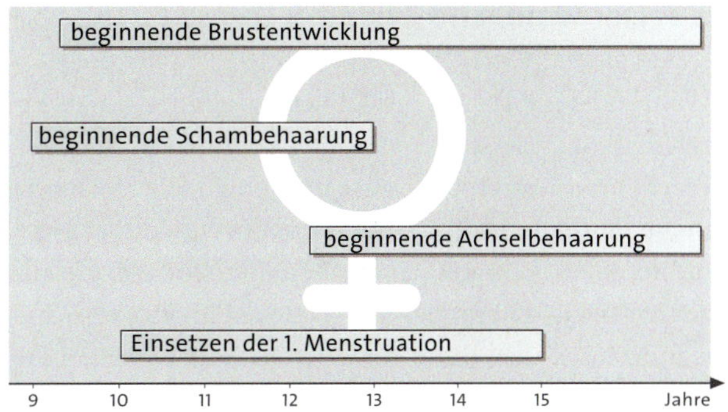

3 Veränderungen beim Mädchen

In der Pubertät kann die vermehrte Tätigkeit der Schweißdrüsen zur Geruchsbelästigung führen. Daher wird eine entsprechende Körperhygiene zunehmend wichtiger. Die Talgdrüsen der Haut produzieren wegen der sich verändernden Hormonkonzentrationen mehr Fett als sonst. Verstopft ein Talgkanal, entsteht ein *Mitesser.* Wenn es zu einer Entzündung durch Bakterien kommt, wird daraus ein *Pickel.*

1 Finde Beispiele dafür, dass die Umwelt für Männer und Frauen unterschiedliche Körperideale vorgibt.

2 Diskutiert in der Gruppe, ob man auf eine Gewichtszunahme während der Pubertät mit einer Diät reagieren sollte.

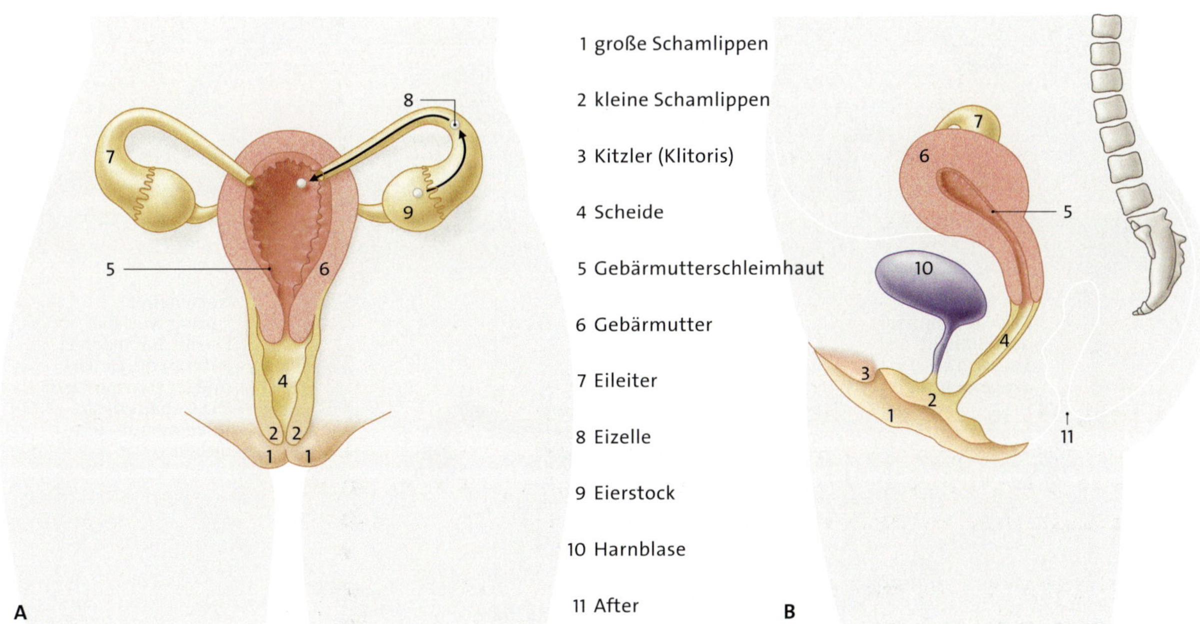

2 Weibliche primäre Geschlechtsorgane. **A** Aufsicht; **B** Seitenansicht

2.3 Der weibliche Zyklus

Während der Pubertät der Mädchen reifen erstmals Eizellen in den Eierstöcken heran. Der Auslöser für diese Eizellenreifung ist eine Drüse im Gehirn, die Hormone in die Blutbahn abgibt. Unter dem Einfluss dieser Hormone entwickeln sich in beiden Eierstöcken gleichzeitig jeweils einige der vielen unreifen Eizellen und wandern an den Rand des Eierstockes. Dabei bildet sich um jede Eizelle ein flüssigkeitsgefülltes Bläschen. Dieses bezeichnet man als *Follikel.* Während ihrer Reifung stellen die Follikel selbst ein weiteres Hormon her. Dies führt zur Verdickung der Schleimhäute der Gebärmutter. Dadurch wird die Gebärmutter auf die Aufnahme einer befruchteten Eizelle vorbereitet.

Nach etwa zwei Wochen haben die Follikel eine Größe von bis zu 25 Millimeter erreicht. Die nur walnussgroßen Eierstöcke werden durch die sich vergrößernden Follikel stark gedehnt. Manche Mädchen und Frauen spüren deshalb in dieser Phase des Zyklus ein leichtes Ziehen im Unterleib. Im Laufe der Reifung der Follikel bewegen sich die Eileiter mit den

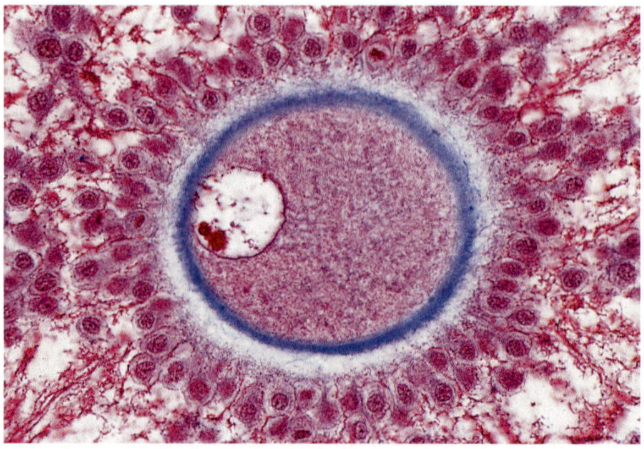

1 Eizelle im lichtmikroskopischen Bild

Eitrichtern zu den Eierstöcken und legen sich auf diese. In der Mitte des Zyklus platzt der größte der Follikel auf und entlässt die darin befindliche Eizelle. Man nennt dies **Eisprung** oder Ovulation. Die Eizelle wird vom Eitrichter aufgefangen und in den Eileiter geleitet. Hier wird sie durch feine Flimmerhärchen, die die Wände des Eileiters auskleiden, in die Gebärmutter transportiert. Wird die Eizelle im Eileiter nicht in den ersten Stunden befruchtet, geht sie zugrunde.

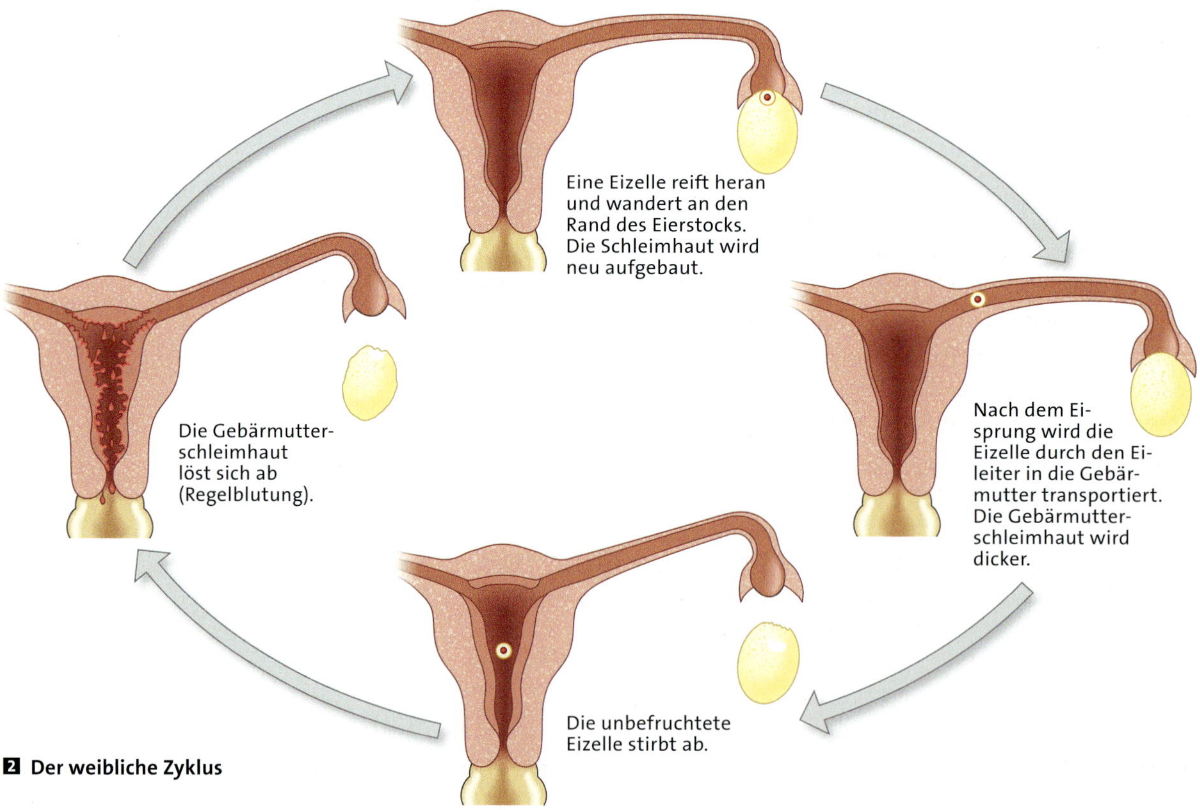

2 Der weibliche Zyklus

Der nun leere Follikel bleibt als sogenannter *Gelbkörper* noch einige Zeit weiter bestehen. Der Gelbkörper stellt weitere Hormone her, durch welche die Schleimhaut der Gebärmutter weiter heranwächst. Gleichzeitig werden die anderen Follikel zurückgebildet, sodass meist auch nur jeweils ein Ei »springt«.

Wenn keine Befruchtung eingetreten ist, stellt der Gelbkörper seine Hormonproduktion nach einigen Tagen ein und bildet sich zurück. Die verdickte Gebärmutterschleimhaut löst sich in kleinen Stücken von der muskulösen Gebärmutterwand ab. Dabei kommt es zu Blutungen. Das austretende Blut fließt zusammen mit den Schleimhautresten als Monatsblutung durch die Scheide nach außen. Weil sich dieser Vorgang regelmäßig wiederholt, heißt er auch Regelblutung oder Periode. Der wissenschaftliche Name dafür ist *Menstruation*. Er leitet sich von dem lateinischen Wort »mens« ab, das »Monat« bedeutet. Die Periode dauert etwa drei bis sechs Tage und man verliert dabei ungefähr 150 Milliliter Blut. Die Gebärmutter unterstützt das Ablösen der Schleimhaut durch rhythmisches Zusammenziehen. Deshalb ist die Monatsblutung für einige Frauen mit Unterleibsschmerzen verbunden.

Während der Monatsblutung reifen bereits die nächsten Eizellen in den beiden Eierstöcken heran und alle Vorgänge wiederholen sich. Ein solcher, fortdauernder Kreislauf wird auch als Zyklus bezeichnet. Der weibliche Zyklus beginnt jeweils mit dem ersten Tag der Monatsblutung und dauert im Durchschnitt vier Wochen. Der Eisprung findet etwa nach zwei Wochen in der Zyklusmitte statt. Trotzdem sind Zyklen mit drei bis fünf Wochen Dauer auch normal. Bei noch größeren Abweichungen sollte ärztlicher Rat gesucht werden. Während der Pubertät ist der Zyklus meist noch nicht regelmäßig: Sowohl die Abstände als auch die Dauer der Regelblutung können variieren. Das hängt damit zusammen, dass die Hormone noch nicht regelmäßig in gleich bleibenden Konzentrationen ausgeschüttet werden. Mit zunehmendem Alter erfolgen Hormonproduktion und Zyklus immer regelmäßiger. Damit man weiß, in welcher Phase des Zyklus man sich befindet, sollten die Tage mit einer Blutung in einem Kalender gekennzeichnet werden. Diesen Menstruationskalender sollte man zu Arztbesuchen immer mitnehmen.

Die erste Menstruation ist für viele Mädchen etwas Besonderes, handelt es sich doch um ein deutliches körperliches Zeichen, dass man ab jetzt schwanger werden kann. Zur Vorbereitung auf die Periode ist es sinnvoll, entsprechende Hygieneartikel mitzunehmen, die das austretende Blut aufsaugen können. Das kann außerhalb der Scheide durch eine Binde erfolgen. Binden werden in die Unterwäsche eingelegt. Das Blut kann auch bereits innerhalb des Körpers aufgesaugt werden. Dazu wird ein Tampon in die Scheide eingeführt. Tampons und Binden gibt es in verschiedenen Größen. Sie bestehen aus saugfähigem Material.

1 Berechne die mittlere Zykluslänge anhand der Kalendereintragungen in Abbildung 4.

2 Überlege, wann bei dem vorgestellten Zyklus wahrscheinlich jeweils der Eisprung stattgefunden hat.

Januar

Mo	Di	Mi	Do	Fr	Sa	So
		1	2	3	4	5
6	7	8	9	10	11	12
~~13~~	~~14~~	~~15~~	~~16~~	~~17~~	~~18~~	19
20	21	22	23	24	25	26
27	28	29	30	31		

Februar

Mo	Di	Mi	Do	Fr	Sa	So
					1	2
3	4	5	6	7	8	9
10	11	12	~~13~~	~~14~~	~~15~~	~~16~~
17	18	19	20	21	22	23
24	25	26	27	28		

März

Mo	Di	Mi	Do	Fr	Sa	So
					1	2
3	4	5	6	7	8	9
10	11	12	13	14	~~15~~	~~16~~
~~17~~	~~18~~	~~19~~	~~20~~	21	22	23
24	25	26	27	28	29	30
31						

April

Mo	Di	Mi	Do	Fr	Sa	So
	1	2	3	4	5	6
7	8	9	10	11	12	13
14	~~15~~	~~16~~	~~17~~	~~18~~	19	20
21	22	23	24	25	26	27
28	29	30				

Mai

Mo	Di	Mi	Do	Fr	Sa	So
			1	2	3	4
5	6	7	8	9	10	11
12	13	~~14~~	~~15~~	~~16~~	~~17~~	~~18~~
19	20	21	22	23	24	25
26	27	28	29	30	31	

Juni

Mo	Di	Mi	Do	Fr	Sa	So
						1
2	3	4	5	6	7	8
9	10	11	12	13	14	~~15~~
~~16~~	~~17~~	~~18~~	19	20	21	22
23	24	25	26	27	28	29
30						

3 Monatskalender mit Zykluseintragungen

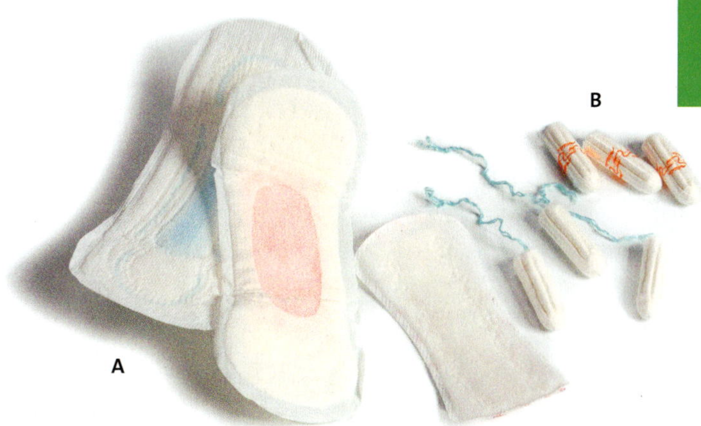

4 Artikel der Monatshygiene. **A** Binden; **B** Tampons

3 Ein Kind entsteht

3.1 Befruchtung und Schwangerschaft

Während einer Ejakulation gelangen 200 bis 300 Millionen Spermien in die Scheide der Frau. Die meisten Spermien fließen wieder aus der Scheide heraus. Einige schwimmen, angetrieben von ihrem Schwanzfaden, aus der Scheide durch den Muttermund in die Gebärmutter hinein und von dort die beiden Eileiter hinauf. Hier treffen sie unter Umständen auf eine Eizelle und versuchen in diese einzudringen. Gelingt dies, wird der Schwanzfaden abgeworfen und nur der Kopf mit dem Zellkern gelangt in die Eizelle. Sobald das erste Spermium eingedrungen ist, bildet sich um die Eizelle eine Hülle. Diese verhindert, dass weitere Spermien in die Eizelle eindringen können. So wird sichergestellt, dass nur ein einziges Spermium in die Eizelle gelangt. Die Verschmelzung von Eizelle und Spermium heißt **Befruchtung.** Die dabei entstehende Zelle wird *Zygote* genannt.

1 **Eizelle mit Spermium**

Die Zygote wird von den Flimmerhärchen des Eileiters in Richtung Gebärmutter transportiert, die sie nach vier bis fünf Tagen erreicht. Dabei teilt sich die Zygote zunächst in zwei gleich große Zellen, die aneinander haften bleiben. Dieses Stadium wird Zwei-Zellen-Stadium genannt. Durch erneute Teilung entsteht das Vier-Zellen-Stadium. Es folgen weitere Zellteilungen, bis in der Gebärmutter schließlich der vielzellige *Bläschenkeim* entstanden ist.

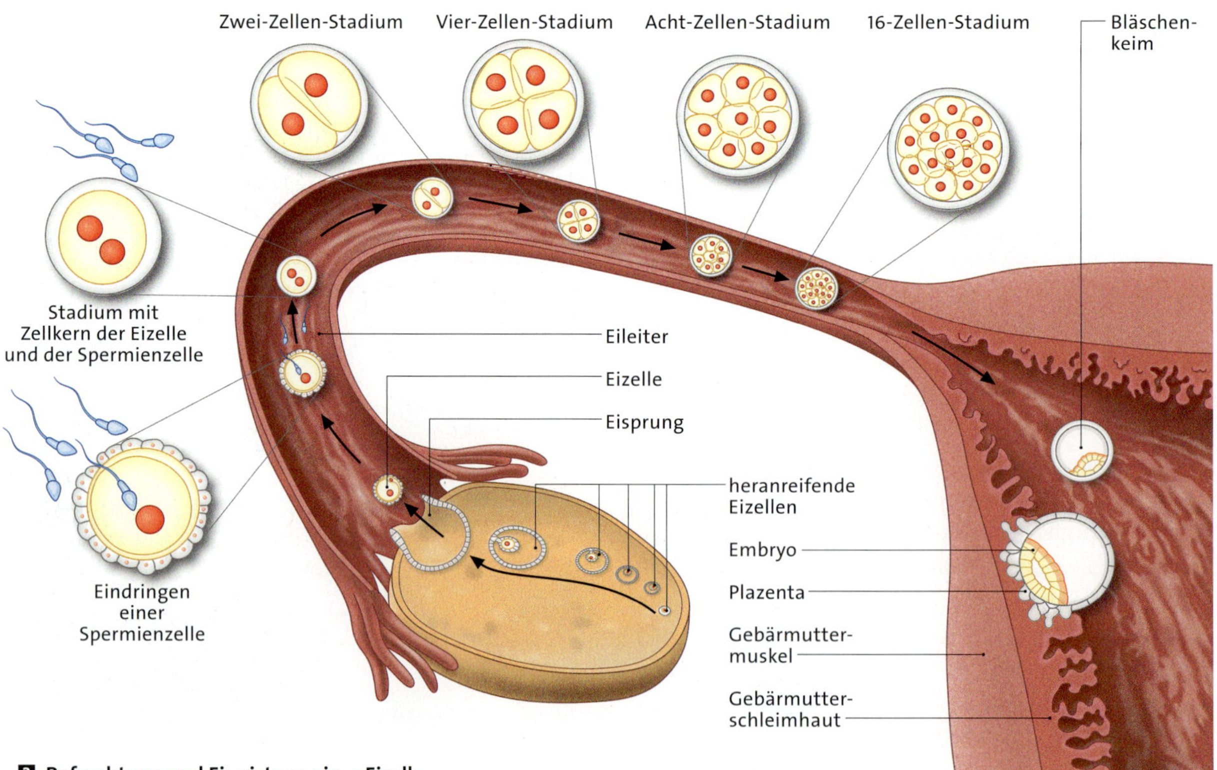

2 **Befruchtung und Einnistung einer Eizelle**

Der Bläschenkeim wächst etwa sechs Tage nach der Befruchtung in die verdickte Gebärmutterschleimhaut ein. Mit dieser **Einnistung** beginnt die **Schwangerschaft.** Gleichzeitig beginnt der Bläschenkeim mit der Bildung eines Hormons, das den Gelbkörper funktionsfähig hält. Das Hormon wird Schwangerschaftshormon genannt. Es kann mit einem Schwangerschaftstest aus der Apotheke im Urin der Frau schon nach wenigen Tagen nachgewiesen werden.

Die innen gelegenen Zellen des Bläschenkeims entwickeln sich zum menschlichen Keim oder **Embryo.** Die äußeren Zellen wachsen dagegen in die Gebärmutterschleimhaut hinein und bilden dort fingerförmige Ausstülpungen, die Zotten. Diese werden von mütterlichem Blut umspült. Über die Zotten nimmt der Embryo Sauerstoff und Nährstoffe aus dem Blut der Mutter auf. Kohlenstoffdioxid und viele Endprodukte werden ins Blut der Mutter abgegeben. Die Zotten bilden zusammen mit der Gebärmutterschleimhaut die **Plazenta,** die auch Mutterkuchen genannt wird. Von der Plazenta geht später die 50 bis 60 Zentimeter lange Nabelschnur aus. Die Nabelschnur führt zum Bauch des Kindes. In ihr befinden sich Blutgefäße, über die der Stoffaustausch mit der Mutter gewährleistet wird.

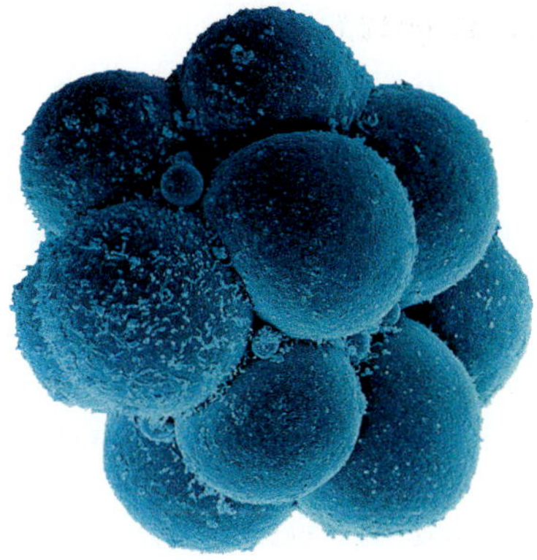

3 16-Zellen-Stadium

Ab der achten Schwangerschaftswoche ist der Embryo von einer Hülle umgeben, der *Fruchtblase.* Diese ist mit *Fruchtwasser* gefüllt, das den Embryo vollständig umgibt. Nach den ersten drei Monaten sind alle wichtigen Organe des Embryos angelegt. Von nun an heißt er *Fetus.* In den nächsten Monaten bis zur Geburt wachsen die Organe weiter heran. Die Geburt erfolgt etwa neun Monate nach der Befruchtung der Eizelle.

Neben den für die Entwicklung notwendigen Stoffen gelangen auch Schadstoffe über Plazenta und Nabelschnur in den Embryo. Frauen sollten ihren Körper deshalb während einer Schwangerschaft nicht mit

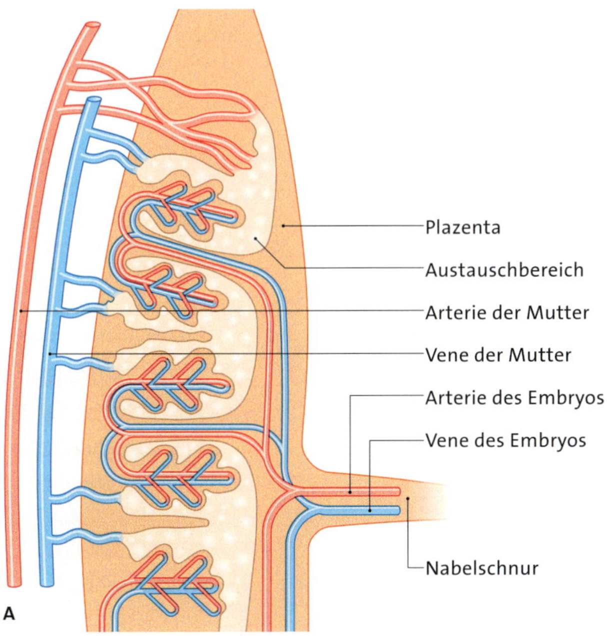

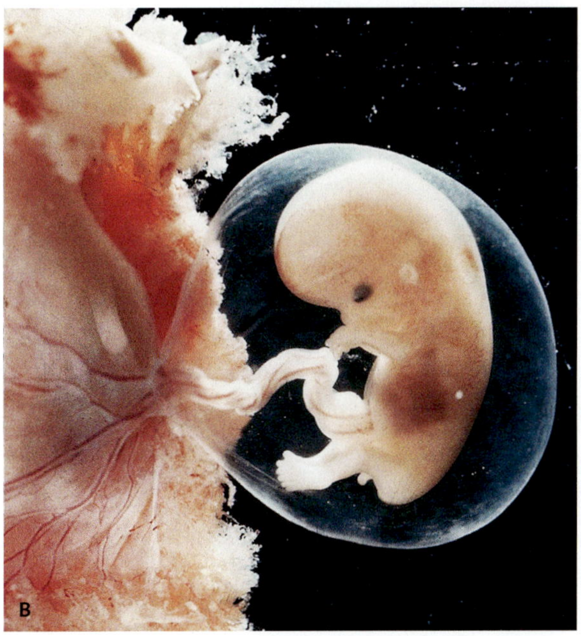

4 **Schwangerschaft.** **A** Plazenta; **B** Embryo acht Wochen

Schadstoffen belasten. Dies gilt selbstverständlich für Drogen wie Nikotin und Alkohol. Aber auch Medikamente, die für den mütterlichen Körper hilfreich sind, können sich auf den Embryo schädlich auswirken. Selbst Krankheitserreger können aus dem Körper der Mutter auf den Embryo übergehen und diesen schädigen. Durch Untersuchungen, zum Beispiel mit Hilfe eines Ultraschallgerätes, kann die Entwicklung des Fetus während der Schwangerschaft kontrolliert werden.

Die **Fortpflanzung** der Lebewesen gehört zu den Kennzeichen des Lebendigen. Wenn daran ein weiblicher und ein männlicher Elternteil beteiligt sind, spricht man von *sexueller Fortpflanzung*. Weiterhin gibt es noch die *ungeschlechtliche Fortpflanzung*, die vor allem von Pflanzen bekannt ist, zum Beispiel durch die Bildung von Ausläufern. Der Vorteil der ungeschlechtlichen Fortpflanzung liegt darin, dass sich nicht erst zwei Elternindividuen finden müssen. Allerdings unterscheiden sich die so entstandenen Nachkommen nicht voneinander, da sie aus nur einem Elternteil entstanden sind.

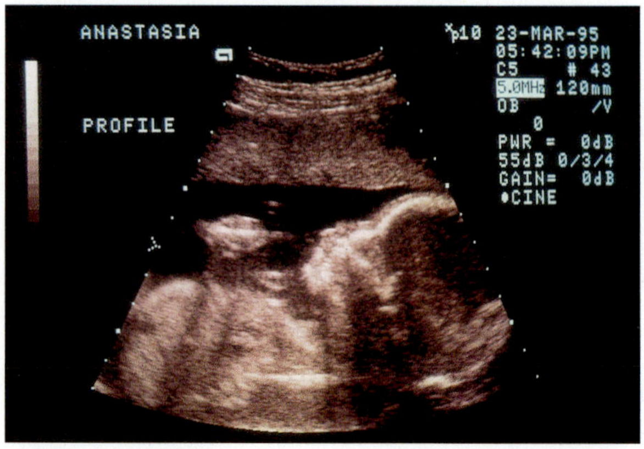

1 Ultraschall-Bild

Bei der sexuellen Fortpflanzung hingegen kommen die unterschiedlichen Merkmale der Elternindividuen in den Nachkommen neu zusammen. So erhöht sich die Vielfalt der Lebewesen innerhalb einer Art. Somit wird wahrscheinlicher, dass einige Individuen dieser Art auch bei sich verändernden Umweltbedingungen überleben. Das **Erschließungsfeld Fortpflanzung** bezieht sich also auf den Fortbestand einer Art. Es ermöglicht Aussagen über die Entstehung und Bedeutung der Vielfalt als Folge der geschlechtlichen Fortpflanzung.

1 Stelle Vermutungen auf, welche Vorteile es hat, dass der Embryo sich – von Fruchtwasser umgeben – in der Fruchtblase entwickelt.

2 Erkläre, warum der Embryo in der Gebärmutter nicht erstickt, obwohl er vollständig von Fruchtwasser umgeben ist.

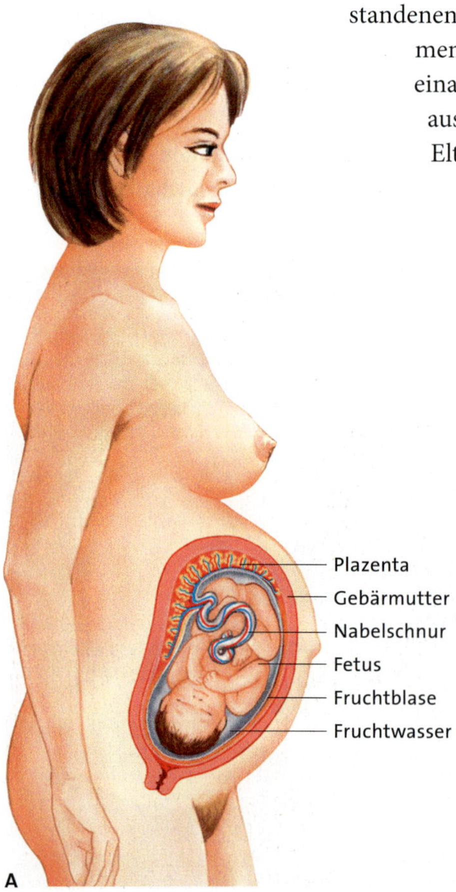

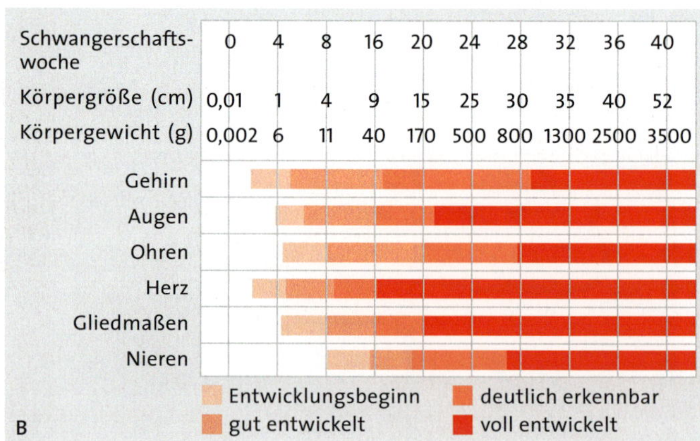

5 Entwicklung des Fetus. **A** Fetus in der Gebärmutter; **B** Entwicklung der Organe

3.2 Die Geburt

Gegen Ende der etwa neun Monate dauernden Entwicklung dreht sich das Kind im Mutterleib. Lag es bisher meist aufrecht in der Gebärmutter, dreht es sich nun mit dem Kopf zur Scheide hin. Die Geburt erfolgt nämlich in der Regel mit dem Kopf voran. Durch eine Ultraschalluntersuchung kann festgestellt werden, ob sich das Kind tatsächlich gedreht hat.

Die Geburt selbst kündigt sich durch ziehende Schmerzen in Rücken und Unterleib an: Die Muskulatur der Gebärmutter zieht sich zusammen. Der Auslöser für diese Muskelkontraktionen, die als **Wehen** bezeichnet werden, ist wiederum ein Hormon. Dieses wird sowohl im Gehirn der Mutter als auch in dem des Fetus gebildet. Der Zeitpunkt der Geburt wird also durch den Fetus mitbestimmt. Anfangs treten die Wehen etwa im halbstündigen Rhythmus auf, dann verkürzen sich die Abstände immer mehr. Die eigentliche Geburt beginnt mit dem Platzen der Fruchtblase und dem Austritt des Fruchtwassers durch die Scheide. Man nennt dies die *Eröffnungsphase*. In der nun folgenden *Austreibungsphase* wird das Kind durch stärker werdende *Presswehen* in den Geburtskanal geschoben.

Die Mutter unterstützt die Austreibung durch gezieltes Atmen und Anspannen der Bauchmuskulatur. Diese Phase ist für Mutter und Kind sehr anstrengend. Die Scheide wird dabei stark gedehnt. Die Schmerzempfindung wird während der Geburt durch die Ausschüttung eines weiteren Hormons gemindert.

Wenn die Nabelschnur im Geburtskanal eingeklemmt wird, kann das Kind nicht ausreichend mit Sauerstoff versorgt werden. Darunter leiden vor allem die Nervenzellen des Kindes. Deshalb kann eine zu geringe Versorgung mit Sauerstoff während der Geburt zu Schäden im Gehirn führen. Ist das Kind geboren, füllt es seine Lungen erstmals mit Luft. Von nun an wird es nicht mehr über die Nabelschnur mit Sauerstoff versorgt. Deshalb kann diese jetzt auch durchtrennt werden. Die *Abnabelung* bereitet dem Kind keine Schmerzen, weil die Nabelschnur keine Nerven enthält. In der abschließenden *Nachgeburtsphase* werden nun noch Plazenta und Fruchtblase aus der Gebärmutter herausgepresst. Damit ist die Geburt abgeschlossen.

Befürchtet der Arzt Schwierigkeiten während der Geburt, kann diese auch durch einen *Kaiserschnitt* erfolgen. Dabei wird die Bauchdecke der Mutter unter Betäubung vorsichtig mit einem Schnitt geöffnet. Durch diesen wird das Kind herausgehoben.

1 Diskutiert in der Gruppe, worin der Vorteil liegt, dass das Baby mit dem Kopf zuerst in den Geburtskanal eintritt.

2 Beschreibt die verschiedenen Phasen einer Geburt beginnend mit der Eröffnungsphase.

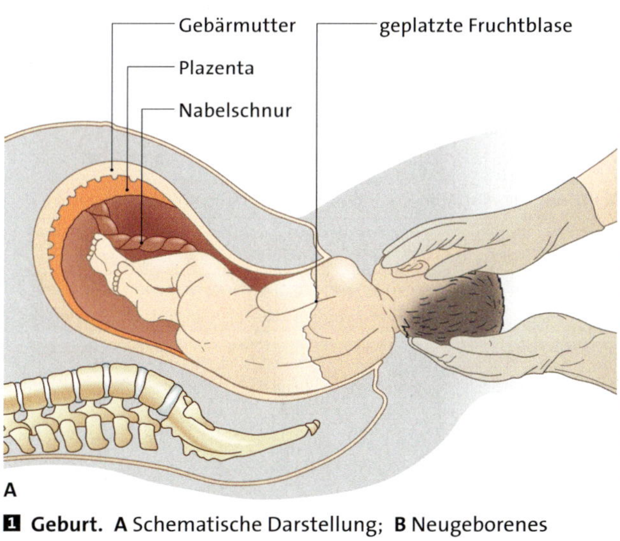

A

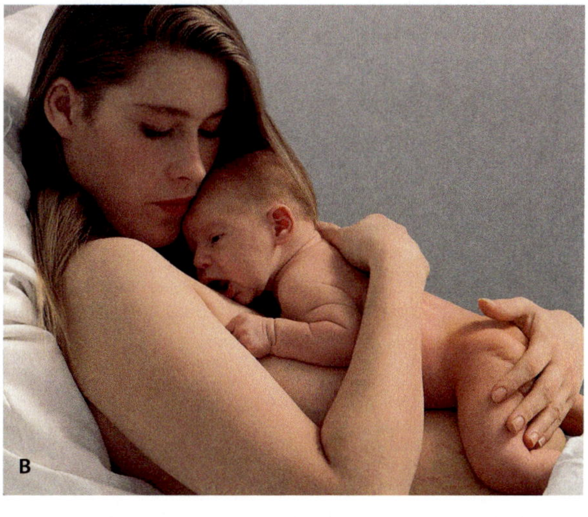

B

1 Geburt. **A** Schematische Darstellung; **B** Neugeborenes

4 Die Entwicklung des Kindes

Kinder entwickeln sich von Geburt an in ihrem eigenen Tempo und haben bereits ihre persönliche Wesensart mit Vorlieben und Abneigungen. Auch wenn ein Baby unmittelbar nach der Geburt sehr hilflos erscheint, verfügt es doch über wichtige körperliche Fähigkeiten. So hält es sich an allem fest, was seine kleinen Finger fassen können. Außerdem kann es von Beginn an Milch saugen und schlucken. Diese Fähigkeiten muss der Säugling nicht erlernen, es sind angeborene **Reflexe.**

Der Fetus wurde in der Gebärmutter über die Nabelschnur versorgt. Der Säugling muss nun selbst Nahrung aufnehmen und diese auch verdauen. Dafür sind Saugen und Schlucken wesentliche Voraussetzungen. Seine Nahrung ist die Milch, die in den Brustdrüsen der Mutter gebildet wird. Meist **stillt** die Mutter den Säugling mehrere Monate mit ihrer Milch. Die Muttermilch ist besonders leicht zu verdauen und enthält alle wesentlichen Bau- und Energiestoffe für die Entwicklung des Kindes. Die ersten Zähne bekommt der Säugling in der Regel mit sechs Monaten. Von da an kann er zusätzlich auch festere Nahrung aufnehmen.

Das Neugeborene kann sich kaum bewegen. Alle körperlichen Fähigkeiten wie sich im Liegen Umdrehen, Sitzen, Stehen oder Laufen müssen erst erlernt werden. Dies ist sehr anstrengend, deshalb schläft ein Säugling anfangs häufig. Später werden die Wachphasen länger und der Säugling passt sich dem Tagesrhythmus an. Mit der größeren Beweglichkeit nimmt auch das Interesse des Säuglings an der Umwelt zu.

1 Stillen eines Säuglings

Am Anfang nimmt der Säugling mit Blicken Kontakt zu seiner Umgebung auf. Er erkennt die Menschen wieder, die ihn versorgen, und begrüßt sie mit einem Lächeln. Die Personen, die das Baby ständig versorgen, werden **Bezugspersonen** genannt. Wichtig ist, dass die Bezugspersonen nicht ständig wechseln. Zwischen Bezugspersonen und Kind entsteht eine sehr enge Beziehung, es entwickelt sich ein **Urvertrauen.** Dies ist für die weitere ungestörte soziale Entwicklung wichtig.

1 Erläutere, welche Bedeutung die angeborenen Fähigkeiten für das Baby haben.

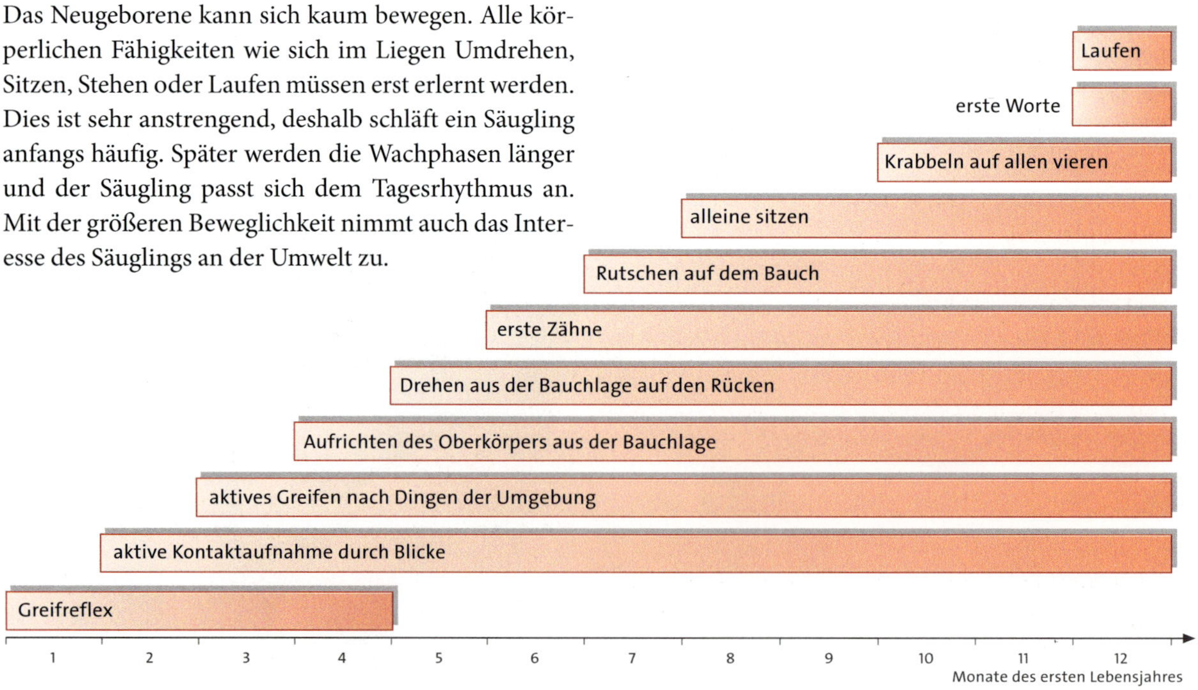

2 Entwicklung eines Kleinkindes im ersten Jahr

5 Familienplanung und Empfängnisverhütung

Wenn ein Paar schon längere Zeit zusammen ist, entsteht oft der Wunsch nach eigenen Kindern. Schlafen die Partner in der Zyklusmitte der Frau miteinander, ist eine Schwangerschft am wahrscheinlichsten. In Deutschland bleibt allerdings etwa jedes siebte Paar ungewollt kinderlos. Dies liegt unter anderem daran, dass Männer und Frauen in Deutschland die Entscheidung für ein Kind immer später treffen. Mit zunehmendem Alter der Frau wird eine Schwangerschaft jedoch unwahrscheinlicher. Ab dem vierzigsten bis fünfzigsten Lebensjahr einer Frau reifen keine Eizellen im Eierstock mehr heran. Von da ab ist eine Schwangerschaft auf natürlichem Wege nicht mehr möglich. Die ungewollte Kinderlosigkeit kann man hinnehmen, Kinder adoptieren oder mit medizinischer Hilfe versuchen, dennoch schwanger zu werden.

Man kann eine Schwangerschaft zwar nicht sicher herbeiführen, aber durch verschiedene **Verhütungsmethoden** ziemlich sicher verhindern. Dabei sind die Verhütungsmethoden unterschiedlich zuverlässig. Das kann zum einen an der Methode selbst liegen, zum anderen an Fehlern bei der Anwendung. Entscheidend ist, dass sich Mann und Frau vor dem Geschlechtsverkehr einig sind, ob sie verhüten wollen. Danach müssen sie gemeinsam klären, wie sie verhüten wollen. Ein verantwortungsvoller Umgang mit Verhütungsmitteln ist die Grundlage einer sinnvollen **Familienplanung.**

Die Frage der Verhütung wird oft von sehr jungen Paaren vor dem Geschlechtsverkehr nicht hinreichend geklärt. So nimmt in Deutschland derzeit die Zahl der jungen Mütter stark zu, die wegen eines Kindes nicht einmal mehr ihre Schulausbildung beenden können.

Das bekannteste Verhütungsmittel ist das Kondom. Dies ist ein dünner Gummiüberzug, der vor dem Geschlechtsverkehr über das versteifte Glied gezogen wird. So bleiben nach der Ejakulation die Spermien im Kondom.

1 Paar mit Kind

Am sichersten wirken Antibabypillen. Diese Tabletten enthalten Hormone, die den Eisprung verhindern. Die Pille muss täglich von der Frau eingenommen werden. Bei Anwendungsfehlern kann es zu einer Schwangerschaft kommen. Die Pille muss von einem Arzt verschrieben werden, da sie manchmal zu Unverträglichkeiten führen kann.

Eine sehr unzuverlässige Methode, gerade für junge Frauen, ist die Kalendermethode. Dabei zählt die Frau die Tage zwischen den Monatsblutungen und bestimmt daraus ihre fruchtbaren Tage, die etwa in der Zyklusmitte liegen.

1 Begründe, weshalb die Kalendermethode meist gerade für junge Frauen sehr unzuverlässig ist.

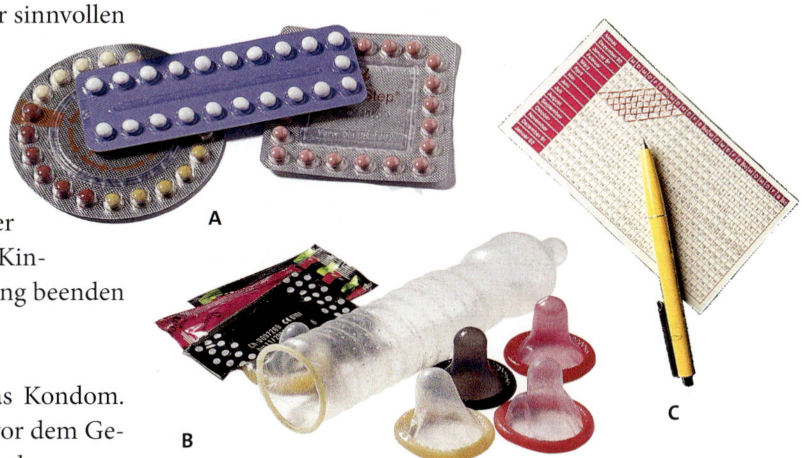

2 Empfängnisverhütung.
A Pille; **B** Kondome; **C** Kalendermethode

6 Sexueller Missbrauch – mein Körper gehört mir

1 Belästigung durch Mitschüler

Auf dem Pausenhof kann man häufiger Folgendes beobachten: Jungen stören die Mädchen, schubsen sie oder laufen ihnen nach. Handelt es sich dabei um sexuelle Belästigung? Dies kommt auf die Sichtweise an. Die Jungen werden das wahrscheinlich nicht so sehen. Für sie ist das möglicherweise der Versuch einer Kontaktaufnahme. Weil sie unsicher sind, erfolgt diese unbeholfen in Form von »Ärgern« und ist nicht böse gemeint. Aus Sicht der Mädchen kann dies vielleicht schon als sexuelle Belästigung empfunden werden: Sie denken, sie werden von den Jungen nur deshalb geärgert, weil sie Mädchen sind.

Situationen können also ganz unterschiedlich bewertet werden, je nachdem, ob persönliche Grenzen verletzt werden. Da jeder Mensch unterschiedliche Grenzen hat, ist es mitunter schwierig, diese einzuhalten. Die Grenzen werden zum Beispiel deutlich überschritten, wenn sexuelle Handlungen an einer Person ohne ihr Einverständnis vollzogen werden. In diesem Fall spricht man von **sexuellem Missbrauch.** Dabei wird eine Grundregel gemeinsamer Sexualität verletzt: Erlaubt ist nur das, was beide gemeinsam und freiwillig wollen. Kein Partner darf zu etwas gezwungen, überredet oder verführt werden.

Besonders kritisch sind Situationen zu bewerten, an denen Erwachsene und Kinder oder Jugendliche beteiligt sind. Sie können leichter zu sexuellen Handlungen verführt werden, zum Beispiel durch Ausnutzen ihrer Neugier oder Versprechen von Geschenken. Jüngere Menschen werden so in Situationen gebracht, in denen sie zwar glauben, etwas freiwillig zu tun, tatsächlich aber ausgenutzt werden. Auch das ist sexueller Missbrauch. Er kann Mädchen und Jungen betreffen.

STUTTGART.
Ein 48 Jahre alter Mann soll seine heute 14-jährige Tochter über sieben Jahre hinweg sexuell missbraucht haben. Der Angeklagte streitet die Vorwürfe ab. Er hält sie für ein Komplott der Ehefrau gegen ihn ... Die Vorwürfe habe sich die Tochter ausgedacht, wahrscheinlich angestiftet von der Mutter. Das sieht die Staatsanwältin aber anders ...

Aus »Tagblatt«

LEIPZIG.
Der drei Tage lang vermisste und in einer Leipziger Laubensiedlung aufgefundene Junge ist sexuell missbraucht worden. Die Polizei fahndet nun nach einem Hauptverdächtigen, der bereits 1998 wegen Kindesmissbrauchs verurteilt worden war. Seither war der Mann unauffällig geblieben. Er ist den Ermittlern zufolge dringend tatverdächtig ...

Aus »Nachtspiegel«

2 Zeitungsartikel zum Thema

3 Ein deutliches Nein!

In Deutschland stehen Kinder bis zu ihrem vierzehnten Lebensjahr unter dem besonderen Schutz des Gesetzgebers. Es ist zum Beispiel verboten, an ihnen sexuelle Handlungen vorzunehmen oder von ihnen solche zu verlangen. Trotzdem kommt es immer wieder vor, dass Erwachsene gegen diese Bestimmung verstoßen. In Deutschland wurden im Jahr 2005 knapp 14 000 Fälle von sexuellem Missbrauch von Kindern zur Anzeige gebracht. Von diesen wurden rund 11 400 durch die Polizei aufgeklärt. Allerdings wird allgemein davon ausgegangen, dass bei Weitem nicht alle Fälle bekannt werden. Diese Fälle werden als Dunkelziffer bezeichnet. Sie liegt in Deutschland nach verschiedenen Schätzungen bei etwa 300 000 missbrauchten Kindern pro Jahr. Dass nicht alle Fälle bekannt werden, liegt einerseits an der natürlichen Scham der Opfer, über das zu sprechen, was ihnen angetan wurde. Andererseits wird den Opfern auch oft nicht geglaubt, weil die Täter häufig mit den Opfern verwandt oder bekannt sind und den Erwachsenen mehr Glauben geschenkt wird als den Kindern.

Oft beobachten Täter ihre Opfer über einen längeren Zeitraum, bevor eine Kontaktaufnahme erfolgt. Dies geschieht an alltäglichen Orten wie Kinderspielplätzen, Jugendtreffs, dem Schul- oder Heimweg. Die Täter erschleichen sich das Vertrauen ihrer Opfer durch Geschenke oder Versprechungen und locken sie von anderen Kindern weg.

Es ist wichtig, dass man sich gegen diese Übergriffe wehren kann. Dazu gehört, dass man genug Selbstvertrauen hat, um Dinge abzulehnen, die man nicht mag. Gerade wenn man der zudringlichen erwachsenen Person bisher vertraut hat, kann das sehr schwierig sein. Es ist wichtig, ganz deutlich zu sagen, dass man nicht angefasst werden will. Dazu gehört Selbstbewusstsein. Es gilt: Mein Körper gehört mir!

Ist man sich über die Beweggründe einer ungewollten Annäherung nicht im Klaren, sollte man darüber nicht Stillschweigen bewahren, sondern mit einer Person seines Vertrauens sprechen. Das kann ein Elternteil sein, ein Verwandter wie Onkel oder Tante oder auch ein Bekannter wie ein Lehrer. Übergriffe einer Person kann man möglicherweise vermeiden, indem man den Versprechungen dieser Person keinen Glauben schenkt, auch wenn sie noch so verlockend sind. Wird Gewalt angedroht oder angewendet, um ein Mitkommen zu erzwingen, sollte man in der Öffentlichkeit laut auf sich aufmerksam machen.

1 Stellt Vermutungen auf, warum der Gesetzgeber die genannten Altersvorgaben gemacht hat.

2 Diskutiert in der Gruppe, warum manche der möglichen Täter-Opfer-Beziehungen besonders kritisch zu bewerten sind.

3 Überlegt gemeinsam, wie ihr euch gegen Übergriffe von Personen wehren könnt.

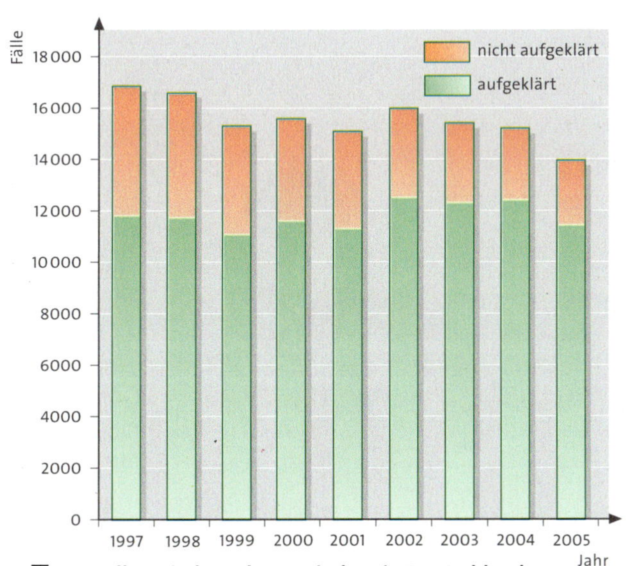

4 **Sexueller Missbrauch von Kindern in Deutschland**

§ 176 Sexueller Missbrauch von Kindern

(1) Wer sexuelle Handlungen an einer Person unter vierzehn Jahren (Kind) vornimmt oder an sich von dem Kind vornehmen lässt, wird mit Freiheitsstrafe von sechs Monaten bis zu zehn Jahren bestraft.

(2) Ebenso wird bestraft, wer ein Kind dazu bestimmt, dass es sexuelle Handlungen an einem Dritten vornimmt oder von einem Dritten an sich vornehmen lässt.

5 **Auszug aus Paragraph 176 des Bürgerlichen Gesetzbuches**

Zusammenfassung Fortpflanzung und Entwicklung des Menschen

Erschließungsfeld Struktur und Funktion

Als primäres Merkmal bezeichnet man beim Mann das Glied und den Hodensack mit den Hoden, bei der Frau zählen die Scheide, die Gebärmutter und die Eierstöcke dazu. Beim Geschlechtsverkehr wird das Glied durch Aufnahme von Blut in die Schwellkörper versteift und dann in die Scheide einer Frau eingeführt. So können Spermien, die in den Hoden gebildet wurden, in die Scheide abgegeben werden. Spermien besitzen Schwanzfäden. Mit deren Hilfe können sie die Gebärmutter hinauf in die Eileiter wandern. Dort treffen sie eventuell auf eine Eizelle, die zuvor von den Eierstöcken freigesetzt wurde, und können diese befruchten. Die befruchtete Eizelle entwickelt sich im Körper der Frau weiter. Dies geschieht in der Gebärmutter, einem muskulösen Organ, das von einer Schleimhaut ausgekleidet ist. In diese nistet sich der entwickelnde Keim ein und wächst weiter zum Embryo heran. Dabei ist er von der Fruchtblase umgeben, die mit Fruchtwasser gefüllt ist. So ist der Embryo vor Erschütterungen geschützt und entwickelt sich zum Fetus. Auch der Fetus ist immer von lebenswichtiger Flüssigkeit umgeben.

Erschließungsfeld Fortpflanzung

Bei der Befruchtung dringt ein Spermium in eine reife Eizelle ein. Die beiden Zellkerne verschmelzen miteinander. Die befruchtete Eizelle beginnt sich nun vielfach zu teilen und es entsteht ein Embryo, der sich in die Wand der Gebärmutter einnistet und über diese ernährt wird. Nachdem alle wichtigen Körperorgane angelegt sind, heißt der Embryo Fetus. Nach neun Monaten Entwicklungszeit wird das Kind geboren. Das Neugeborene weist viele Merkmale eines Nesthockers auf. Bis zum Erreichen der Geschlechtsreife werden etwa zwölf bis vierzehn Jahre benötigt.

Dem Embryo werden während seiner Entwicklung laufend Bau- und Energiestoffe durch den mütterlichen Körper zur Verfügung gestellt. Die Nährstoffe wechseln in der Plazenta aus dem Blut der Mutter in das des Kindes. In den Körper des Ungeborenen gelangen sie dann über die Nabelschnur. Embryo und Fetus haben einen eigenen Stoffwechsel und stellen dementsprechend Abfallstoffe her. Die Abfallstoffe werden im Blut über Nabelschnur und Plazenta in den mütterlichen Körper zurücktransportiert und von diesem ausgeschieden.

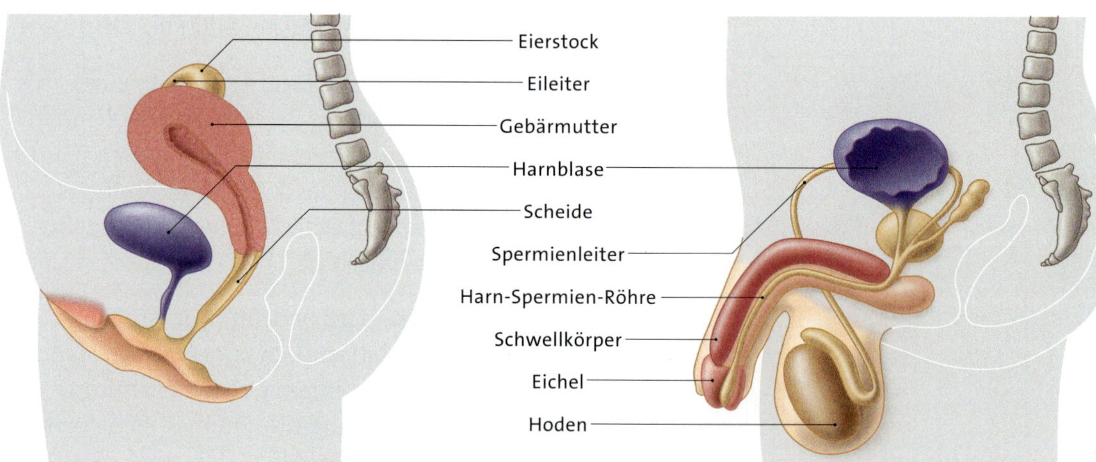

1 Geschlechtsorgane bei Frau und Mann

Wissen vernetzt Fortpflanzung und Entwicklung des Menschen

A1 Dauer von Trächtigkeit und Schwangerschaft

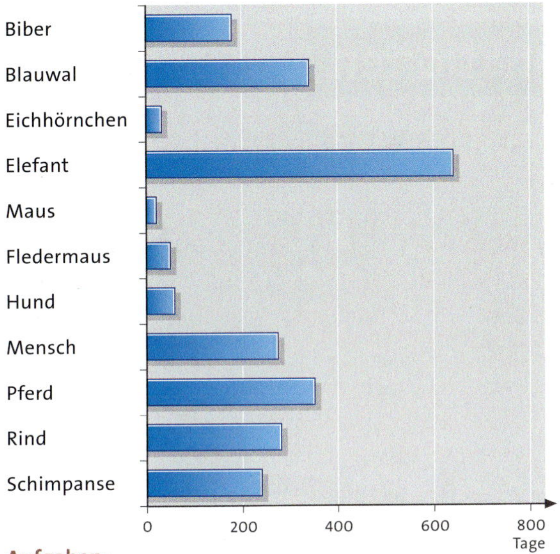

Aufgaben:

a) Ermittle die Länge der Trächtigkeit beziehungsweise die der Schwangerschaft der in der obigen Grafik genannten Lebewesen.

b) Stelle eine begründete Vermutung auf, wodurch die Dauer der Trächtigkeit beziehungsweise Schwangerschaft beeinflusst wird.

A2 Selbstständigkeit von Nachkommen

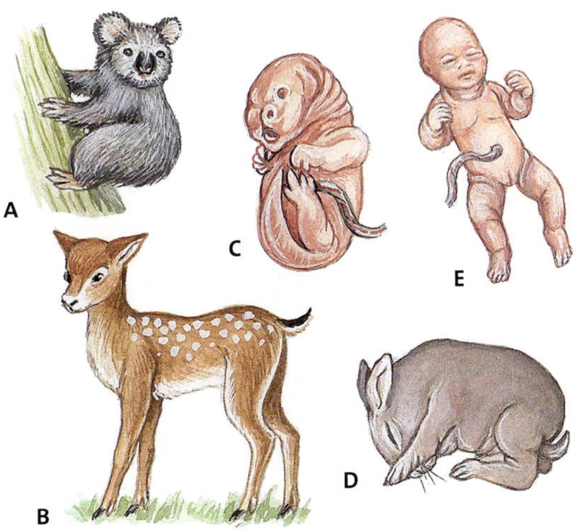

Die Nachkommen von Säugetieren unterscheiden sich zum Teil sehr stark, wenn sie geboren werden.

Aufgaben:

a) Leite aus dem Aussehen der Neugeborenen ab, ob es sich um Nesthocker oder Nestflüchter handelt.

b) Beurteile, ob es sich beim Menschen um einen Nesthocker oder einen Nestflüchter handelt.

A3 Modell zur Fruchtblase

Ein Hühnerei, das sich in einem mit Wasser gefüllten Becherglas befindet, wird oft als Modell für einen sich in der Fruchtblase entwickelnden Embryo gezeigt. Wenn man das Becherglas schnell dreht, dreht sich das Ei nicht mit, sondern bleibt im Wasser scheinbar an der Stelle.

Aufgaben:

a) Erkläre das oben beschriebene Phänomen.

b) Erläutere, wieso ein Hühnerei im Becherglas als Modell für einen Embryo in der Fruchtblase gelten kann.

c) Vergleiche die Bestandteile des Modells mit der Wirklichkeit.

Samenpflanzen – Bau und Funktionen

Unterschiedliche Lebensräume

Pflanzen gibt es in fast allen Regionen der Erde. Vergleicht die unterschiedlichen Lebensräume miteinander. Erstellt eine Liste mit Faktoren, die für Pflanzenwachstum wichtig sind. Vergleicht eure Ergebnisse in der Klasse.

Sturmschäden

Nach einem heftigen Sturm kann man manchmal entwurzelte oder geborstene Bäume sehen.

Beschreibe die unterschiedlichen Auswirkungen des Sturms auf die Bäume in der Abbildung. Erläutere die Ursachen, die diesen Auswirkungen zugrunde liegen.

Wasserversorgung

Die Abbildung zeigt ein Experiment zur Wasseraufnahme bei Pflanzen. Beschreibe den Versuchsansatz. Stelle begründete Vermutungen über den Wasserstand in den Reagenzgläsern nach 3 Tagen an.

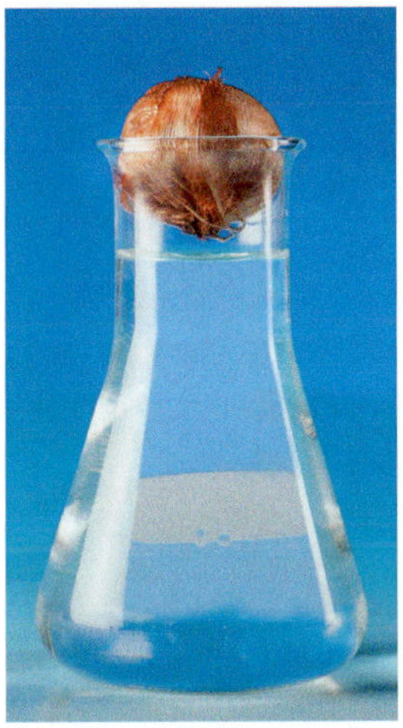

Eine Zwiebel verändert sich

Setze eine Blumenzwiebel wie abgebildet auf ein Glas mit Wasser. Glas und Zwiebel werden einige Tage auf einem Fensterbrett stehen gelassen.

Beschreibe auftretende Veränderungen. Überlege, wie der Versuch abgewandelt werden kann. Beschreibe den Versuchsaufbau und und notiere die Versuchsergebnisse.

Treibhäuser

Stelle begründete Vermutungen darüber an, welche Bedingungen in einem Treibhaus herrschen und welchen Einfluss sie auf das Pflanzenwachstum haben könnten. Informiere dich bei einem Gärtner, ob deine Vermutungen richtig sind. Frage nach, welche Umweltbedingungen den Pflanzen im Treibhaus geboten werden. Stelle eine Liste von Nutzpflanzen zusammen, die in Treibhäusern gezogen werden.

Die Ragwurzblüte

Sucht in Fachbüchern und im Internet nach Informationen zu der besonderen Beziehung zwischen der Hummel-Ragwurz und Insekten. Gestaltet in eurer Klasse eine Pinnwand zu diesem Thema. Verwendet auch den Suchbegriff Langhornbiene.

Lebende Steine?

Lebende Steine werden auch als Lebende Kiesel bezeichnet, weil ihre vielgestaltigen Muster bunten Kieselsteinen sehr ähnlich sind. Bringt ihr Herkunftsgebiet in Erfahrung und sucht weitere Details der »lebenden Steine«. Sucht auch unter dem Stichwort »Lithops«.

Diskutiert unter Verwendung dieser Informationen in der Gruppe den Begriff »Lebende Steine«.

1 Aufbau von Samenpflanzen

1.1 Samenpflanzen haben einen gemeinsamen Grundbauplan

Bei einem Spaziergang über eine Blumenwiese fasziniert vor allem die bunte Vielfalt unterschiedlichster Pflanzen. Manche wachsen aufrecht, andere kriechen am Boden oder winden sich an anderen Pflanzen nach oben. Den meisten ist aber gemeinsam, dass sie eine oder mehrere *Blüten* besitzen. Diese können leuchtend rot, lila, weiß, gelb oder auch unscheinbar grün gefärbt sein. Um viele Blüten herum schwirren Insekten, vor allem Schmetterlinge, Bienen, Hummeln und Fliegen. Auch eine Vielzahl von Käfern ist von Blüte zu Blüte unterwegs. Bei genauerer Betrachtung sieht man, dass die Insekten oft in die Blüten hineinkriechen oder ihren Rüssel in die Blüten hineinstecken. Sie suchen nach Nahrung, sind aber auch für die weitere Entwicklung dieser Pflanzen wichtig. Verhindert man den Insektenbesuch, verwelken die Blüten bereits nach kurzer Zeit und deren Reste fallen ab. Blüten jedoch, die von Insekten besucht wurden, wandeln sich um. Aus bestimmten Blütenteilen entwickeln sich Früchte, in denen Samen enthalten sind. Aus den Samen können neue Pflanzen hervorgehen. Deshalb nennt man diese Pflanzen **Samenpflanzen**.

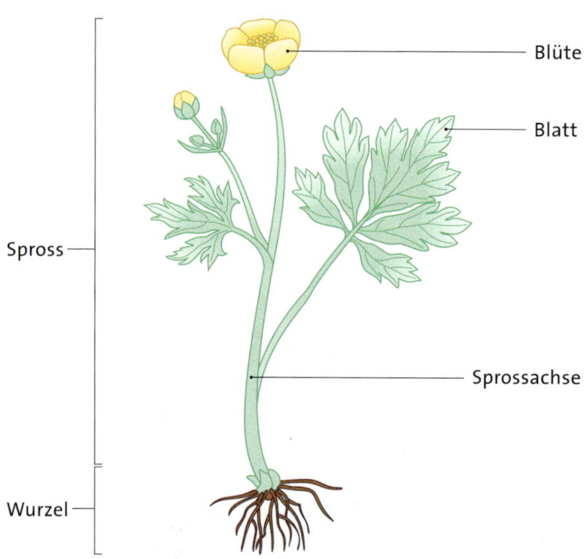

2 **Aufbau einer Samenpflanze**

1 **Blumenwiese**

Eine gelb blühende Pflanze, die im Frühsommer auf Wiesen besonders häufig vorkommt, ist der Scharfe Hahnenfuß. Schaut man die Blattform genauer an, so wird deutlich, woher diese Samenpflanze ihren Namen hat. Ihr lateinischer Name *Ranunculus* dagegen bedeutet so viel wie Frosch-Gewächs. Daraus lässt sich leicht schließen, dass der Hahnenfuß – ähnlich wie der Frosch – häufig auch in feuchten Gegenden anzutreffen ist. Für die genaue Betrachtung einer gesamten Hahnenfußpflanze muss auch der unter der Erdoberfläche liegende Teil der Pflanze frei gelegt werden. Die unterirdischen *Wurzeln* unterscheiden sich durch ihre gelbweiße Färbung deutlich von dem grünen oberirdischen Teil der Pflanze, dem *Spross*. Der Spross besteht aus der länglichen *Sprossachse* und den an ihr befestigten *Blättern*. Die Sprossachse wird häufig auch als *Stängel* bezeichnet. Sprossachse, Blatt und Wurzel sind die **Organe** der Pflanzen. Alle Organe arbeiten zusammen und bilden einen Organismus, die Pflanze.

Vergleicht man den Aufbau einer Hahnenfußpflanze zum Beispiel mit dem Bau einer Taubnessel oder eines Gänseblümchens, stellt man weitgehende Übereinstimmungen fest. Samenpflanzen stimmen also in ihrem **Grundbauplan** überein.

Neben dem Scharfen Hahnenfuß gibt es noch andere Hahnenfußarten, die sich teilweise in ihrer Wuchsform und auch hinsichtlich ihres Lebensraumes deutlich unterscheiden. In vielen Bächen und Wiesengräben findet man eine Samenpflanze, deren Blüten sie eindeutig als Hahnenfuß kennzeichnen. Jedoch sind die Blätter anders geformt. Einige sind mehr rundlich, auch wenn sie aus bis zu fünf Lappen zusammengesetzt sind. Andere Blätter dagegen bestehen aus ganz schmalen, fast fadenförmigen Blattteilen. Betrachtet man die Pflanze in ihrem natürlichen Lebensraum, so fällt auf, dass die fadenförmigen Blätter ausschließlich unter der Wasseroberfläche wachsen, die rundlichen Blätter dagegen über der Wasseroberfläche. Es handelt sich hier um den Wasserhahnenfuß. Dagegen sind bei einer anderen Hahnenfußart die Blätter im Vergleich zum scharfen Hahnenfuß recht ähnlich, allerdings steht die Sprossachse hier nicht aufrecht. Dementsprechend trägt diese Pflanze den Namen Kriechender Hahnenfuß.

Wie bei den Tieren kennt man also auch bei den Pflanzen oft sehr ähnliche Arten. Die Vielfalt von Samenpflanzen wird durch unterschiedliche Form der Blätter, aber auch durch Farbe, Größe, Gestalt der Blüten und anderer Pflanzenteile bedingt.

Im Herbst sterben die Pflanzen des Ackerhahnenfuß ab. Die Samen aber überdauern den Winter. Im nächsten Jahr entstehen aus ihnen neue Pflanzen. Der Ackerhahnenfuß ist also einjährig. Viele einjährige Pflanzen haben keine verholzten Sprosse. Man bezeichnet diese Pflanzen als **Kräuter**. Eine Wildrose dagegen hat eine sehr kurze, dicke Sprossachse, die sich in viele Äste, die *Stämmchen*, verzweigt. Diese sind verholzt und dadurch sehr fest. Sie wachsen ständig weiter. Diese Wuchsform wird als **Strauch** bezeichnet. Ein **Baum** schließlich ist ebenfalls ein vieljähriges Holzgewächs. Er hat jedoch nur eine zentrale Sprossachse, den Stamm, von dem die Seitenäste ausgehen und die je nach Art unterschiedlich geformte Baumkronen bilden.

1 Recherchiere und erstelle einen Steckbrief der hier abgebildeten Hahnenfußarten. Vermerke darauf ihren Namen, Größe, Vorkommen und Aussehen der einzelnen Pflanzenorgane.

2 Stelle eine begründete Vermutung an, inwiefern die unterschiedlich geformten Blätter des Wasser-Hahnenfußes eine Angepasstheit an den Lebensraum der Pflanze darstellen.

3 Erstelle beschriftete Skizzen der Wuchsform eines Krautes, eines Strauches und eines Baumes.

2 Verschiedene Hahnenfuß-Arten. **A** Acker-Hahnenfuß; **B** Wasser-Hahnenfuß; **C** Kriechender Hahnenfuß

3 Wildrose

1.2 Das Blatt – Ort der Fotosynthese

Die Blätter der Blütenpflanzen sitzen mit ihren *Blattstielen* an der Sprossachse. Die *Blattspreite* bildet die eigentliche Blattfläche und damit den größten Teil eines Blattes. An ihr kann man deutlich den Verlauf der *Blattadern* beobachten. Sie durchziehen das gesamte Blatt vom Blattstiel her bis in seine äußersten Spitzen. Betrachtet man ein Blatt von der Unterseite, so lassen sich dort bereits mit einer Lupe kleine Öffnungen erkennen, die **Spaltöffnungen.**

Pflanzen nehmen ständig Wasser und Nährsalze aus dem Boden auf, um die Blätter damit zu versorgen. Den Antrieb für den Wassertransport leistet die Verdunstung von Wasser über die Spaltöffnungen. Diesen Vorgang bezeichnet man als *Transpiration.* Um nicht unnötig Wasser zu verlieren, können Pflanzen bei Bedarf ihre Spaltöffnungen verschließen.

Durch die Spaltöffnungen gelangt **Kohlenstoffdioxid** aus der Luft in die Blätter. Daraus bilden Pflanzen mit Hilfe von *Sonnenlicht* und *Wasser* zuerst **Traubenzucker** und aus diesem *Stärke* und weitere Stoffe. Sowohl Traubenzucker als auch Stärke sind *Kohlenhydrate.* Dieser Vorgang wird als **Fotosynthese** (griech. *photos,* Licht; *synthesis,* Zusammenfügung) bezeichnet und erfolgt in winzig kleinen grünen Körperchen, den **Chloroplasten** (griech. *chloros,* grün; *plastos,* geformt), die in das Blatt eingelagert sind. Als Nebenprodukt der Fotosynthese entsteht **Sauerstoff,** der über die Spaltöffnungen an die Luft abgegeben wird.

Der gesamte Sauerstoff der Erdatmosphäre wird durch die Fotosynthese der Pflanzen erzeugt. Die meisten Tiere nutzen diesen Sauerstoff zum Atmen und ernähren sich von den bei der Fotosynthese erzeugten Kohlenhydraten.

In vielen Gärten findet man ein Frühbeet. Darunter versteht man ein im Freiland angelegtes Beet, das oft mit Brettern umgrenzt ist. Je nach Bedarf kann die Abdeckung des Beetes, die meist aus durchsichtiger Folie besteht, geöffnet oder geschlossen werden. Besonders beliebt ist ein solches Frühbeet für Kopfsalat. Den jungen Pflänzchen werden nämlich in einem Frühbeet fast optimale Bedingungen für die Fotosynthese geboten. Deshalb wachsen sie hier schneller und besser als im Freien. In einem Frühbeet ist die **Temperatur** meist etwas höher als im Freien. Sie darf jedoch nicht zu hoch sein, weshalb bei starker Sonnenbestrahlung die Abdeckung geöffnet werden muss. Die Einstrahlung von **Licht** wird durch die Folie nicht behindert. Durch sorgfältiges Gießen mit **Wasser** wird eine Austrocknung des Bodens vermieden. Auf eine ausgewogene Versorgung der Pflanzen mit **Mineralstoffen** durch geeignete Düngung wird geachtet. Schließlich ist im Boden eines Frühbeets vermoderndes Pflanzenmaterial vorhanden. Bei dessen Zersetzung entsteht **Kohlenstoffdioxid,** wodurch die Fotosynthese gesteigert wird. Wenn nur eine einzige dieser Umweltbedingungen nicht eingehalten wird, kümmern die Pflanzen oder gehen sogar zugrunde.

1 Erkundige dich in einer Gärtnerei nach den Umweltbedingungen, die in Treibhäusern herrschen. Erkläre diese Bedingungen.

1 Blattunterseite mit Spaltöffnungen

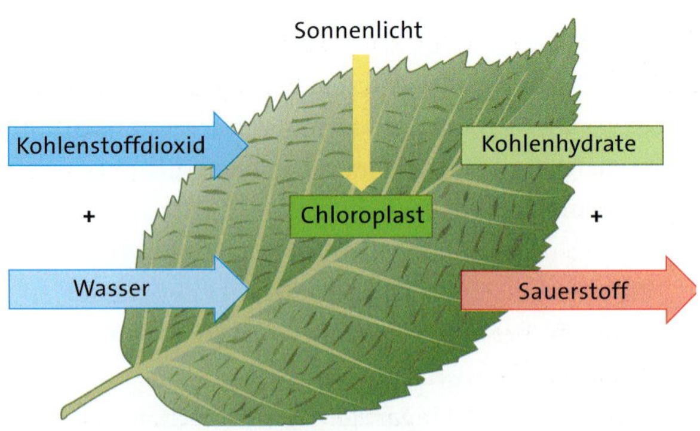

2 Schema der Fotosynthese

1.3 **Die Sprossachse**

Mit Hilfe der Sprossachse werden die Blätter in eine günstige Position zum Licht gebracht, sodass sie Fotosynthese betreiben können.

Die Sprossachse besitzt aber noch eine weitere wichtige Funktion. Schneidet man sie quer, lassen sich verschiedene Gewebe unterscheiden. Das farblose Gewebe im Zentrum der Sprossachse nennt man Markgewebe. Hier werden Nährstoffe, wie zum Beispiel Stärke, gespeichert. Um dieses Gewebe herum kann man ein Muster kleiner Punkte entdecken. Diese Punkte liegen eingebettet in ein leicht grün gefärbtes Grundgewebe. An einem Längsschnitt der Sprossachse kann man bereits mit einer Lupe erkennen, dass es sich bei den kleinen Punkten um viele dünne Röhren handelt, die die Sprossachse von unten nach oben durchziehen. Dies sind *Leitungsröhren*. Findet in ihnen der Transport von Wasser und Nährsalzen von der Wurzel in die Blätter statt, werden sie als *Gefäße* bezeichnet. In den Sprossachsen verschiedener Bäume, aber auch in Weinreben, Waldreben oder der Hopfenpflanze haben die Leitungsröhren einen so großen Querschnitt, dass sie schon mit bloßem Auge erkennbar sind.
In anderen Leitungsröhren werden die in den Blättern erzeugten Nährstoffe zum Beispiel in die Wurzeln transportiert. Diese Leitungsröhren bezeichnet man als *Siebröhren*. Der Name ist auf die siebartig durchbrochenen Querwände innerhalb dieser Röhren zurückzuführen. Die Nährstoffe leitenden Siebröhren sind gemeinsam mit den Wasser leitenden Gefäßen zu großen *Leitbündeln* zusammengefasst. Diese Leitbündel sind die Punkte, die sich im Querschnitt der Sprossachse erkennen lassen.

Neben ihrer Hauptaufgabe als *Leitgewebe* tragen die Leitbündel auch zur Festigkeit bei. Weil die Wände der Röhren oft besonders stabil sind, stützen die Leitbündel zusammen mit dem festen Abschlussgewebe die Sprossachse.

1 Fasse den Stofftransport innerhalb der unterschiedlichen Teile der Leitbündel zusammen.

2 In den Gefäßen der Sprossachse findet man schrauben- oder ringartige Auflagerungen. Erläutere deren Aufgabe.

1 **Sprossachse einer krautigen Pflanze. A** Stofftransport (→ Wasser, → Kohlenhydrate); **B** Stängelquerschnitt

1.4 Die Wurzel

Eine Hahnenfußpflanze ist fest im Boden verankert. Diese Verankerung stellt eine der Hauptaufgaben der Wurzel dar. Die Verzweigung der *Hauptwurzel* in zahlreiche *Nebenwurzeln* verstärkt den Halt im Boden.

Daneben hat die Wurzel noch eine weitere Aufgabe. Nahe den Wurzelspitzen erkennt man deutlich einen feinen, weißen Flaum, der die eigentliche Wurzel umgibt. Bei der Betrachtung mit der Lupe erkennt man dort viele feine Härchen, die *Wurzelhaare.* Die Wurzelhaare vergrößern den Bereich der Wurzel, der mit dem Boden und dem darin gespeicherten Wasser in Berührung kommt. Das Wasser kann über die große Oberfläche der Wurzelhaare wirkungsvoller aufgenommen werden. Mit dem Wasser nimmt die Pflanze auch darin gelöste Nährsalze auf, die für sie lebensnotwendig sind. Im Inneren der Wurzel gelangt das Wasser über ein gleichförmig erscheinendes *Grundgewebe* in die Gefäße der Leitbündel.

Die Gefäße liegen im Zentrum der Wurzel. Man nennt diesen Teil der Wurzel deshalb auch den *Zentralzylinder.* Über ein zusammenhängendes System von Leitbündeln wird das Wasser von der Wurzel über die Sprossachse bis in die Blätter transportiert.

Wurzeln besitzen keine Chloroplasten und können daher keine Fotosynthese betreiben. Allerdings benötigen auch sie Nährstoffe für ihr Wachstum. Die bei der Fotosynthese produzierten Nährstoffe werden über die Siebröhren von den Blättern zu den Wurzeln geleitet. Dort werden sie für Zeiten gespeichert, in denen die Pflanze selbst keine Fotosynthese betreiben kann. In vielen Pflanzen, wie zum Beispiel der Möhre, dienen die Wurzeln als **Speicherorgan.**

1 Wurzelhaare bewirken eine Oberflächenvergrößerung. Nenne weitere Beispiele aus der Natur, in denen das Prinzip der Oberflächenvergrößerung zur verbesserten Aufnahme von Stoffen genutzt wird.

2 Vergleiche den Bau einer Wurzel und eines Stängels. Nenne Gemeinsamkeiten und Unterschiede.

3 »Der Stängel muss besonders biegfest, die Wurzel zugfest sein.« Erläutere, inwiefern diese Anforderungen durch den Bau von Stängel und Wurzel erfüllt werden.

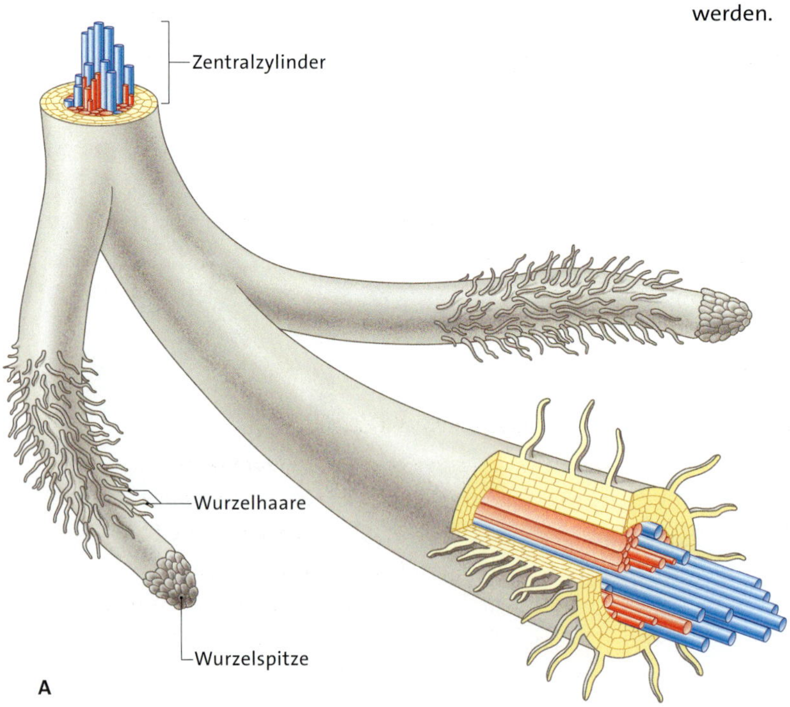

1 Bau der Wurzel. **A** Schema; **B** Foto

Aufgaben und Versuche Pflanzenorgane

A1 Die Ernährung der Pflanzen

Der griechische Gelehrte ARISTOTELES war der Meinung, dass Pflanzen ihre Nahrung aus dem Boden aufnehmen. Um dies zu überprüfen, führte VAN HELMONT im 17. Jahrhundert ein Langzeitexperiment durch. Dazu gab er in einen großen Kübel eine genau abgewogene Menge Erde, in die er eine junge, zweieinhalb Kilogramm schwere Weide pflanzte. Er stellte die Pflanze an einen hellen Ort und goss sie regelmäßig. Nach fünf Jahren wog er die Pflanze erneut. Ihre Masse betrug jetzt 82 Kilogramm.

Zur Klärung, woher die Pflanze ihre Nährstoffe bezogen hatte, überprüfte VAN HELMONT die zuvor abgewogene Menge Erde. Sie hatte jedoch nur um 60 Gramm abgenommen. VAN HELMONT zog daraus den Schluss, dass die gesamte Masse von Holz, Rinde und Wurzeln aus Wasser entstanden sei.

Aufgaben:

a) Beurteile VAN HELMONTS Erklärung.

b) Formuliere selbst eine Hypothese über die Ursachen der Massenzunahme der Weidenpflanze.

c) Entwickle einen geeigneten Versuch, um die Hypothese zu überprüfen.

A2 Gesamtstärkeproduktion eines Baumes

Eine etwa 100-jährige Rotbuche mit einer Höhe von rund 25 Metern besitzt im Sommer mehrere Hunderttausend Blätter. Wissenschaftler haben errechnet, dass eine solche Rotbuche an einem Sommertag mit 14 Stunden Sonnenschein mehr als ein Kilogramm Stärke pro Stunde bildet.

Aufgaben:

a) Berechne die Gesamtstärkeproduktion einer solchen Rotbuche im Sommer an einem Tag, in einer Woche und in einem Monat.

b) Erläutere, wofür die Pflanze die großen Mengen an aufgebauter Stärke verwendet.

A3 Versetzen von Bäumen

Will ein Gärtner im Herbst einen Baum versetzen, so entfernt er zuvor alle Blätter, um dann einen völlig kahlen Baum umzupflanzen. Auf Nachfrage erläutert der Gärtner, dass der Baum ohne das Entfernen des Laubes noch vor dem Winter vertrocknen würde.

Aufgabe: Erkläre die Aussage und die Vorgehensweise des Gärtners.

1.5 Bau der Blüten

Im Frühjahr bildet ein Kirschbaum viele grüne Knospen aus, die sich später zu weißen Blüten öffnen. Betrachtet man diese näher, so erkennt man an ihnen unterschiedliche Teile. Um den Rand einer becherförmigen Vertiefung, den Blütenboden, stehen einzelne, blattartige Gebilde.

Fünf grüne **Kelchblätter** bilden die schützende Hülle einer Blütenknospe. Man kann an ihnen eine feine Äderung erkennen. Zusammen mit der grünen Färbung verrät diese, dass die Kelchblätter umgebildete Laubblätter sind. Nach dem Entfalten der grünen Blütenknospe zur langstieligen Blüte wird ein Kreis von fünf weißen **Kronblättern** sichtbar. Diese schließen sich innen an die Kelchblätter an und stehen zu diesen auf Lücke. Aufgrund der fünf Kron- und Kelchblätter spricht man auch von einer fünfzähligen Blüte. Die weiße Farbe der Kronblätter lockt Insekten an, wie zum Beispiel Bienen. Auch an den Kronblättern lässt sich eine feine Äderung sehen, sodass sie ebenfalls als Abwandlungen normaler Laubblätter erkannt werden können.

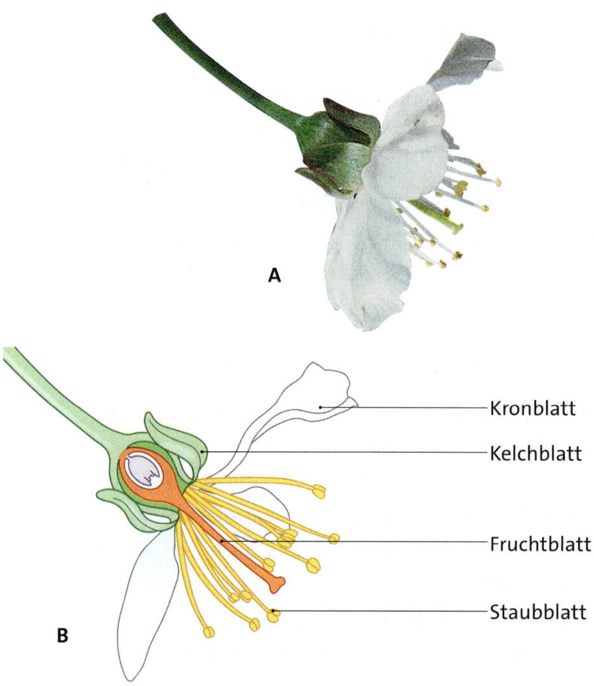

1 Kirschblüte. **A** Foto; **B** Schema

Im Inneren der Blüte, zwischen den Kronblättern, steht ein Büschel feinstieliger **Staubblätter.** Ihre Anzahl schwankt in den einzelnen Kirschblüten meist zwischen 20 und 35. Jedes Staubblatt weist einen feinen *Staubfaden* auf, an dessen oberen Ende der *Staubbeutel* sitzt. Dieser besteht aus vier *Pollensäcken*. Berührt man einen reifen Staubbeutel mit einem Finger, so bleibt gelber *Blütenstaub* daran hängen. Diesen nennt man *Pollen*. Er wird in den Pollensäcken gebildet. Der Blütenstaub besteht aus mikroskopisch feinen *Pollenkörnern*, aus denen sich die männlichen Geschlechtszellen der Blütenpflanzen entwickeln. Staubblätter sind also die männlichen Blütenorgane.

In der Mitte der Blüte, zwischen den feinen Staubblättern, findet man das **Fruchtblatt.** Dieses sieht bei der Kirsche aus wie ein *Stempel* und heißt deshalb auch so. Im unteren, verdickten Teil des Stempels, dem *Fruchtknoten*, liegt die *Samenanlage*. In ihr befindet sich die weibliche Geschlechtszelle, die *Eizelle*. Der deutlich schmalere Mittelteil des Stempels, der *Griffel*, endet in der klebrigen *Narbe*. Fruchtblätter sind die weiblichen Blütenorgane. Während manche Pflanzen nur männliche oder weibliche Blüten besitzen, handelt es sich bei der Kirschblüte um eine *Zwitterblüte*. Eine solche Blüte besitzt sowohl männliche als auch weibliche Blütenorgane.

1 Erläutere, warum man eine Blüte als Organsystem bezeichnen kann.

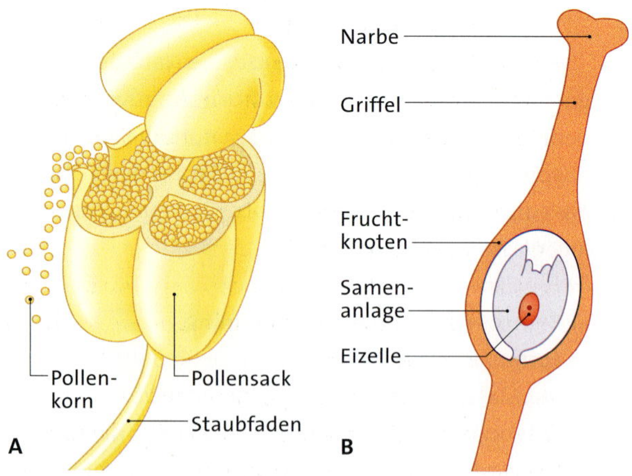

2 Männliche und weibliche Blütenorgane.
A Staubblatt; **B** Fruchtblatt

Aufgaben und Versuche Blüten

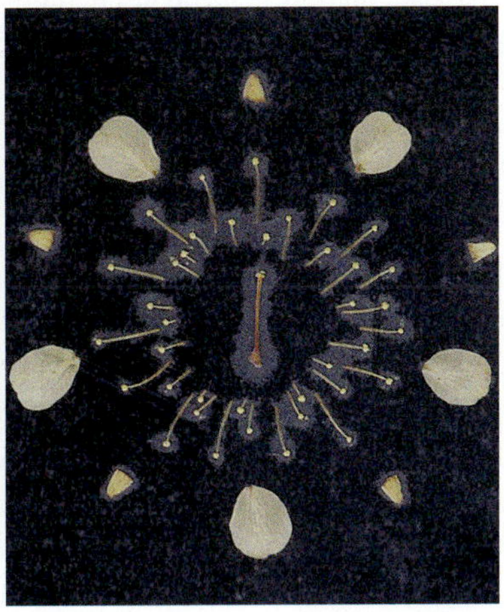

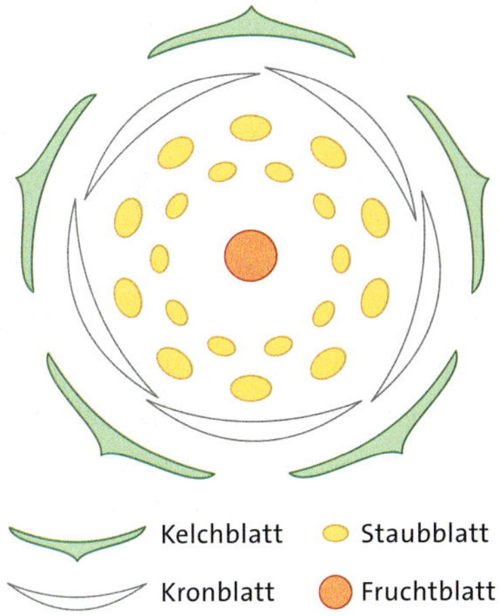

V1 Präparation einer Kirschblüte

Material: Kirschblüte; Lupe; Pinzette; Skalpell; Mikroskop; Objektträger; Deckgläschen

Durchführung: Betrachte den Bau der Kirschblüte mit einer Lupe und identifiziere die einzelnen Blütenteile. Zupfe nun mit der Pinzette nacheinander von der Blüte zuerst die Kronblätter, dann die Kelchblätter, die Staubblätter und schließlich den Stempel mit dem Fruchtknoten ab.

Aufgaben:

a) Vergleiche jeweils die Anzahl, Farbe und Stellung der verschiedenen Teile der Blüte miteinander.

b) Nimm ein Staubblatt und schneide es in Höhe des Staubbeutels mit dem Skalpell quer. Betrachte den Querschnitt mit der Lupe und fertige davon eine beschriftete Zeichnung an.

c) Nimm etwas Blütenstaub auf einen Finger und versuche ihn wegzublasen. Beschreibe die Beobachtung und erläutere sie.

d) Mikroskopiere einige Pollenkörner. Skizziere ein einzelnes Pollenkorn und erläutere.

e) Schneide nun den Fruchtknoten längs und betrachte ihn mit der Lupe. Fertige anschließend eine beschriftete Zeichnung davon an.

f) In den USA starb im Jahr 2007 ein großer Teil der Bienen durch eine Krankheit. Stelle eine begründete Vermutung an, welche Konsequenzen ein derartiges Bienensterben für die Kirschbäume hat.

V2 Legebild einer Kirschblüte

Material: Kirschblüte; Pinzette; Zirkel; schwarzer Zeichenkarton; durchsichtige Klebefolie (zehn mal zehn Zentimeter)

Durchführung:

a) Zeichne auf den Zeichenkarton mit einem Zirkel entsprechend der Abbildung vier unterschiedlich große, ineinanderliegende Kreise.

b) Zupfe nun alle Blütenteile mit der Pinzette von außen nach innen ab und lege sie geordnet entsprechend ihrer Stellung in der Blüte auf die einzelnen Kreisringe. Beginne mit den Kelchblättern und lege diese auf den äußersten Kreisring. Jeder Kreisring dient dabei als Legehilfe. Klebe die einzelnen Blütenteile anschließend mit durchsichtiger Klebefolie fest.

A3 Blütendiagramm

In einem Blütendiagramm werden die einzelnen Teile einer Blüte durch Symbole ersetzt.

Aufgaben:

a) Ziehe auf einem Blatt Papier erneut wie oben beschrieben vier unterschiedlich große, ineinanderliegende Kreise.

b) Zeichne nun alle Blütenteile von innen nach außen mit Hilfe der Symbole aus der Abbildung auf den unterschiedlichen Kreisen ein.

1.6 Von der Kirschblüte zur Kirsche

An einem blühenden Kirschbaum im Mai sieht man viele Bienen von Blüte zu Blüte fliegen. Die Bienen werden durch den Duft der Blüten angelockt. Der Duft strömt aus Drüsen am Blütenboden. Dort befindet sich eine zuckerhaltige Flüssigkeit, der *Blütennektar.* Von diesem ernähren sich die Bienen, indem sie ihn mit ihrem Rüssel am Blütenboden aufnehmen. Dabei drücken sie die Staubblätter auseinander. Wenn diese reif sind, platzen die Staubbeutel auf und entlassen die Pollenkörner. Die winzigen, nur unter dem Mikroskop sichtbaren Pollenkörner besitzen an ihrer Oberfläche Haken und Härchen. Damit bleiben die Pollenkörner leicht im Pelz der Bienen hängen. Die Bienen fliegen mit ihnen beladen zu einer anderen Kirschblüte und suchen dort weiter nach Nektar. Dabei bleiben einige Pollenkörner der ersten Blüte an der klebrigen Narbe der zweiten Blüte hängen. Der Vorgang, bei dem Pollenkörner auf die Narbe der gleichen Pflanzenart gelangen, heißt **Bestäubung.** Da im Fall des Kirschbaumes die Bienen als Insekten an der Übertragung der Pollenkörner beteiligt sind, spricht man von **Insektenbestäubung.** Haben die Bienen Kirschblüten einmal als Nahrungsquelle entdeckt, fliegen sie regelmäßig zwischen diesen hin und her. Bienen lernen sehr schnell, an welchen Pflanzenarten es sehr viel Nahrung gibt und suchen deshalb immer wieder Blüten der gleichen Pflanzenart auf. Dies nennt man *Blütenstetigkeit.*

Die Staubblätter und Stempel einer Kirschblüte reifen selten gleichzeitig. Zuerst öffnen sich die Narben und werden klebrig. Etwas später reifen auch die Staubblätter. Die Staubblätter des einen Kirschbaums sind noch geschlossen, während sie bei einem anderen Kirschbaum in der Nähe schon die Pollenkörner entlassen. Auch innerhalb eines Baumes gibt es zeitliche Unterschiede. Bei manchen Blüten sind die Staubblätter zuerst reif, dann folgt die Entfaltung der Narben. Eine Biene, die verschiedene Kirschbäume anfliegt, überträgt also die im Pelz hängenden Pollenkörner des einen Kirschbaumes auf einen anderen Kirschbaum. Daher werden Blüten des einen durch die Pollenkörner des anderen Kirschbaumes *bestäubt.* Diesen Vorgang nennt man **Fremdbestäubung.**

Nach der Bestäubung verändern sich die auf der Narbe liegenden Pollenkörner. Aus ihnen bilden sich

1 Von der Blüte zur Frucht. A Kirschblüte mit Biene; **B** Bestäubung;

schlauchförmige Ausstülpungen. Diese *Pollenschläuche* wachsen in den Griffel hinein und werden immer länger. Ein Pollenschlauch erreicht schließlich den Fruchtknoten. In diesem entsteht aus dem Material des Pollenkorns eine männliche Geschlechtszelle. Sie wandert in die Spitze des Pollenschlauches.

Im Innern des Fruchtknotens liegt die *Samenanlage.* Sie enthält die weibliche Geschlechtszelle, die Eizelle. Wenn der Pollenschlauch die Samenanlage erreicht hat, öffnet er sich und die männliche Geschlechtszelle verschmilzt mit der Eizelle. Dieser Vorgang wird als **Befruchtung** bezeichnet.

Nach der Befruchtung fallen die Blütenblätter und wenig später auch die Staubblätter ab und die Fruchtentwicklung setzt ein. Der Fruchtknoten wird dicker, denn das Fruchtknotengewebe nimmt viel Wasser auf und lagert Zucker ein. So entwickelt sich das Fruchtknotengewebe zur Fruchtwand der reifen Kirschfrucht. Dieses saftige rote Fruchtfleisch schließt nach außen mit einer Haut ab. Der innere Teil des Fruchtgewebes wird zu einer steinharten Schicht, die schützend die Samenanlage umschließt. In dieser entwickelt sich die befruchtete Eizelle zu einem **Embryo,** der wiederum zwei winzige, gelb-weiße Keimblätter und eine Keimwurzel ausbildet. Gleichzeitig mit der Entwicklung des Embryos werden Nährstoffe eingelagert und eine schützende Samenschale wird gebildet. Damit ist ein **Samen** entstanden. Während sich die Samenanlage zu einem Samen entwickelt, entsteht aus dem Fruchtknoten eine Frucht. Der Reifungsvorgang dauert von Mai bis Mitte Juli. Die reifen Früchte einer Kirsche enthalten jeweils einen einzigen Samen, der von einer harten Steinschicht und von saftigem Fruchtfleisch umgeben ist. Eine solche Frucht wird als **Steinfrucht** bezeichnet. Fällt sie auf einen geeigneten Boden, kann aus ihr ein neuer Kirschbaum wachsen.

1 Definiere die Begriffe Bestäubung und Befruchtung.

2 Beschreibe anhand der Abbildungen, wie sich aus der Kirschblüte eine Frucht entwickelt.

3 Recherchiere weitere Steinfrüchte, die bei der Ernährung des Menschen eine Rolle spielen.

4 Formuliere eine begründete Hypothese, welche Aufgabe das Fruchtfleisch einer reifen Kirschfrucht hat.

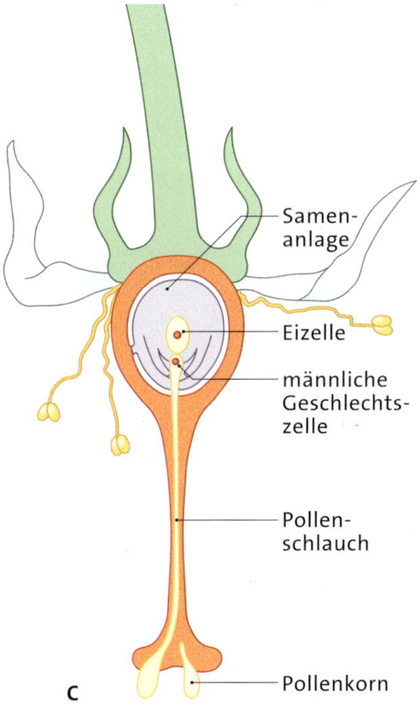

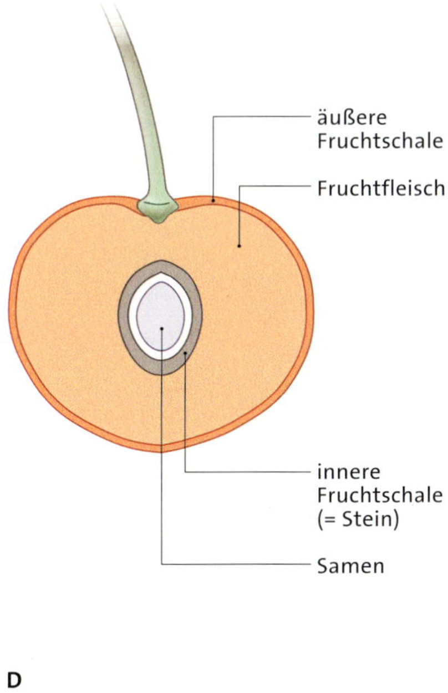

C Befruchtung; **D** Längsschnitt durch eine Frucht; **E** reife Kirschen an einem Kirschbaum

1.7 Formen der Bestäubung

An einem warmen Sommertag kann man auf den Blüten eines Wiesenkerbels verschiedene Insekten beobachten. Die Blüten senden einen speziellen Duftstoff aus, der vor allem Fliegen und Käfer anlockt. Ein Käfer verweilt auf einer Einzelblüte und kriecht zur nächsten, während eine Schwebfliege über den Blüten schwebt und schließlich landet. Durch das Hin- und Herbewegen zwischen den Einzelblüten findet der Transport der Pollenkörner statt und die Blüten werden bestäubt. In den flachen Blüten des Wiesenkerbels gelangen viele verschiedene die Insekten leicht an die Nahrung.

1 Wiesenkerbel mit verschiedenen Insekten

Im Gegensatz zum Wiesenkerbel bleibt der Nektar einer Wiesensalbeiblüte für Fliegen und Käfer unerreichbar, da diese Tiere nicht in die Blüte eindringen können. Hummeln dagegen sind mit ihrer Körperkraft und ihren Saugrüssel in der Lage, an die Nahrung zu gelangen. Die Staubblätter versperren ihr jedoch zunächst den Zugang zum Nektar. Beim Hineinkriechen in die Blüte werden diese nach hinten gedrückt. Dabei schnellen die zwei langen Staubblätter wie Hebel auf den behaarten Hummelrücken herunter, sodass an ihm Pollenkörner hängen bleiben. Fliegt die Hummel zu einer anderen Salbeiblüte, werden die Pollenkörner an deren Narbe abgestreift.

Bei Schlüsselblumen sind die Kronblätter zu einer schmalen Röhre geschlossen. Vergleicht man die Blüten mehrerer Schlüsselblumen, stellt man fest, dass es zwei verschiedene Blütentypen gibt. Bei etwa der Hälfte der Schlüsselblumen sitzen die Staubgefäße ganz oben an der Blütenröhre, während der sehr kurze Griffel tief in der Blütenröhre liegt. Bei den übrigen Schlüsselblumen ragt die Narbe aus der Öffnung heraus und die Staubgefäße sind tief in der Röhre verborgen. Ein Schmetterling, der am ersten Blütentyp nach Nahrung sucht, rollt seinen langen Rüssel aus und holt damit Nektar aus der Tiefe des Blütenbodens. Dabei stößt sein Kopf an die reifen Staubbeutel und Pollenkörner bleiben hängen. Besucht der Schmetterling eine andere Blüte, kann es sein, dass er auf den zweiten Blütentyp der Schlüsselblumen trifft. Die Pollenkörner bleiben dort an der herausragenden Narbe hängen. Daher werden Schlüsselblumen immer fremdbestäubt.

Schon von Weitem kann man männliche und weibliche Weidensträucher an ihrer Farbe unterscheiden. Ein Baum, der gelblich aussieht, trägt nur männliche

2 Bestäubung beim Wiesensalbei

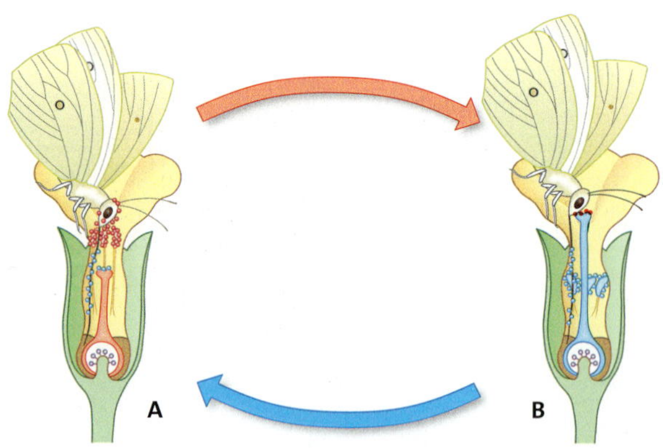

3 Bestäubung einer Schlüsselblume. A Kurzgriffelige Schlüsselblume; **B** langgriffelige Schlüsselblume

Blüten. Diese bestehen nur aus Staubblättern. Ein Baum mit weiblichen Blüten ist an den grün leuchtenden Stempeln zu erkennen. Weibliche Blüten besitzen nämlich nur Stempel mit Fruchtknoten und Narbe. Männliche und weibliche Blüten sind jeweils zu Blütenständen, den *Kätzchen,* zusammengestellt. Diese männlichen und weiblichen Kätzchen stehen getrennt voneinander, daher bezeichnet man Weiden als **getrenntgeschlechtlich.** Da es männliche und weibliche Bäume gibt, ist die Weide außerdem **zweihäusig.** An den ersten warmen Frühlingstagen fliegen Hummeln und Bienen auf Nahrungssuche zwischen den Kätzchen verschiedener Weiden hin und her. Auf diese Weise werden Weiden fremdbestäubt.

Im Gegensatz dazu befinden sich die männlichen und weiblichen Blüten der Hasel auf demselben Strauch. Der Haselstrauch ist deshalb **einhäusig.** Die männlichen Blüten der Hasel stehen in Kätzchen zusammen, während man die unauffälligen weiblichen Blüten mit Knospen verwechseln kann. Man sieht nur die rötlichen Narben aus einem Hüllblatt hervorragen. Bei der Hasel ist eine andere Bestäubungsform zu beobachten. Wenn sich die reifen Staubbeutel der männlichen Haselblüten Ende Februar öffnen, wehen gelbe Staubwolken bei jedem Windstoß durch die Luft. Diese Staubwolken bestehen aus Pollenkörnern. Sie werden bei der Hasel vom Wind fortgetragen. Bleiben einige Pollenkörner zufällig auf den Narben der weiblichen Blüten hängen, ist die Hasel bestäubt. Eine solche Bestäubung nennt man **Windbestäubung.** Die Pollenkörner sind besonders klein und leicht und kommen in Massen vor. Die klebrigen und behaarten Narben der Stempelblüten sind für das Auffangen der Pollenkörner gut geeignet.

1 Erläutere wie die Fremdbestäubung bei der Schlüsselblume gesichert wird.

2 Vergleiche wind- und insektenblütige Pflanzen.

4 Bestäubung einer Weide. A Männliche Weide; **B** weibliche Weide; **C** männliche Einzelblüte; **D** weibliche Einzelblüte

5 Bestäubung einer Hasel. A Einhäusige Hasel; **B** männliche Einzelblüte; **C** weibliche Einzelblüte

1.8 Bildung und Aufbau von Früchten

Im Herbst fallen die reifen Früchte vom Kastanienbaum. Beim Aufprall auf den Boden platzt die grüne, mit Stacheln besetzte Frucht auf und ein bis zwei Kastanien rollen heraus. Dabei handelt es sich um die besonders großen, nährstoffreichen Samen des Kastanienbaums. Sie gehen aus je einer Samenanlage hervor. Während der Fruchtreifung werden sie von der Fruchtwand umschlossen, die aus dem Fruchtknoten gebildet wird. Eine Frucht, die aus einer trockenen Fruchtwand und mehreren Fächern besteht, heißt **Kapsel.**

Bei der Hasel verläuft die Fruchtentwicklung anders. Wenn die Haselnüsse am Strauch heranreifen, sind sie noch lange von großen Kelchblättern umgeben. Die Früchte sitzen in Gruppen am Strauch. Bei ihnen entwickelt sich die Fruchtknotenwand durch Verholzung zu einer sehr harten Schale. Sie enthält einen einzigen nährstoffreichen Samen. Der Name der Pflanze deutet an, dass es sich hierbei um eine **Nussfrucht** handelt.

Auch bei der Stachelbeere fallen Frucht und Samen geschlossen vom Strauch. Hier reift die Fruchtknotenwand zu einem saftigen Fruchtfleisch heran. Schneidet man die Frucht auf, kann man viele kleine Samen entdecken, die an feinen, vom Rand der Fruchtwand ausgehenden Stielchen sitzen. Früchte, in deren saftigem Fruchtfleisch mehrere Samen eingebettet sind, nennt man **Beeren.** Die Tomate, die Melone und die Johannisbeere sind ebenfalls *Beeren.*

1 Kapseln und Samen der Kastanie

Im Inneren eines Apfels befinden sich fünf braune Apfelkerne. Dabei handelt es sich um die Samen des Apfelbaumes. Sie liegen in den fünf Fächern, die das Kerngehäuse bilden. Dieses ist aus dem Fruchtknoten hervorgegangen. Der saftige Teil des Apfels entsteht jedoch aus dem Blütenboden. Da nicht alle Teile des Apfels aus dem Fruchtknoten hervorgehen, ist der Apfel eigentlich keine Frucht. Man spricht in diesem Fall von einer **Scheinfrucht.**

1 Untersuche an selbst gesammelten Früchten die Beschaffenheit von Fruchtwand und Samen.

2 Erkläre, warum man den Apfel, die Stachelbeere und auch die Haselnuss als Schließfrüchte bezeichnet.

2 Fruchtformen. A Nussfrucht (Hasel); **B** Beere (Stachelbeere); **C** Scheinfrucht (Apfel)

Wissen kompakt Fruchtformen

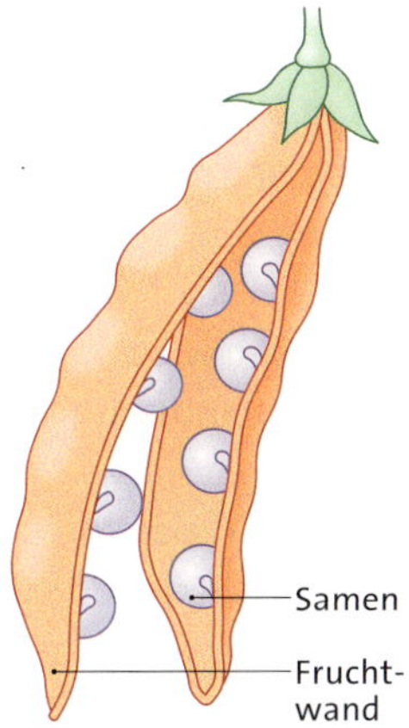

Name: **Hülse der Gartenerbse**
Beschreibung: wird aus einem lang gestreckten Fruchtblatt gebildet
Fruchtwand: trocken
Samen: mehrere Samen sitzen in einer Reihe an der unteren Naht
Öffnung der Frucht: platzt an der Naht auf

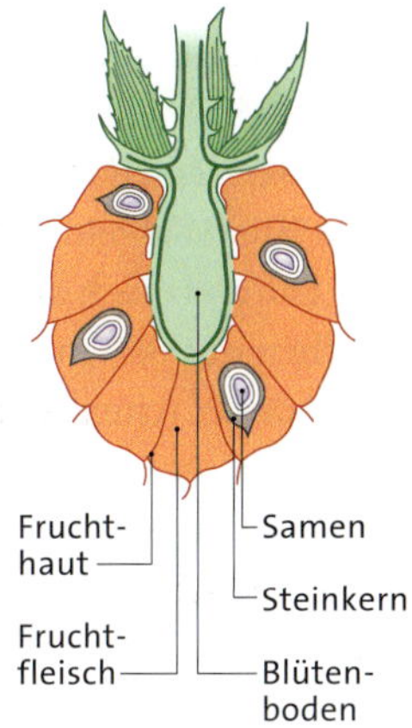

Name: **Sammelsteinfrucht der Brombeere**
Beschreibung: setzt sich aus mehreren Steinfrüchten zusammen, die um den hervorgehobenen Blütenboden angeordnet sind
Fruchtwand: saftig, dunkelblau, vitaminreich
Samen: in jeder Steinfrucht liegt ein einziger Same
Öffnung der Frucht: bleibt geschlossen

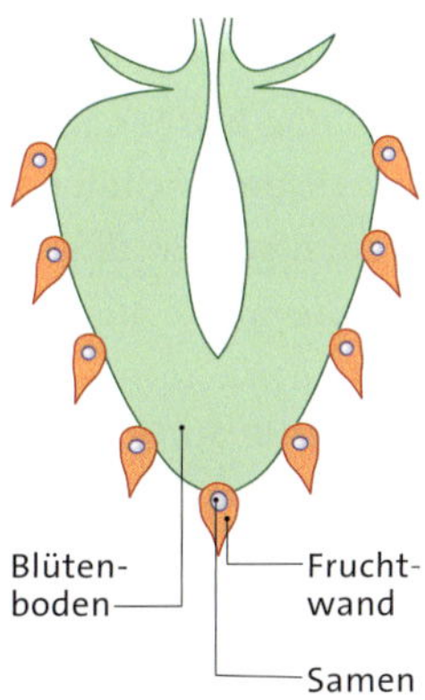

Name: **Sammelnussfrucht der Erdbeere**
Beschreibung: kleine Nüsschen außen auf der roten, fleischigen Achse, die aus dem Blütenboden hervorgeht
Fruchtwand: hart
Samen: in jedem Nüsschen ein Same
Öffnung der Frucht: bleibt geschlossen

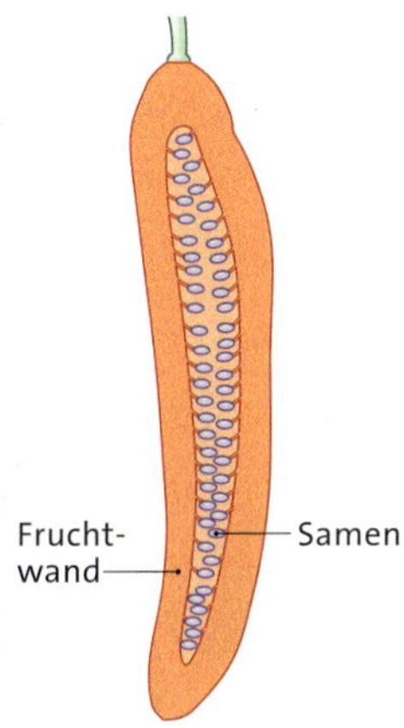

Name: **Beere der Gurke**
Beschreibung: lang gestreckt, Samen liegen frei im Fruchtfleisch
Fruchtwand: helles, wässriges Fruchtfleisch mit einer grünen Haut
Samen: viele Samen
Öffnung der Frucht: bleibt geschlossen

1 Nenne für Kürbis, Aprikose, Weintraube, Birne, Himbeere, Bohne und Buche jeweils die Fruchtform.

2 Ordne die Früchte auf zwei verschiedene Arten. Wähle dazu jeweils einen anderen Gesichtspunkt.

Zusammenfassung Samenpflanzen - Bau und Funktionen

Erschließungsfeld Vielfalt

Die große Vielfalt der Samenpflanzen zeigt sich bereits bei den einheimischen Arten. Der Grundbauplan aus Wurzeln, Sprossachse, Blättern und Blüten kann vielfach abgewandelt sein, wobei aber der Aufbau der Blüten eine Zusammengehörigkeit verschiedener Arten erkennen lässt.

Erschließungsfeld Struktur und Funktion

Wurzel, Spross, Blatt und Blüte sind Organe der Blütenpflanzen. Sie wirken im pflanzlichen Organismus zusammen. Weit verzweigte Wurzeln verankern die Pflanze fest im Boden. Die vielen Verzweigungen und die Wurzelhaare bilden eine große Oberfläche, über welche die Pflanze Wasser und Mineralstoffe aufnehmen kann. Die Wurzel geht in die Sprossachse über. Diese stützt die Pflanze und ist vielfach verholzt, wodurch die Pflanze besondere Stabilität erhält Die Sprossachse enthält röhrenförmige Leitungsbahnen. In diesen Gefäßen werden Wasser und Mineralstoffe aus der Wurzel in die Blätter transportiert. Der Antrieb für diesen Transport erfolgt durch die Transpiration. Die Siebröhren verteilen die in den Blättern gebildeten Stoffe in alle Teile der Pflanze. Die Blätter der meisten Pflanzen bilden eine große Oberfläche, über die das Sonnenlicht für die Fotosynthese besonders effektiv aufgenommen wird.

Die Fotosynthese erfolgt in den Chloroplasten und ist grundlegender Lebensprozess grüner Pflanzen. Im Verlauf dieses Vorganges werden unter Einfluss des Sonnenlichtes Kohlenstoffdioxid und Wasser in energiereichen Traubenzucker umgewandelt. Dabei entsteht Sauerstoff. Die Lichtenergie der Sonne wird somit in Traubenzucker gespeichert. Aus dem Traubenzucker kann die Pflanze in ihrem Stoffwechsel weitere körpereigene Stoffe wie Stärke, Eiweißstoffe und Fette erzeugen.

1 Pflanzenorgane wirken zusammen

Erschließungsfeld Angepasstheit

Große auffällige Blüten, in denen Nektar gebildet wird, locken Insekten an. Diese stellen die Bestäubung der Pflanzen sicher. Pflanzen, die durch Wind bestäubt werden, bilden besonders viele kleine Pollen und Narben mit großen Oberflächen. Der spezielle Bau der Blüten stellt eine Angepasstheit an den jeweiligen Bestäubungstyp dar.

Erschließungsfeld Fortpflanzung

Die Blüten sind die Fortpflanzungsorgane der Samenpflanzen. Sie sind in Kelch-, Kron-, Frucht- und Staubblätter gegliedert. Bei der Bestäubung gelangen Pollenkörner aus den Staubblättern auf die Narben der Fruchtblätter. Bei der Befruchtung im Inneren des Fruchtblattes verschmelzen männliche Geschlechtszellen mit den Eizellen. Im Verlauf der Samenbildung entwickelt sich aus je einer befruchteten Eizelle ein Embryo.

Wissen vernetzt Samenpflanzen – Bau und Funktion

A1 Atmen Pflanzen?

Ein gut beblätterter Zweig einer Hibiskuspflanze wird in eine durchsichtige Kunststofftüte, beispielsweise einen Gefrierbeutel, eingeschlossen. Nach einiger Zeit beschlägt die Kunststofftüte von innen, besonders wenn der Topf in einen kühlen Raum gestellt wird. Die gleiche Beobachtung kann man machen, wenn man einen tiefen Atemzug in eine Kunststofftüte ausatmet.

Aufgaben:

a) Nenne den Stoff, der in beiden Experimenten den Beschlag an der Tüte bildet.

b) Überlege dir welches Ergebnis der Versuch zeigt, wenn anstelle der Hibiskuspflanze ein Kaktus verwendet wird.

c) Manchmal wird ein Wald auch als »Lunge der Großstadt« bezeichnet. Entwickelt in der Gruppe ein Rollenspiel zu folgendem Sachverhalt: Ein Wald am Stadtrand soll abgeholzt werden, um Platz für ein neues Einkaufszentrum zu schaffen. Sammelt Argumente und bewertet das Vorhaben.

d) Die meisten Pflanzen zeigen starke Verzweigungen der Sprossachse bis hinauf zu den einzelnen Blättern, die eine riesige Oberfläche bilden. Erläutere die Bedeutung der Oberfläche für den Stoffwechsel der Pflanze.

A2 Wasserhaushalt der Pflanze

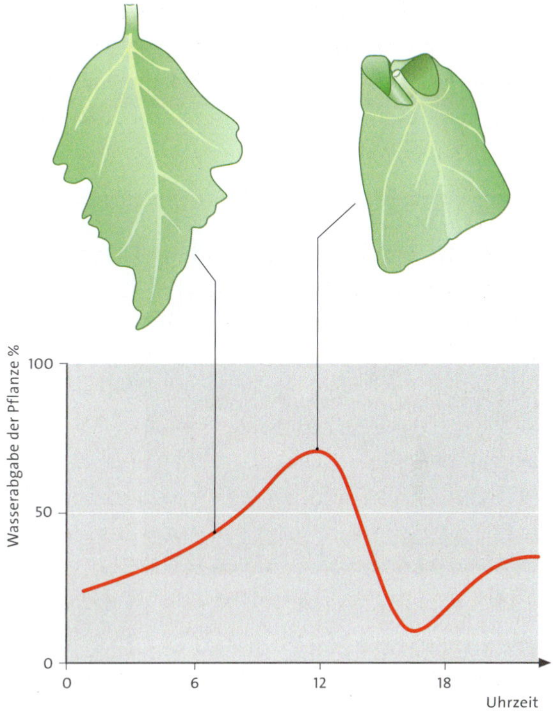

Die Blätter mancher Pflanzen verändern in der Mittagshitze ihre Form. Sie rollen sich zusammen und scheinen zu verwelken. Am späten Abend haben sie aber wieder ihre ursprüngliche Form angenommen. Mit einer geeigneten Methode können Wissenschaftler die Wasserabgabe einer lebenden Pflanze im Verlauf eines sonnigen Tages messen. Die Ergebnisse sind im Diagramm dargestellt.

Aufgaben:

a) Erläutere die Aufnahme und den Transport von Wasser und Nährsalzen durch die Pflanze.

b) Beschreibe und interpretiere die im Diagramm dargestellten Messergebnisse sowie die Veränderungen des Blattes im Tagesverlauf.

c) Diskutiert in der Gruppe, wie die Wasserabgabe bei Pflanzen und Tieren gering gehalten werden kann. Wendet die Erschließungsfelder Struktur und Funktion sowie Angepasstheit an.

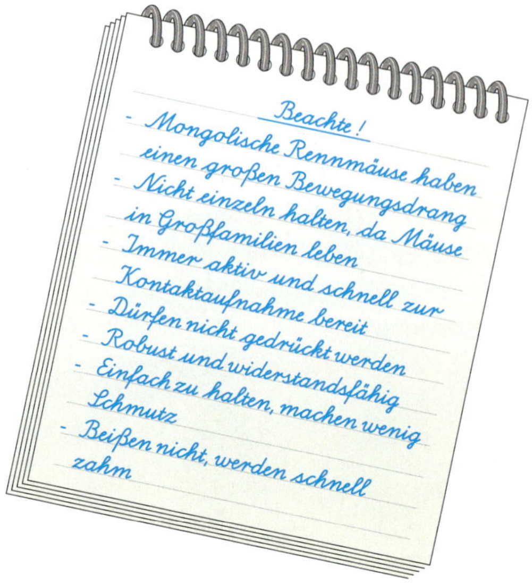

Wahlpflichtbereiche

Kleintiere halten – aber richtig!

Viele Kinder möchten gern ein Tier halten. Das Angebot in den Zoogeschäften dazu ist ja auch sehr vielfältig und die meisten Tiere sind einfach zu niedlich! Aber weißt du auch darüber Bescheid, welche Bedürfnisse so ein Tier hat?

Betrachte die Abbildungen zum Meerschweinchen genau und stelle daraus eine Liste zusammen, was man alles bei der Haltung dieser Tiere bedenken muss.

Informiere dich bei Bekannten, in Büchern, im Internet oder im Zoogeschäft über die Bedürfnisse von verschiedenen Heimtieren. Erstelle Listen, ähnlich der für die Mongolischen Rennmäuse.

Entscheide, welches Tier du bei dir zu Hause halten könntest und welches nicht.

Zu Land, zu Wasser und in der Luft

Saurier besiedelten die unterschiedlichsten Lebensräume. Erstelle ein Informationsplakat zum Thema »Fortbewegung bei Sauriern«.

Frieren Pferde im Winter?

Auch im Winter sieht man oft Pferde auf der Koppel. Zieht Erkundigungen bei Landwirten, Pferdebesitzern oder Tierärzten ein, ob die Tiere unter der Kälte leiden. Befragt auch Mitschülerinnen und Mitschüler, die reiten oder Pferde pflegen. Stellt die Antworten zu einem kurzen Vortrag zusammen. Diskutiert über weiterführende Fragen.

Das Schwein – ein wichtiger Fleischlieferant

Ordne den Begriffen in der Abbildung entsprechende Endprodukte zu, die man im Supermarkt oder beim Fleischer kaufen kann. Nenne Fleischgerichte, bei denen verschiedene Teile des Schweins Verwendung finden.

Das Schwein liefert nicht nur Fleisch. Nenne weitere Beispiele für die Verwertung von Schweinen.

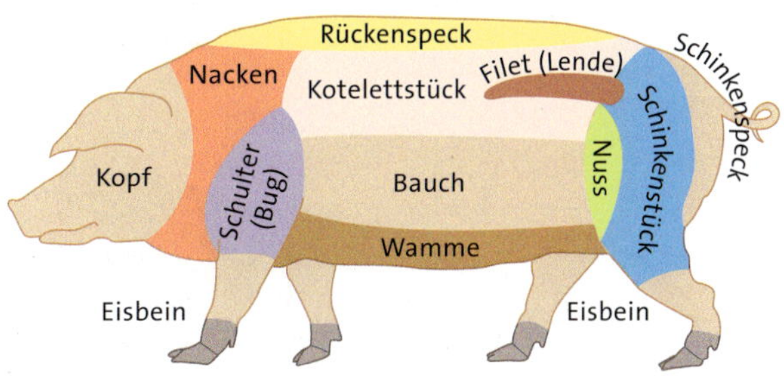

Wirbeltiere im Winter

1 Überwinterung von wechselwarmen Wirbeltieren

In der warmen Jahreszeit huschen Zauneidechsen flink an Trockenmauern umher. Im Herbst verschwinden diese Kriechtiere dann und sind bis zum nächsten Frühjahr nicht mehr zu sehen.

Sobald es im Herbst kälter wird, sucht eine Zauneidechse einen frostsicheren Unterschlupf auf, zum Beispiel ein Mauerloch oder eine Felsspalte. Eidechsen haben eine trockene Schuppenhaut, die zwar vor Verletzungen nicht jedoch vor Wärmeverlust schützt. Sie haben auch keine Möglichkeit, ihre Körpertemperatur zu regulieren und auf einem etwa gleich hohen Wert zu halten, wie dies den Säugetieren und Vögeln möglich ist. Deshalb liegt ihre Körpertemperatur immer nur knapp über der Umgebungstemperatur. Sie sind *wechselwarme* Tiere. Sinkt die Temperatur im Schlupfwinkel, fällt auch die Körpertemperatur. Das Herz schlägt dann sehr langsam, die Muskeln werden unbeweglich und die Atemfrequenz ist stark herabgesetzt. Diesen Zustand bezeichnet man als Winterstarre oder auch als **Kältestarre**. Der Stoffwechsel ist während dieser Zeit stark gedrosselt. Deshalb braucht die Zauneidechse den ganzen Winter über keine Nahrung zu sich zu nehmen und zehrt von den im Sommer angelegten Fettreserven. Sollte die Temperatur deutlich unter den Gefrierpunkt absinken, bildet sich in den Zellen Eis. Dies würde die Eidechse nicht überleben.

1 Zauneidechse

2 Das Zauneidechsenjahr

Schlangen sind ebenfalls Kriechtiere. Die einheimische Ringelnattern ist schon aufgrund der gelben, halbmondförmigen »Ringel« im Nacken einfach zu erkennen. Doch auch dieses Tier wird man in den kalten Monaten nicht finden. Die Ringelnattern überwintern von Oktober bis Ende April zum Beispiel in Felsspalten oder unter Baumwurzeln. Häufig versammeln sich in solchen Quartieren Hunderte von Tieren. In Amerika hat man sogar schon Winterquartiere mit mehr als zehntausend Schlangen entdeckt. Manchmal findet man mehrere Ringelnattern in einem Komposthaufen. Hier finden Zersetzungsprozesse von Pflanzenmaterial statt, bei denen Wärme freigesetzt wird. Dadurch werden die hier überwinternden Ringelnattern vor Frost geschützt. Erst bei wärmeren Temperaturen kommen sie aus ihren Verstecken und suchen die Orte auf, wo sie ihre Nahrung finden. Ringelnattern haben keine Giftzähne und sind völlig harmlos.

Die Landschildkröten des südlichen Europas verbringen den Winter ebenfalls in Kältestarre. Vorher graben sie sich bis zu zwei Metern in den Boden ein. Die seltene Europäische Sumpfschildkröte überwintert eingegraben im Gewässergrund. Bei niedrigen Temperaturen kann sie den wenigen Sauerstoff, den sie dann noch benötigt über ihre Haut dem Wasser entnehmen und muss nicht zum Luftholen auftauchen. Die Herzfrequenz ist bei niedriger Umgebungstemperatur deutlich verlangsamt. Ab Mitte März tauchen die Tiere wieder auf und ihre Aktivität nimmt langsam wieder zu.

3 Massenquartier von überwinternden Nattern

4 Europäische Sumpfschildkröte

Auch Lurche oder Fische suchen im Herbst einen geeigneten Ort zum Überwintern. Der Wasserfrosch zum Beispiel verbringt die kalte Jahreszeit im Bodenschlamm eines Gewässers. Er atmet in dieser Zeit nicht über seine Lungen. Die Hautatmung reicht aus, seinen Sauerstoffbedarf zu decken.

1. Erläutere die Begriffe wechselwarm und gleichwarm.
2. Vergleiche die Überwinterung von Zauneidechse, Ringelnatter, Land- und Sumpfschildkröte.
3. In Kanada und Alaska lebt der Waldfrosch, der auch als Eisfrosch bezeichnet wird. Dieses Tier kann ohne Schaden zu nehmen einfrieren und wieder auftauen. Recherchiere, wie ihm dies gelingen kann.

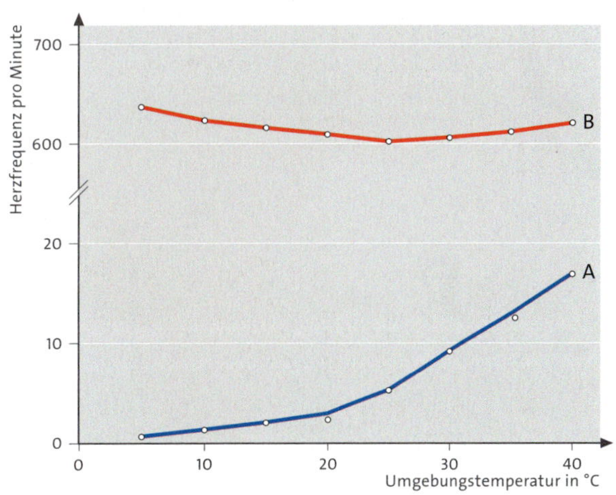

5 Herzfrequenz bei unterschiedlichen Temperaturen.
A Landschildkröte; **B** Hausmaus

2 Vogelzug

Vor fast 200 Jahren erregte ein Storch auf einem mecklenburgischen Gutshof großes Aufsehen: In seinem Hals steckte der Pfeil eines Jägers aus dem zentralen Afrika. Damit war erstmals nachgewiesen, dass mitteleuropäische Störche den Winter in Afrika südlich der Sahara verbringen. Auch andere einheimische Vogelarten zeigen Zugverhalten. Sie werden deshalb als *Zugvögel* bezeichnet. Wesentliche Ursache für den Zug der Vögel ist der Nahrungsmangel. In ihren Winterquartieren finden sie reichlich Nahrung.

1 Pfeilstorch

Von mehreren Vogelarten ist bekannt, dass nur ein Teil der Tiere wegzieht. Andere bleiben möglichst lange im Brutgebiet und weichen erst bei ungünstigen Bedingungen aus. So müssen die Eisvögel flüchten, wenn ihre Nahrungsgewässer in strengen Wintern zufrieren. Solche Vögel bezeichnet man als Teilzieher. Bei anderen Arten ziehen regelmäßig alle Tiere. Die mitteleuropäischen Kraniche fliegen nur die relativ kurze Strecke von etwa 2500 km bis nach Nordafrika, während Rauchschwalben das Dreifache dieses Weges bewältigen, um nach Südafrika zu gelangen. Als Segelflieger benötigen die Kraniche warme, aufsteigende Luftmassen, wie sie über Landflächen entstehen. Sie müssen deshalb das Mittelmeer an seiner schmalsten Stelle, der Meerenge von Gibraltar, überqueren. Rauchschwalben überfliegen das Meer dagegen im Ruderflug und verkürzen dadurch die Flugstrecke.

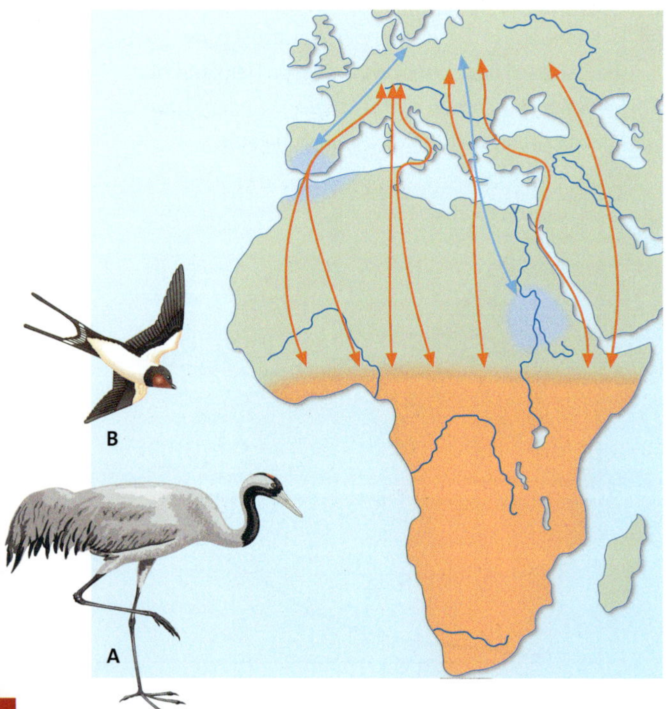

2 Zugrouten und Überwinterungsgebiete.
A Kranich (grau); **B** Rauchschwalbe (rot)

Vor über 100 Jahren begann die planmäßige Erforschung des Vogelzuges. Leichte Aluminiumringe mit wichtigen Informationen wurden mit einer Zange an den Füßen von Staren befestigt. Die Auswertung der Rückmeldungen erbrachte Informationen über die Wanderungen der beringten Stare.

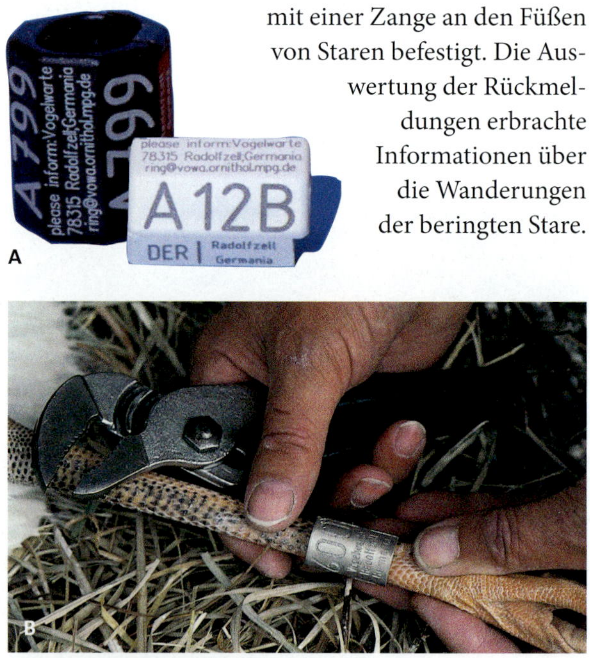

3 Markierungsmethoden.
A Storchenringe; **B** Anlegen eines Aluminiumrings

Heute werden im Zuge der wissenschaftlichen Vogelberingung jährlich Millionen von Vögeln markiert. Junge, noch nicht flugfähige Greifvögel, Eulen und Spechte werden direkt am Brutplatz beringt. Sing- und Watvögel werden in Reusen und in Netzen gefangen und danach beringt. Zum Ablesen der Aluminiumringe muss man die Vögel erneut fangen. Bei größeren Vögeln, wie zum Beispiel Gänsen, werden auch farbige Halsbänder oder Fußringe aus Kunststoff angebracht. Darin eingravierte Codenummern ermöglichen es, die Tiere auch aus größerer Entfernung mit einem Fernrohr zu identifizieren. Kleine Sender können sogar ständig den genauen Aufenthaltsort der Tiere angeben. Die umfangreichsten Informationen über das Zugverhalten gewinnt man bei der Begleitung der Vögel auf ihrem Weg. Das ist heutzutage mit Ultraleichtflugzeugen möglich.

Die Frage, wie sich die Vögel während des Zuges orientieren, ist noch nicht vollständig geklärt. Sicher ist, dass sich Vögel oft von markanten Erscheinungen im Gelände leiten lassen. Das können Flussläufe oder eine Küstenlinie sein. Zur Überquerung von Meeren werden Meeresengen genutzt. Gebirgszüge werden an ihren niedrigsten Stellen überflogen. Eine wichtige Rolle bei der Orientierung spielen auch die Sonne, die Sterne und das Magnetfeld der Erde. Die Information über die Zugrichtung ist vielen Vögeln angeboren. Während des gemeinsamen Zuges lernen die Jungen von den Älteren die Lage und das Aussehen wichtiger Orientierungspunkte sowie geeigneter Rastplätze.

Zugvögel fliegen einzeln oder gemeinsam. Ziehende Vogelschwärme sind ein beeindruckendes Schauspiel. Dabei hat die Schwarmbildung während des Zuges sowohl Vor- als auch Nachteile. Die Vögel sind sicherer, weil Feinde schneller entdeckt werden. Problematisch sind jedoch die Nahrungsbeschaffung und die Suche nach sicheren Schlafplätzen für so viele Vögel. Deshalb konzentrieren sich die Zugschwärme an geeigneten Rastplätzen. Kraniche suchen zum Beispiel gern auf abgeernteten Maisfeldern nach Nahrung und übernachten stehend im flachen Wasser.

1 Die Wasseramsel sucht am Grund klarer Bäche nach Insektenlarven, während der Grauschnäpper fliegende Insekten jagt. Stelle begründete Vermutungen über das Zugverhalten beider Arten an.

4 Flugordnungen. **A** Lockerer Taubenschwarm; **B** dichter Starenschwarm; **C** Keil bei Kranichen

3 Winterfütterung

Im Winter sieht man am Futterhäuschen im Vorgarten oder auf dem Balkon Vögel aus der Nähe, die ansonsten eher versteckt in Wäldern und Parks leben. Als gleichwarme Tiere halten Vögel ihre Körpertemperatur von 41 Grad Celsius stets konstant. Im Winter geben sie daher viel Wärme an die kalte Umgebung ab. Diese Energieabgabe müssen sie mit der aufgenommenen Nahrung ausgleichen. Allerdings ist gerade in dieser Zeit die für die Vögel verfügbare Nahrungsmenge sehr gering. Insekten können nur in ihren Winterverstecken erbeutet werden und pflanzliche Nahrung in Form von Früchten und Samen wird im Laufe des Winters immer knapper. Hinzu kommt, dass die Nahrung aufgrund des gefrorenen Bodens sowie von Schnee und Eis schlecht oder gar nicht erreichbar ist. Alle diese Faktoren zusammen bewirken, dass nur ein Drittel der in Mitteleuropa brütenden Singvogelarten hier überwintert, während die anderen wegziehen.

Die zurückbleibenden Arten erhöhen ihre Überlebenschancen, wenn sie ihre spezielle Nahrung finden. Vögel wie der Gimpel können mit ihrem kräftigen Schnabel Samen zerquetschen und dickere Körner knacken. Amseln, die nicht ganz so dicke Schnäbel besitzen, stellen sich im Herbst von Regenwürmern auf Früchtenahrung um, zum Beispiel auf Hagebutten und Vogelbeeren.

Allen diesen Vögeln kann durch Winterfütterung geholfen werden. Körnerfressern werden Samen und Körner ins Futterhaus gestreut. Bündel getrockneter Beeren werden den Früchtefressern zur Verfügung gestellt. Insektenfresser bevorzugen fetthaltige Nahrung, die man als Knödel, Ring oder in der Meisenglocke anbietet. Wichtig ist, dass die Vögel den Futterplatz vor Beginn der nahrungsarmen Zeit schon kennen lernen. So erinnern sie sich in kritischen Situationen, zum Beispiel nach plötzlichen, starken Schneefällen, an diese Nahrungsquelle. An Futterhäusern besteht immer die Gefahr der Übertragung von Krankheitserregern durch Vogelkot. Deshalb müssen die Futterstellen regelmäßig gereinigt und das Futter erneuert werden.

1 Benenne die abgebildeten Vogelarten. Ordne den Gruppen der Körnerfresser, Früchtefresser beziehungsweise Insektenfresser je eine dieser Arten zu.

2 Beobachte Vögel am Futterhaus und erstelle eine Artenliste. Nutze dazu ein Bestimmungsbuch. Ordne die Arten nach der Häufigkeit, mit der sie die Futterstelle besuchen.

3 Stelle Argumente gegenüber, die für oder gegen eine Winterfütterung von Vögeln sprechen.

1 **Möglichkeiten der Winterfütterung**

Methode Erstellen und Auswerten von Diagrammen

Igel sind gleichwarme Lebewesen mit einer Körpertemperatur von etwa 35 Grad Celsius. In der kalten Jahreszeit halten Igel jedoch Winterschlaf. In einem Experiment wurde die Körpertemperatur eines Igels gemessen und mit der Umgebungstemperatur verglichen. Die dabei gewonnenen Messwerte werden in einer **Tabelle** spaltenweise übersichtlich gegenübergestellt: In einer Zeile stehen jeweils die beiden Temperaturen, die in einem bestimmten Monat gemessen wurden.

Die Tabellenwerte können auch grafisch dargestellt werden. Ein solches **Diagramm** zeigt die Zusammenhänge der Messwerte schon auf den ersten Blick sehr anschaulich. Bei der Anfertigung eines Diagramms müssen die Tabellenwerte in Wertepaare umgewandelt werden. Im vorliegenden Beispiel besteht ein Wertepaar jeweils aus einem Zeit- und einem zugehörigen Temperaturwert. Auf der waagerechten x-Achse eines Koordinatensystems wird die Zeit abgetragen, da sie vorgegeben ist. Auf der senkrechten y-Achse werden die Temperaturen abgetragen, weil sie in Abhängigkeit von der Zeit gemessen werden.

Die Messwerte werden zuerst als **Säulendiagramm** dargestellt: Die Höhe der jeweiligen Säule entspricht dabei der zugehörigen Temperatur. Pro Monat gibt es zwei Säulen, die als Umgebungs- und Körpertemperatur unterschiedlich eingefärbt sind. Durch die vielen nebeneinanderstehenden Säulen kann die Übersichtlichkeit des Diagramms leiden. Deshalb gibt es noch eine andere Darstellungsweise: das **Liniendiagramm**. Von jeder Säule wird dabei nur der Spitzenwert übernommen und als Punkt an die entsprechende Stelle im Koordinatensystem platziert. Jeder einzelne Punkt steht somit jeweils für eine ganze Säule. Anschließend werden die Punkte miteinander zu einer Linie verbunden. So ist ein übersichtlicher Vergleich von zwei Messreihen möglich.

1 Beschreibe den in Tabelle 1 dargestellten Zusammenhang.

Monat	Temperatur	
	Umgebung °C	Körper °C
Januar	−2	6
Februar	5	6
März	10	10
April	17	35
Mai	19	35
Juni	21	35
Juli	23	35
August	25	35
September	20	35
Oktober	14	35
November	8	8
Dezember	7	7

1 **Vergleich der Umgebungs- und Körpertemperatur eines Igels im Jahresverlauf**

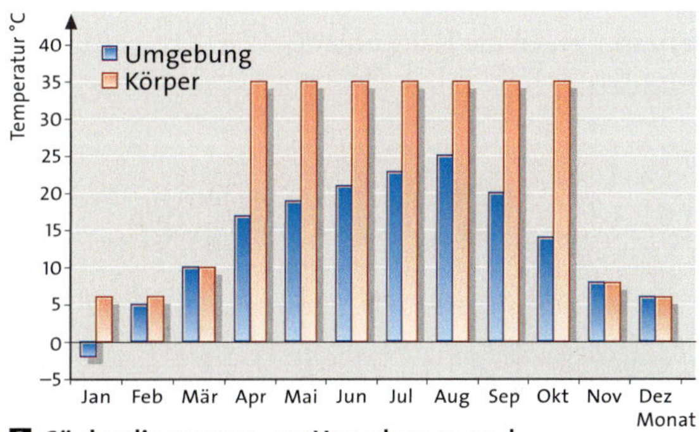

2 **Säulendiagramme zur Umgebungs- und Körpertemperatur eines Igels im Jahresverlauf**

3 **Liniendiagramm zur Umgebungs- und Körpertemperatur eines Igels im Jahresverlauf**

4 Säugetiere überwintern unterschiedlich

Der Winter ist für Tiere eine schwierige Zeit: Es wird nicht nur kälter, sondern auch die Nahrung wird knapper. Diese ungünstige Periode können Säugetiere auf unterschiedliche Weise überdauern.

Säugetiere sind gleichwarm, das heißt, sie müssen Energie aufbringen, um ihre Körpertemperatur auf einem gleichmäßig hohen Wert zu halten. In der kalten Jahreszeit ist der Temperaturunterschied zwischen einem Säugetier und seiner Umgebung größer als in den wärmeren Jahreszeiten: Das Tier verliert daher mehr Wärme an seine Umwelt. Deshalb sind körperliche Veränderungen, die zu einer besseren Wärmeisolierung beitragen, für Säugetiere im Winter von Vorteil. Dazu gehört zum Beispiel ein **Fellwechsel** zwischen Sommer und Winter. So nimmt zur Winterzeit die Zahl der wärmenden Wollhaare deutlich zu. Diese isolieren das Tier besser gegen die Kälte und der Wärmeverlust wird vermindert.

1 Hermelin. **A** Sommerfell; **B** Winterfell

Wegen des geringeren Pflanzenbewuchses gibt es für viele Tiere im Winter weniger Versteckmöglichkeiten. Deshalb ist der Fellwechsel manchmal auch mit einem Farbwechsel verbunden. Säugetiere wie Hermelin, Schneehase oder Eisfuchs haben im Winter ein weißes und im Sommer ein erdfarbenes Fell. So wird ihre Tarnung verbessert und sie werden von ihren Fressfeinden und Beutetieren nicht so leicht entdeckt.

Im Winter sind viele Pflanzen oder zumindest deren oberirdische Teile abgestorben. Die meisten Bäume und Sträucher haben ihre Blätter abgeworfen. Auch Beutetiere wie Insekten sind nicht leicht zu finden. Es gibt verschiedene Möglichkeiten, dieser Nahrungsknappheit zu begegnen. Manche Tiere fressen sich in Sommer und Herbst den sprichwörtlichen **Winterspeck** als Vorrat an. Eine dicke Fettschicht unter der Haut bietet daneben den Vorteil einer weiteren Wärmeisolierung. Andere Tiere tragen ihren Wintervorrat nicht dauernd mit sich herum, was auch Energie kostet. Sie legen im Herbst **Vorratslager** an, die sie im Winter aufsuchen. Dies ist aber nur möglich, wenn die gesammelte Nahrung lange haltbar ist. Neben dem Eichhörnchen ist der Feldhamster ein Tier, das Vorräte sammelt. Im Herbst trägt er unermüdlich Grassamen und Getreidekörner in den Backentaschen zu seinem Bau. Man hat unter Getreidefeldern schon Vorratslager eines einzigen Hamsters mit bis zu eineinhalb Kilogramm Körnern gefunden. Tiere, die Vorratslager anlegen, bleiben im Winter mehr oder weniger aktiv.

Igel und Fledermaus überstehen den Winter mit einer deutlichen Absenkung der Körpertemperatur. Sie halten **Winterschlaf,** das verringert den Nahrungsbedarf. Der Stoffwechsel sinkt auf ein Fünfzigstel des Sommerumsatzes. Gleichzeitig werden Atem- und Herzschlagfrequenz deutlich erniedrigt. Während des Winterschlafs wird auch der Stoffwechsel grundlegend umgestellt. Es dürfen zum Beispiel keine giftigen Abbaustoffe entstehen, die das Tier während des Winterschlafes nicht abgeben kann. Siebenschläfer halten einen besonders langen Winterschlaf. Sie sind dämmerungs- und nachtaktive Nagetiere, die Baumhöhlen in Laubbäumen bewohnen. Sie ernähren sich von Obst, Eicheln und Bucheckern. Von Oktober bis Mai ziehen sie sich zum Winterschlaf zurück.

Eichhörnchen halten keinen Winterschlaf, sondern **Winterruhe.** Dabei verbringen sie den Winter zwar auch weitgehend schlafend, senken ihre Körpertemperatur aber nur um ein bis zwei Grad ab. Dadurch verringert sich zwar der Stoffumsatz in den Tieren, aber bei Weitem nicht so sehr wie bei den Winterschläfern. Deshalb müssen Winterruher in dieser Zeit hin und wieder Nahrung aus ihren Vorratslagern aufnehmen.

Manche Tiere führen auch Wanderungen durch, um den Bedingungen des Winters teilweise zu entgehen. So zogen Hirsche im Winter früher aus den höheren Berglagen hinunter in die Täler. Dieser Weg ist ihnen heute oft versperrt, da am Ende der Täler Städte und Dörfer liegen. Die Hirsche verbleiben in den ungünstigen Gebieten. Dort fehlen ihnen aber Gräser und Kräuter wie im Sommer oder Eicheln und Bucheckern wie im Herbst. Hirsche schälen im Winter deshalb die Rinde von den Bäumen oder verbeißen Triebe und Knospen. Dadurch werden die Pflanzen stark geschädigt und ihr Holz wird für die Verarbeitung entwertet. Um starke Verbissschäden zu vermeiden, wird Hirschen im Winter daher zugefüttert. Dies gilt beispielsweise auch für Wildschweine, insbesondere, wenn sie in einem Gebiet sehr häufig vorkommen.

Durch Aktivitäten des Menschen wird den Tieren die Überwinterung zusätzlich erschwert. Auch wenn viele große Tiere wie Hirsche, Rehe und Wildschweine den Winter durchgehend wach zubringen, bewegen sie sich nicht so viel wie im Sommer und ziehen sich ins Dickicht zurück. Jede Flucht daraus kostet Energie, die bei Nahrungsmangel schwer zu ersetzen ist. Es schwächt die Tiere deshalb zusätzlich, wenn Menschen sich beim Wandern nicht an ausgeschilderte Wege halten und die Tiere stören.

3 Siebenschläfer.
A Wach; **B** im Winterschlaf

1 Beschreibe die Unterschiede zwischen Winterruhe und Winterschlaf.

2 Beurteile die Überwinterungsmethoden »Winterschlaf« und »Wachbleiben« nach ihren Vor- und Nachteilen.

2 Hamster mit Vorrat an Getreidekörnern

4 Winterfütterung durch den Förster

Aufgaben und Versuche Wärmeisolation

V1 Wärmeleitfähigkeit verschiedener Materialien

Material: Tasse aus Porzellan; Becher aus Metall; heißes Wasser (50 °C)

Durchführung: Fülle die Porzellantasse und den Metallbecher mit dem heißen Wasser. Nimm die beiden Gefäße gleichzeitig in die Hände.

Aufgaben:

a) Beschreibe dein Wärmeempfinden und ziehe Schlussfolgerungen.

b) Stelle eine Vermutung auf, in welchem Gefäß das Wasser schneller abkühlt. Überprüfe deine Vermutung.

A2 Schutz vor Unterkühlung

Sport- und Berufstaucher schützen sich mit einem Neoprenanzug vor Unterkühlung. Das Wasser entzieht dem Körper die Wärme fünfundzwanzigmal schneller als Luft. Neopren ist eine Art künstlicher Gummi, der während des Herstellungsverfahrens mit Luft aufgeschäumt wird. Es entstehen Millionen winziger Gasbläschen, die nach dem Härten des wasserundurchlässigen Materials bestehen bleiben.

Aufgaben:

a) Erläutere die Wirkungsweise eines Neoprenanzugs beim Tauchen.

b) Stelle eine begründete Vermutung auf, ob eine dicke Wollbekleidung unter Wasser ebenfalls vor der Kälte schützen würde.

V3 Wärmeisolierung verschiedener Stoffe

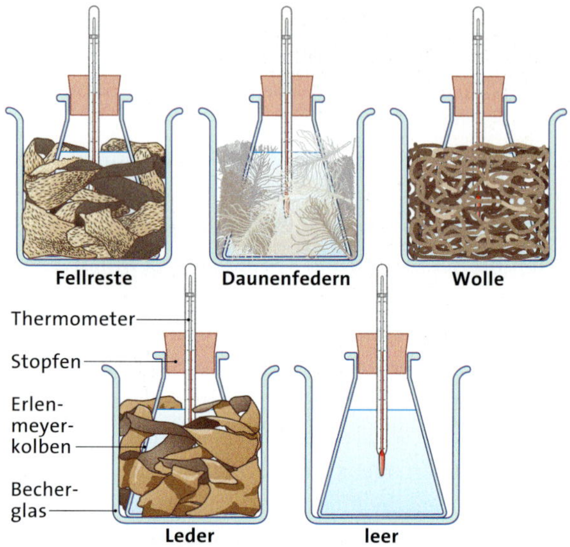

Material: 5 Erlenmeyerkolben (100 ml) mit durchbohrtem Stopfen; 5 Bechergläser (250 ml); 5 Thermometer (0–100 °C); heißes Wasser (50 °C); Fellreste; Daunenfedern; Wolle; Leder; Stoppuhr

Durchführung: Fülle in jeden der fünf Erlenmeyerkolben heißes Wasser. Gib in die Bechergläser eins bis vier je eines der oben aufgeführten Materialien. Das fünfte Becherglas bleibt leer. Stelle nun je einen Erlenmeyerkolben in die vorbereiteten Bechergläser. Stecke die Thermometer durch die Stopfen und setze jeweils einen auf jeden Erlenmeyerkolben (das Thermometer darf den Glasboden nicht berühren).

Aufgaben:

a) Miss für zwanzig Minuten alle fünf Minuten die Temperatur in den Erlenmeyerkolben. Notiere die Ergebnisse in einer Tabelle.

b) Stelle die Ergebnisse in einem Diagramm dar. Trage dazu auf der waagrechten Achse die Zeit in Minuten auf und auf der senkrechten Achse die Temperatur in Grad Celsius. Trage die Messwerte in das Diagramm ein. Markiere nun die gemessenen Werte mit einem Punkt und verbinde die Punkte mit einer Linie. Verwende dabei verschiedene Farben für die verschiedenen Versuche.

c) Leite aus den Ergebnissen Schlussfolgerungen ab.

A4 Sommerfell – Winterfell

Im Fell eines Säugetieres sind meist zwei Haartypen vorhanden: die glatten Grannenhaare und darunter die gekräuselten Wollhaare.

Aufgaben:

a) Vergleiche Woll- und Grannenhaare. Erläutere den Zusammenhang zwischen dem Bau und der Funktion der Haare. Verwende die Abbildung und die in dem Text zur Abbildung gegebenen Informationen.

b) Beschreibe mithilfe der Abbildung die Unterschiede zwischen Sommer- und Winterfell.

c) Der Fellwechsel ist bei manchen Säugetieren mit einem Farbwechsel verbunden. Begründe dies.

A5 Walross und Seebär

Walrosse kommen in kalten Gewässern rund um den Nordpol vor. Aus der Ferne wirkt ihr Körper kahl. Bei genauerem Hinsehen erkennt man aber, dass die Walrosshaut von einem kurzen, stoppeligen Fell bedeckt ist, das etwa einen Zentimeter kurz ist. Die Haut selber ist etwa vier Zentimeter dick und faltig. Unter ihr liegt eine fünf bis acht Zentimeter dicke Fettschicht. Seebären besiedeln ebenfalls kalte Meere der Nordhalbkugel. Sie haben unter ihrem zotteligen Oberhaar ein dichtes, wolliges Fell. Die unter der Haut liegende Fettschicht ist relativ dünn.

Aufgaben:

a) Stelle begründete Vermutungen über die Funktion von Haut und Fell beim Walross und beim Seebär auf.

b) Erläutere die Angepasstheit der beiden Arten an ihren Lebensraum.

Kriechtiere vergangener Zeiten

1 Fossilien und Erdgeschichte

1 Fossiliensuche

Die Umgebung von Eichstätt und Solnhofen an der Altmühl, einem Fluss in Bayern, ist bei Biologen weltberühmt. Hier werden in den Kalksteinbrüchen auch heute noch hervorragend erhaltene Reste von Lebewesen aus der Urzeit gefunden. Diese Reste werden als *Versteinerungen* oder **Fossilien** bezeichnet. Dies können zum Beispiel Abdrücke von Muscheln im Gestein oder Knochen sein. Manche Steinbrüche sind auf den Besuch von Schulklassen eingerichtet und erlauben die Suche nach Fossilien. Wie sind solche Fossilien aber entstanden?

Vor etwa 150 Millionen Jahren war das Gebiet um Solnhofen ein flaches Meer. Wenn ein totes Tier auf den Meeresboden absank, wurde es häufig so rasch mit Schlamm zugedeckt, dass es nicht vollständig verwesen konnte. In Millionen von Jahren lagerte sich immer mehr Material auf dem Meeresboden ab. Die Schichten, die unten lagen, wurden durch den Druck der darüber liegenden Schichten immer dichter. Schließlich wandelten sie sich zu festem Gestein um. Der Abdruck des Tieres blieb erhalten und versteinerte ebenfalls. Später wurde das Gestein durch Bewegungen der Erdkruste über den Meeresspiegel gehoben. So wurde aus dem ehemaligen Meeresboden Festland. In Steinbrüchen werden solche Fossilien manchmal wieder freigelegt.

Fossilien können ganz unterschiedlich alt sein. Manche sind »nur« zwei oder drei Millionen Jahre alt, andere 100 oder sogar 500 Millionen Jahre. Mit Hilfe von Fossilien können wir uns heute ein Bild davon machen, welche Lebewesen früher auf der Erde vorkamen und wie sie aussahen. Die zeitliche Einordnung von Fossilien wird dabei durch die Einteilung der Erdgeschichte in verschiedene *Erdzeitalter* erleichtert.

Vor etwa fünf Milliarden Jahren, in der **Erdurzeit,** ist die Erde entstanden. Es folgte die **Erdfrühzeit** vor 4,5 Milliarden Jahren, in der die ersten einfachen Lebewesen auftraten. Das anschließende **Erdaltertum** begann vor etwa 550 Millionen Jahren und dauerte bis vor 245 Millionen Jahren. In dieser langen Zeit entwickelten sich mehrere Tiergruppen, darunter auch erste Wirbeltiere. So lebten vor etwa 400 Millionen Jahren die frühesten Fische, etwa vor 300 Millionen Jahren entwickelten sich die ersten Lurche und vor 250 Millionen Jahren die frühesten Kriechtiere. Kriechtiere waren schließlich auch die ersten Wirbeltiere, die endgültig das Land eroberten. Sie entwickelten vielfältige Angepasstheiten und besetzten dadurch alle Lebensräume.

Auch die Pflanzen entwickelten sich im Erdaltertum von einfach gebauten Algen bis zu den ersten Samen-

2 Entstehung eines Fossils

pflanzen. Bäume und Kräuter im heutigen Sinne gab es damals noch nicht. Diese entstanden erst im **Erdmittelalter,** das etwa 180 Millionen Jahre andauerte. Es wird nach wichtigen Gesteinsarten, die hier entstanden sind, in die drei Abschnitte *Trias, Jura* und *Kreide* unterteilt. Zwar gab es zu dieser Zeit bereits erste Vögel und Säugetiere, das Erdmittelalter aber war die Blütezeit der Kriechtiere. Es endete mit der Kreidezeit vor etwa 65 Millionenen Jahren, als schlagartig die meisten Kriechtiergruppen ausstarben. Nun begann die **Erdneuzeit,** die bis heute andauert. In diese Zeit entstanden vor allem neue Vogel- und Säugetierarten. Der Mensch ist vor etwa fünf Millionen Jahren zum ersten Mal fossil nachweisbar. Seine Wurzeln liegen in Afrika. Von hier aus hat der Mensch die ganze Erde besiedelt.

Im Lauf der Erdgeschichte war die Erde von tiefgreifenden Wandlungen betroffen. Am Ende des Erdaltertums war fast die gesamte Landmasse der Erde zu einem großen Kontinent vereinigt. Dieser Urkontinent zerbrach im Erdmittelalter und die heutigen Kontinente entstanden aus den damaligen Bruchschollen. Vulkane und Erdbeben zeigen, dass die Erde noch nicht zur Ruhe gekommen ist. Auch das Klima war nicht immer gleich. Besonders schwerwiegende Folgen für alle Lebewesen hatte die letzte Eiszeit, die vor zwei Millionen Jahren begann. Als bekannteste Tierart entwickelte sich in Anpassung an das veränderte Klima das Wollhaarmammut. Am Ende der Eiszeit, vor etwa 30 000 Jahren, starb diese Tierart wieder aus.

Alle Befunde deuten darauf hin, dass alles Leben auf der Erde aus einem gemeinsamen Ursprung entstanden ist. Im Lauf der Erdgeschichte entwickelten sich alle Lebewesen weiter. Diese Entwicklung wird als **Evolution** bezeichnet.

1 Fertige eine Tabelle der Erdzeitalter an. Trage wichtige Gruppen von Lebewesen ein, die jeweils neu aufgetreten sind.

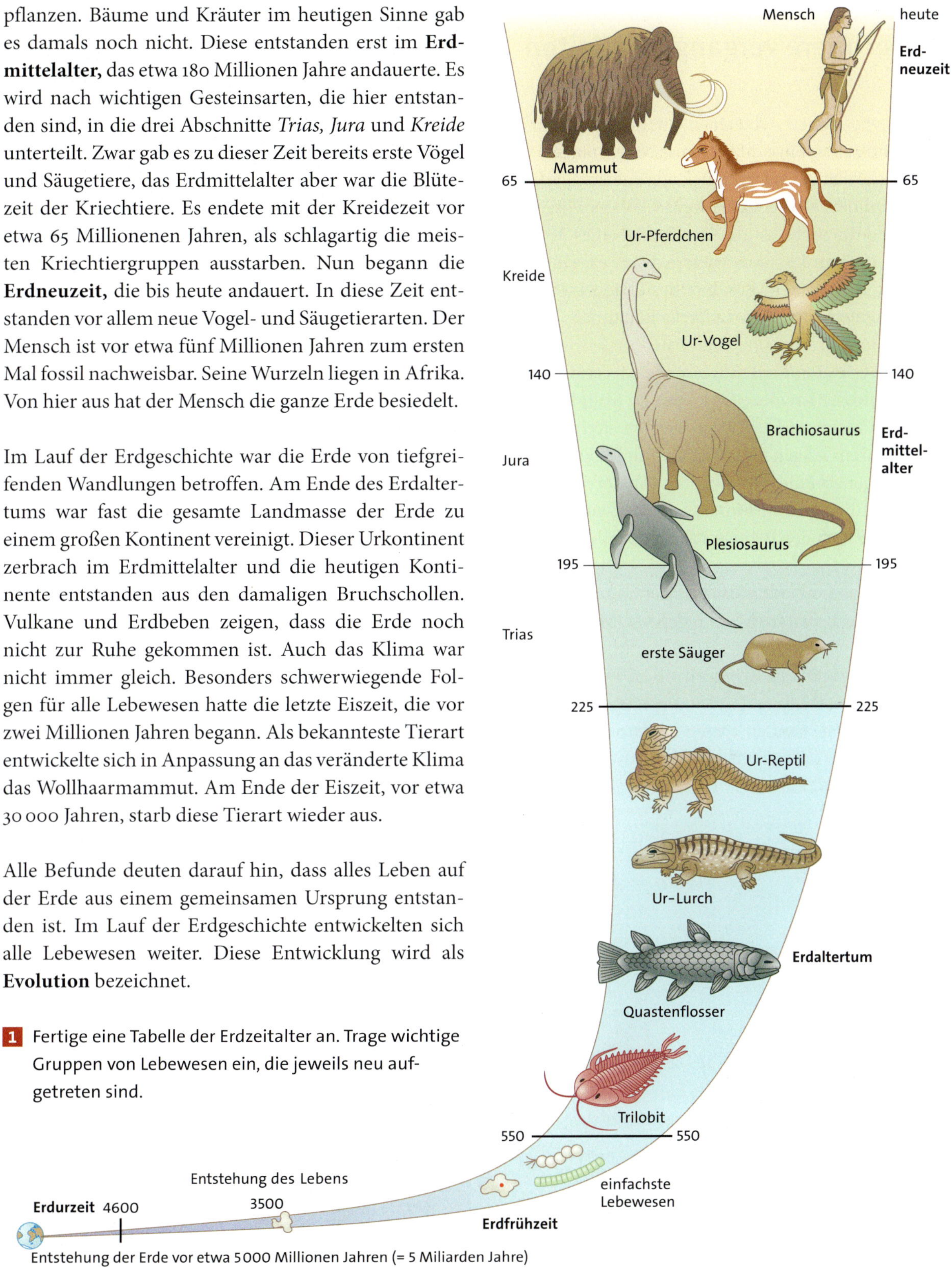

3 **Erdzeitalter**

2 Saurier – Kriechtiere vergangener Zeiten

Im Jahr 1770 fanden Arbeiter in einem Steinbruch am niederländischen Fluss Maas ein 15 Meter langes, versteinertes Skelett. Das Fundstück wurde nach Paris gebracht und dem Forsches Georges CUVIER vorgelegt. Dieser identifizierte es als das Skelett eines Kriechtieres. Später wurden noch weitere dieser Fossilien gefunden und nach dem Fundort des ersten Fossils als Maasechsen oder auch *Mosasaurier* benannt.

Mosasaurier waren Fleisch fressende Meeresreptilien, die während der Kreidezeit vor etwa 80 Millionen Jahren in den Meeren lebten. Sie bewegten sich mit Flossen und ihrem langen Schwanz fort und konnten sich trotz Lungenatmung lange unter Wasser aufhalten. Wahrscheinlich gingen Mosasaurier nur zur Eiablage an Land, ähnlich den heutigen Meeresschildkröten.

Die Ichthyosaurier oder Fischsaurier waren noch extremer an das Leben im Meer angepasst. Mit ihrer Torpedogestalt, der großen Rückenflosse und der ausgeprägten Schwanzflosse erinnern sie an Delfine. Während es sich bei Delfinen jedoch um Säugetiere aus der Gruppe der Wale handelt, waren Ichthyosaurier so wie Mosasaurier im Wasser lebende Kriechtiere.

1 Mosasaurier

Der Luftraum wurde in der Kreidezeit von Flugsauriern besetzt. Besonders viele Fossilien von Flugsauriern wurden aus den Plattenkalken von Solnhofen geborgen. Diese Funde sind so gut erhalten, dass man heute über die Lebensweise dieser Tiere hervorragend Bescheid weiß. Sie konnten mit Hilfe einer dünnen Flughaut, die zwischen den Vorderbeinen und dem Körper gespannt war, ausgezeichnet fliegen.

Auf dem Land entwickelten sich Kriechtiere zu teilweise riesenhaften Formen. Man bezeichnet sie als Dinosaurier. Die meisten Dinosaurier wie zum Beispiel *Brachiosaurus* und *Iguanodon* waren Pflanzenfresser, die täglich rund eine halbe Tonne Nahrung benötigten.

2 Saurier – ein Lebensbild aus dem Erdmittelalter

Der bekannteste Fressfeind dieser Riesen war wohl der *Tyrannosaurus*. Er erreichte eine Körperlänge von etwa 13 Metern, sein Kopf maß 1,5 Meter und die Kiefer waren mit spitzen Zähnen besetzt. Wahrscheinlich jagte *Tyrannosaurus* andere Dinosaurier wie *Stegosaurus* oder *Triceratops*. Als größter Saurier gilt *Seismosaurus*, ein Verwandter von *Brachiosaurus*. Da man kein ganzes Skelett, sondern nur einige Wirbel und andere Skelettteile gefunden hat, schwanken die Schätzungen der Gesamtlänge vom Kopf bis zur Schwanzspitze zwischen 34 und 50 Meter.

Während des Erdmittelalters waren die Kriechtiere die beherrschende Wirbeltiergruppe. Vor 65 Millionen Jahren, am Ende der Kreidezeit, starben die Saurier aber in kurzer Zeit aus. Mit ihnen verschwanden auch viele andere Tiergruppen und auch etliche Pflanzengruppen. Die Ursache des Aussterbens ist immer noch umstritten. Beispielsweise wird der Einschlag eines mehrere Kilometer großen Meteoriten im Bereich der heutigen Karibik diskutiert. Man vermutet, dass durch den Aufschlag Staub- und Aschemassen aufgewirbelt wurden, die über lange Zeit die Atmosphäre verdunkelten und das Weltklima beeinflussten. Unklar ist jedoch, warum andere Tiere und Pflanzen überlebten. Vermutlich wirkten mehrere Faktoren zusammen, die das Aussterben der Saurier verursachten.

Das gesamte Wissen über Tier- und Pflanzenwelt im Erdmittelalter stammt von Fossilien. Die Wissenschaft von den Versteinerungen heißt **Paläontologie.** Paläontologen untersuchen die verschiedensten Fossilien und versuchen natürlich auch die empfindlichen Fundstücke für die Nachwelt zu erhalten. Hierzu wird jedes einzelne Stück sorgfältig präpariert. Freigelegte Skelettteile werden wie ein Puzzlespiel zusammengesetzt, damit sich die Forscher über das Aussehen der Dinosaurier ein Bild machen können. Viele Museen stellen Plastiken von Dinosauriern aus, die mit Hilfe dieser Kenntnisse erstellt werden konnten. Solche Nachbildungen nennt man **Rekonstruktionen.** Eine ganz neue Methode ist die *Computer-Animation*, mit der man die Nachbildungen auf dem Bildschirm sogar »zum Laufen« bringen kann.

1 Recherchiere verschiedene Erklärungsversuche zum Aussterben der Saurier.

3 **Paläontologe bei der Arbeit**

A

B

4 **Iguanodon. A** Versteinerung eines Vorderfußes; **B** Rekonstruktion

5 **Computer-Animation eines Tyrannosauriers**

Wissen kompakt Fossile Wirbeltiere

Name: Ichthyosaurus
Lebenszeitraum: vor 180 bis 135 Millionen Jahren (Jura)
Körperlänge: bis 12 Meter lang
Gewicht: nicht bekannt
Körpermerkmale: stromlinienförmig; flossenartige Gliedmaßen, kräftige Rücken- und Schwanzflosse; lebendgebärend
Besonderheiten: vollständige Angepasstheit an das Leben im Meer

Name: Stegosaurus
Lebenszeitraum: vor 150 Millionen Jahren (Jura)
Körperlänge: bis 9 Meter lang
Gewicht: etwa 4 Tonnen
Körpermerkmale: Rücken mit 2 Reihen von Knochenplatten, die vermutlich von einer gut durchbluteten Haut überzogen waren und zur Temperaturregelung dienten; Pflanzenfresser
Besonderheiten: Schwanz mit kräftigen Stacheln zur Verteidigung

Name: Velociraptor
Lebenszeitraum: vor 80 Millionen Jahren (Kreide)
Körperlänge: bis 1,8 Meter lang
Gewicht: etwa 100 Kilogramm
Körpermerkmale: kräftige Hinterbeine; aufrecht laufend; scharfe Krallen an Fingern und Zehen; 30 spitze Zähne
Besonderheiten: kleiner Raubsaurier, der in Rudeln jagte

Name: Brachiosaurus
Lebenszeitraum: vor 145 Millionen Jahren (Kreide)
Körperlänge: etwa 23 Meter lang und 15 Meter hoch
Gewicht: etwa 85 Tonnen
Körpermerkmale: sehr langer Hals und Schwanz
Besonderheiten: einer der größten Saurier, von denen ein komplettes Skelett vorliegt; Pflanzenfresser

1 Stelle Vermutungen an, welche heutigen Lebewesen von ihren Lebensumständen mit den abgebildeten fossilen Wirbeltieren vergleichbar sind.

2 Recherchiere und erstelle Steckbriefe für folgende Saurier: Triceratops, Iguanodon, Elasmosaurus.

Name: Tyrannosaurus
Lebenszeitraum: vor 70 Millionen Jahren (Kreide)
Körperlänge: etwa 13 Meter lang
Gewicht: etwa 4,5 bis sieben Tonnen
Körpermerkmale: aufrecht laufend
Besonderheiten: Fleisch fressender Dinosaurier mit vergleichsweise großem Gehirn

Name: Pterodactylus
Lebenszeitraum: vor 144 Millionen Jahren (Kreide)
Körperlänge: etwa 0,5 Meter; etwa zwei Meter Spannweite
Gewicht: etwa ein Kilogramm
Körpermerkmale: kurzer Schwanz; langer Kopf; schmales Maul mit kurzen, spitzen Zähnen
Besonderheiten: Flugsaurier mit hohlen Knochen; Vordergliedmaßen zu Flügeln umgewandelt; Flughaut zwischen Vorder- und Hinterbeinen; Haare

Name: Trinaxodon
Lebenszeitraum: vor 215 Millionen Jahren (Trias)
Körperlänge: etwa 0,5 Meter lang
Gewicht: etwa 20 Kilogramm
Körpermerkmale: wasserschützende Schuppenhaut, scharfe Zähne
Besonderheiten: Übergangsform zwischen Reptilien und Säugetieren: legte Eier und säugte Jungtiere

Name: Archaeopteryx
Lebenszeitraum: vor 150 Millionen Jahren (Jura)
Körperlänge: etwa 40 Zentimeter lang
Gewicht: etwa fünf Kilogramm
Körpermerkmale: Schwanz mit Wirbeln; knöcherner Kiefer mit Zähnen; Flügel mit Federn
Besonderheiten: Übergangsform zwischen Reptilien und Vögeln

3 Der Fischsaurier Ichthyosaurus war lebendgebärend. Recherchiere, aufgrund welchen Befundes man diese Schlussfolgerung ziehen kann.

4 Archaeopteryx hatte keinen ausgeprägten Brustbeinkamm und keine hohlen Knochen. Ziehe Schlussfolgerungen in Hinblick auf sein Flugvermögen.

Artgerechte Tierhaltung

1 Heimtiere in der Obhut des Menschen

In fast jedem zweiten Haushalt in Deutschland wird ein Tier gehalten. Warum leben wohl so viele Menschen mit einem Tier zusammen?

Das Gefühl, für ein Lebewesen da zu sein, ist für sie wichtig. Nicht nur ältere und einsame Menschen halten deshalb ein Heimtier. Ihre Halter füttern und pflegen sie, halten sie sauber und schützen sie vor Gefahren. Beim Umgang mit ihnen empfinden sie Freude, Entspannung und Unterhaltung. Viele Kinder möchten gern ein Haustier halten, um es als Spielgefährte und als »Schmusetier« zu haben. Es macht ihnen Spaß, sich mit dem Tier zu beschäftigen und sein Verhalten kennen zu lernen.

Wenn ein Hund als Welpe in eine Familie hineinkommt, bindet man sich etwa zehn Jahre an ihn und muss für das Tier sorgen. Der Hund benötigt viel Kontakt zur Familie, die er als sein neues Rudel ansieht. Bei der notwendigen Erziehung des Hundes sollten die Eltern die dominanten Rudelführer sein. Der Hund braucht viel Zuwendung und genügend Auslauf. Daneben ist es aber wichtig, dass er Rückzugsmöglichkeiten bekommt und eine ruhige Schlafstelle hat. Für die Pflege des Fells muss man je nach Rasse des Hundes einige Zeit und Geduld aufwenden. So bringt der neue Hausgenosse neben Spiel und Spaß auch neue Pflichten mit sich. Außerdem entstehen viele Kosten: Nach der Anschaffung fallen ständige Ausgaben für Futter, Versicherungen, Hundesteuer sowie den Tierarzt an. Auch ein gesunder Hund muss regelmäßig beim Tierarzt vorgestellt werden, damit die jährlichen Impfungen und Wurmkuren verabreicht werden können. Auch bei der Planung des Familienurlaubs sollte der Hund berücksichtigt werden.

Entscheidet man sich für eine Katze als Heimtier, so muss man auch über diese Tiere gut Bescheid wissen: Katzen sind eher Einzelgänger und lieben ihre Unabhängigkeit. Dürfen sie als Freigänger die Wohnung verlassen, werden sie gern Kleintiere jagen und ihre Beute manchmal nach Hause bringen. Hält man die Hauskatze nur in der Wohnung, so muss man ihr ausreichend Spiel- und Bewegungsmöglichkeiten bieten. Die Katze entscheidet selbst, wann sie gestreichelt werden möchte und wann sie lieber ausweicht. Auch bei diesen Heimtieren entstehen neben den Futterkosten die Kosten für den Tierarzt.

Wenn man sich nun für die Anschaffung anderer Heimtiere wie Meerschweinchen, Kaninchen, Wellensittiche, Kanarienvögel oder auch Zierfische entscheidet, sollte man sich mit den Bedürfnissen des Lebewesens auskennen. Man ist verantwortlich für die artgerechte Haltung und Pflege des Tieres, sodass Mensch und Tier sich wohl dabei fühlen.

1 Erläutere den Begriff Heimtier.

2 Könntest du Hundebesitzer sein? Was muss vor der Anschaffung eines Hundes geklärt sein? Nenne Gründe, warum du einen Hund halten möchtest.

3 Die Tierheime sind regelmäßig in den Sommerferien überfüllt. Informiere dich über die Gründe. Stelle Vermutungen an, wie dies zu verhindern wäre.

A

B

1 Heimtiere. **A** Familie mit Hund; **B** Rentnerin mit Katze

2 Tierhaltung und Tierschutz

Die Klasse 5b besucht den Zoo in Leipzig. Vor dem Elefantengehege entwickelt sich unter den Schülerinnen und Schülern eine angeregte Diskussion. »Die armen Tiere! Eigentlich sollten sie doch in der afrikanischen Steppe leben und nicht in einer fremden Umgebung eingesperrt sein« meint ein Teil der Jungen und Mädchen. Andere dagegen erwidern: »Den Elefanten geht es doch gut! Sie bekommen jeden Tag genügend zu fressen und zu trinken, für ihre Gesundheit sorgt der Tierarzt, die Tierpfleger beschäftigen sich ausgiebig mit den Tieren und Gefahren, zum Beispiel durch Wilderer, gibt es hier auch nicht.« Beide Meinungen klingen überzeugend. Aber welche davon ist nun richtig?

Für jedes Tier ist das Leben in seiner natürlichen, nicht durch den Menschen veränderten Umwelt am Besten. Manchmal ist es aber notwendig, dass Tiere in menschlicher Obhut gehalten werden. Hier muss eine **artgerechte Tierhaltung** gefordert werden. Ob eine Tierhaltung artgerecht ist, erfordert dabei klare Beurteilungsrichtlinien. Aus diesem Grund wurde das **Tierschutzgesetz** geschaffen. Bereits in Paragraph 1 dieses Gesetzes wird festgelegt, dass Menschen mit der Tierhaltung die Verantwortung für das Wohlergehen der ihnen anvertrauten Tiere übernehmen. *»Zweck dieses Gesetzes ist es, aus der Verantwortung des Menschen für das Tier als Mitgeschöpf dessen Leben und Wohlbefinden zu schützen. Niemand darf einem Tier ohne vernünftigen Grund Schmerzen, Leiden oder Schäden zufügen.«*

Das Tierschutzgesetz legt auch fest, dass ein Tier seiner Art und seinen Bedürfnissen entsprechend angemessen ernährt, gepflegt und verhaltensgerecht untergebracht werden muss. Wie diese Bedürfnisse aussehen, kann aus Beobachtungen im natürlichen Lebensraum der Tiere erschlossen werden. So ziehen Afrikanische Elefanten beispielsweise in ihrem natürlichen Lebensraum, der Steppe, in Herden umher. Sie ernähren sich meist vom Laub der kargen Büsche. Zum Trinken und Baden benötigen sie flache Tümpel, in dessen Schlamm sie sich auch wälzen, um sich so vor Zecken und anderen Parasiten zu schützen. Einen Elefanten also einzeln in einem Käfig zu halten, wie es leider auch heute noch in manchem Zirkus zu beobachten ist, ist ein schwerwiegender Verstoß gegen das Tierschutzgesetz. Dagegen bemühen sich moderne Zoos um eine artgerechte Haltung ihrer Tiere, bei der den Bedürfnissen der Tiere voll entsprochen wird. Für manche Tierarten ist vielleicht die Haltung in einem Zoo die einzige Chance zu überleben, da durch die Eingriffe des Menschen ihre natürliche Umwelt zerstört ist.

1 Elefanten im Leipziger Zoo

Auch die **Massentierhaltung** unterliegt dem Tierschutzgesetz. Leider kann hier nicht immer eine völlig artgerechte Tierhaltung eingehalten werden. Ohne Massentierhaltung würde die ausreichende Versorgung des Menschen mit Nahrung aber schnell an ihre Grenzen stoßen. Dennoch regelt das Tierschutzgesetz auch die Massentierhaltung und bemüht sich darum, dass für die Tiere ein Mindestmaß an Lebensqualität eingehalten wird. So bestimmen einzelne Paragraphen die Haltung, den Transport oder die Schlachtung von Nutztieren.

1 Das Tierschutzgesetz regelt auch den Transport von Tieren. Führt eine Recherche durch, welche Regelungen für den Transport von Schlachtvieh getroffen wurden.

2 In manchen Kinderzimmern werden Landschildkröten gehalten. Beurteile dies.

3 Nenne Gründe, warum Tiere in einem Zoo gehalten werden sollten. Diskutiere deine Meinung in der Klasse und erstelle ein Werbeplakat für einen fiktiven Zoo.

3 Das Rind – das wichtigste Nutztier

Mit dem Einsatz von Traktoren wurde die Nutzung der Rinder als Zugtiere überflüssig. Die **Dreinutzungsrinder**, die neben Milch und Fleisch auch Arbeitskraft liefern, gibt es daher heute so nicht mehr. Die Landwirte konzentrierten sich auf zwei neue Zuchttypen: **Milchrinder** und **Fleischrinder.** Es wurden jeweils die Rinder mit dem höchsten Milch- oder Fleischertrag miteinander verpaart. So konnte die jährliche Milchleistung eines Milchrindes von etwa 2000 Litern im Jahre 1937 auf über 10 000 Liter im Jahr 2006 gesteigert werden. Fleischrinder dagegen haben eine gute Mastfähigkeit, nehmen also beim Wachsen sehr schnell zu. Es gibt auch Rinderrassen, die sowohl Milch als auch Fleisch liefern, sogenannte **Zweinutzungsrinder.**

Viele Menschen essen heute mehr Fleisch als früher und möchten dieses gerne preisgünstig kaufen. Solch ein Verbraucherverhalten zwingt die Landwirte, kostengünstiger zu produzieren. So sind viele Landwirte zur **Massentierhaltung** und damit zur **Stallhaltung** übergegangen. Bei der *Anbindehaltung* stehen die Rinder angekettet eng nebeneinander. Die Kälber werden gleich nach ihrer Geburt von der Mutter getrennt, damit diese mehr Milch gibt. Sie werden mit einem Milchersatz ernährt. In modernen *Boxenlaufställen* können Milchrinder sich frei bewegen. Dabei können sie untereinander Kontakt aufnehmen, was den Herdentieren sehr liegt. Viele Landwirte halten ihre Rinder im Sommer auf der Weide. Von Betrieben mit ökologischer Landwirtschaft wird diese **Freilandhaltung** fast ausschließlich praktiziert. Sie lassen die Kälber in der Herde bei den Müttern. So können die Rinder **artgerecht** leben. Durch das Laufen auf der Weide nehmen die Rinder aber nicht so schnell zu, was den Preis des Rindfleischs verteuert.

1 **Moderner Melkstand**

1 Beurteile die Freiland- und die Stallhaltung von Rindern bezüglich einer artgerechten Tierhaltung.

2 Formuliere aus Verbrauchersicht Erwartungen an die Landwirte. Berücksichtige auch die Konsequenzen.

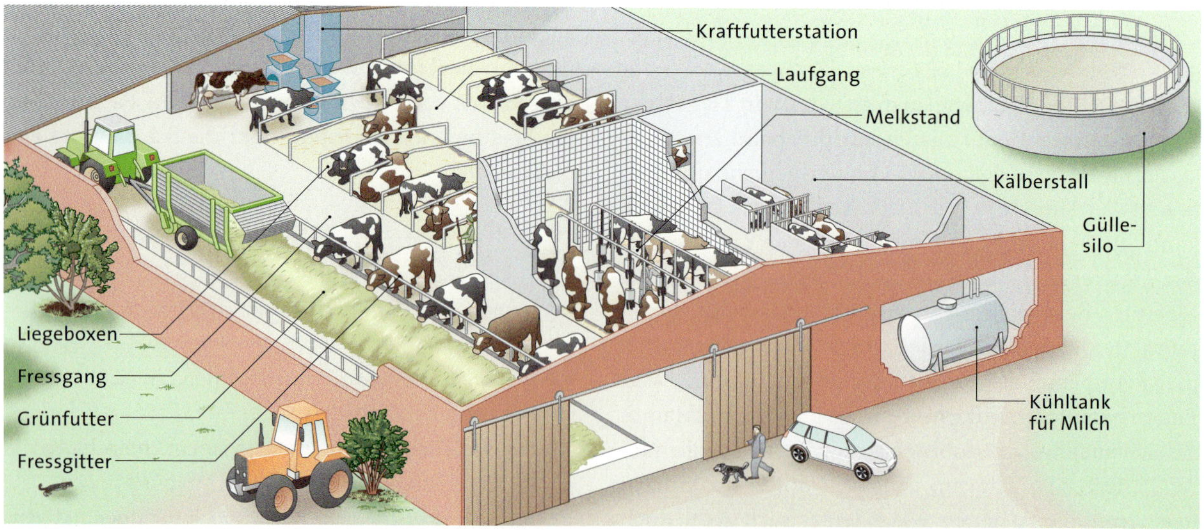

2 **Rinderhaltung im Boxenlaufstall**

Wissen kompakt Rinderrassen in der deutschen Landwirtschaft

Name: **Holstein-Friesian**
Gewicht: Kuh: 650–750 kg, Bulle: 1000–1200 kg
Milchleistung der Kühe: bis 10 000 Liter pro Jahr
Nutzung: Milchrindrasse
Verbreitung: Nord- und Mitteldeutschland

Name: **Deutsches Gelbvieh, Frankenvieh**
Gewicht: Kuh: 750–850 kg, Bulle: 1100–1300 kg
Milchleistung der Kühe: bis 5500 Liter pro Jahr
Nutzung: fleischbetonte Zweinutzungsrasse
Verbreitung: vorwiegend Niederbayern

Name: **Rotes Höhenvieh**, hier: **Harzer Rotvieh**
Gewicht: Kuh: 500–700 kg, Bulle: 750–950 kg
Milchleistung der Kühe: bis 4000 Liter pro Jahr
Nutzung: Zweinutzungsrasse, ehemalige Dreinutzungsrasse
Verbreitung: deutsche Mittelgebirge, hier: Harz

Name: **Deutsches Fleckvieh**
Gewicht: Kuh: 700–850 kg, Bulle: 1100–1300 kg
Milchleistung der Kühe: bis 7000 Liter pro Jahr
Nutzung: milchbetonte Zweinutzungsrasse
Verbreitung: überwiegend Süddeutschland

1 Vergleiche den Körperbau eines Milchrindes, eines milchbetonten und eines fleischbetonten Zweinutzungsrindes. Analysiere den Zusammenhang zwischen Nutzung und Körperbau der Tiere.

2 Recherchiere im Internet oder in der Literatur, welche Rinderarten in Nordamerika, Afrika und Asien gehalten und wie sie genutzt werden. Trage die Arten und ihre Nutzung in eine Tabelle ein.

4 Tierhaltung früher und heute

In einem Freilichtmuseum können die Besucher heute noch miterleben, wie Menschen und Tiere in früheren Zeiten gelebt haben. Alte Häuser, die vor dem Abriss gerettet und wieder originalgetreu aufgebaut worden sind, bilden ein kleines Dorf. Jedes Haus hat einen kleinen Bauerngarten, in dem die Bewohner Obst und Gemüse für den Eigenbedarf anbauen. Die meisten Häuser haben einen kleinen Stall mit einer Kuh, ein paar Schweinen und Ziegen sowie Hühnern. Auf ein Signal des Schweinehirten werden die Schweine auf den Dorfplatz gelassen und sammeln sich sofort um den Hirten. Die Schweine werden von ihm durchs Dorf auf die Weide getrieben, im Frühjahr und Sommer auf morastige Auen und im Herbst in den Wald zur *Mast.*

Diese **Weidehaltung** war früher die übliche Form der **Freilandhaltung.** Durch die viele Bewegung und das abwechslungsreiche Futter bekamen die Schweine ein besonders wohlschmeckendes Fleisch. Um möglichst wenige Tiere im Winter füttern zu müssen, wurden alle nicht unbedingt für die Zucht notwendigen Jungtiere geschlachtet, wenn der erste Schnee fiel. Das Recht, Schweine in den Wald treiben zu dürfen, musste man sich vom Grundherren kaufen, dem der Wald gehörte. War das nicht möglich, so wurden die Schweine mit Küchenabfällen gefüttert oder mussten Fäkalien fressen. In mittelalterlichen Städten wurden Schweine sogar hauptsächlich zu diesem Zweck gehalten, da es keine Kanalisation und keine Müllabfuhr gab. Zur Versorgung der wachsenden Bevölkerung mussten immer mehr Ackerflächen gewonnen werden. Dazu wurden Wälder abgeholzt, die *Weidehaltung* von Schweinen ging zurück und die **Stallhaltung** wurde üblich.Heute werden Schweine zu vielen Hunderten in riesigen Stallungen untergebracht. Man nennt das **Intensivhaltung.** Die Tiere stehen eng gedrängt auf Betonplatten, die mit Spalten durchsetzt sind und mit Stroh leicht bedeckt werden. Durch die Spalten fällt das mit Harn und Kot beschmutzte Stroh hindurch. Da die Schweine häufig gefüttert werden und wenig Bewegung haben, nehmen sie schnell an Gewicht zu. Die Intensivhaltung ist weniger arbeitsaufwändig, so dass Schweinefleisch billig produziert werden kann. Schweine sind aber empfindliche Tiere, die durch den Bewegungsmangel, das ständige Fressen und den Stress in der Mastanlage krankheitsanfällig werden. Zur Vorbeugung bekommen sie deshalb viele Medikamente, von denen nach dem Schlachten oft Rückstände im Fleisch bleiben und in unseren Körper gelangen.

1 Weidehaltung von Schweinen. A Schweinehut im Freilichtmuseum; **B** Futtersuche im Eichenwald

2 Intensivhaltung bei der Schweinemast. A geschlossener Stall mit Spaltboden; **B** Breifütterung durch Automaten

Ein gesteigertes Gesundheitsbewusstsein der Menschen und zunehmendes Interesse an den Auswirkungen der industriellen Massentierhaltung haben zur Entwicklung der **ökologischen Viehwirtschaft** geführt. Dort wird eine artgerechte Haltung angestrebt. Die Ställe sind hell und luftig, die Schweine bekommen gesünderes Futter und haben regelmäßig Auslauf. Außerdem ist der vorbeugende Einsatz von Medikamenten verboten. Dadurch ist Biofleisch aber auch etwas teurer.

Die Hühner liefen früher frei auf dem Hof herum und scharrten und pickten überall nach Nahrung, besonders gern auf dem Misthaufen. Weggesperrt wurden nicht die Hühner, sondern alles, was sie nicht fressen durften. Gefüttert wurden die Tiere nur bei Schnee und strenger Kälte und mussten sich sonst ihr Futter selbst suchen. Zur Nacht schlüpften sie in den Hühnerstall und schliefen auf erhöhten Schlafstangen. Ihre Eier versteckten sie nicht nur im Stall, aber die Menschen kannten ihre Lieblingsplätze bald. Durch diese Form der *Freilandhaltung* konnten die Menschen ihren Eigenbedarf an Hühnerfleisch und Eiern decken. Heute leben die meisten Hühner als Legehennen in **Käfighaltung.** In einer **Legebatterie** leben die Hühner in kleinen Käfigen und stehen auf Gitterböden, durch die der Kot hindurchfällt. Das Einsammeln der Eier und die Versorgung mit Futter und Wasser erfolgen automatisch. Die meisten dieser Ställe haben keine Fenster. Spätestens ab 2010 müssen die Käfige wenigstens Sitzstangen und Nester enthalten und auch etwas mehr Platz bieten, ab 2012 sind auch diese Käfige verboten

Die **Bodenhaltung** ist für Hühner besser geeignet. Die Vögel werden im Stall gehalten und können sich frei bewegen. Mindestens ein Drittel des Stalls ist eingestreut. Hier können die Hennen ihre angeborenen Verhaltensweisen wie Scharren, Staubbaden und Flügelschlagen ausüben. Bei der *Freilandhaltung* haben die Hühner im Stall Sitzstangen, Nester, Streu und tagsüber Auslauf im Freien. Hier können sie ihre natürlichen Verhaltensweisen und ihr Bewegungsbedürfnis ungehindert ausleben. In der ökologischen Viehwirtschaft ist diese Haltungsform vorgeschrieben.

1 Alle Eier, die verkauft werden, haben einen Aufdruck. Finde die Bedeutung dieses Erzeugercodes heraus.

2 Diskutiert, ob man bestimmte Eier beim Kauf bevorzugen sollte.

3 Im Supermarkt findet man sehr unterschiedliche Preise für Hühnereier. Begründe, wie es zu diesen Preisunterschieden kommt.

3 Hühnerhaltung. **A** Hühner in Freilandhaltung auf dem Misthaufen; **B** moderne Freilandhaltung

4 Käfighaltung in sogenannten »Kleinvolieren«

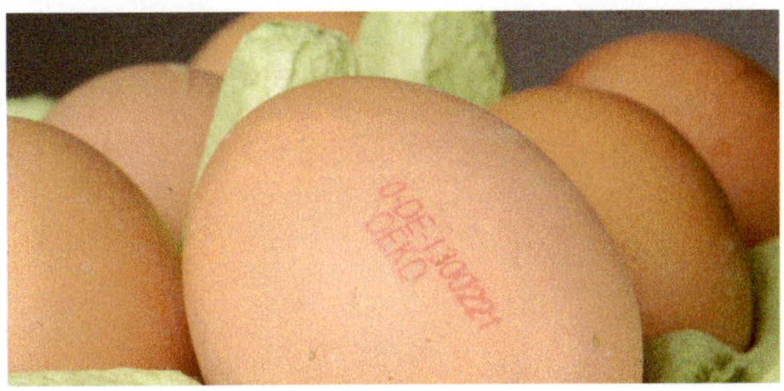

5 Hühnerei mit Erzeugercode

Wir wenden die Erschließungsfelder auf Säugetiere an

Betrachtet man eine Tiergruppe wie die Säugetiere, ist die Vielfalt an Arten mit unterschiedlichen Körperformen, Merkmalen und Färbungen riesengroß. Vergleicht man aber die Gebisse, die Ernährungsweisen und den Aufbau der Gliedmaßen, können vielfach Übereinstimmungen erkannt werden. Diese führen zu bestimmten biologischen Prinzipien. Weil sich solche biologischen Prinzipien allgemein anwenden lassen und man aus ihnen weitere Zusammenhänge erschließen kann, bezeichnet man sie als **Erschließungsfelder.** Viele biologische Sachverhalte können mit Hilfe der Erschließungsfelder leichter verstanden und besser im Gedächtnis behalten werden.

Erschließungsfeld Struktur und Funktion

Das Gebiss von Säugetieren ist je nach Ernährungsweise unterschiedlich aufgebaut. So dienen die Zähne eines Tigers zum Fangen und Zerreißen einer Beute. Die Schneidezähne sind sehr klein. Mit ihnen kann der Tiger Fleischfetzen von Knochen ablösen. Die langen, spitzen Eckzähne haben die Aufgabe, die Beute festzuhalten und zu töten. Die scharfkantigen Backenzähne ermöglichen das Zerreißen der Beute. Der Bau des Gebisses (= Struktur) steht also in Zusammenhang mit seiner Aufgabe (= Funktion).

Erschließungsfeld Vielfalt

Auf der Erde gibt es heute etwa 5500 Arten von Säugetieren. Zu ihnen gehört auch der Mensch. Wichtigste Kennzeichen der Säugetiere sind das Säugen der Nachkommen mit Milch und der Besitz von Haaren, die ein mehr oder weniger dichtes Fell bilden. Säugetiere findet man in fast allen Lebensbereichen. So leben zum Beispiel Giraffen in der Steppe, Nacktmulle in unterirdischen, selbstgegrabenen Gängen, Blauwale im Meer und Flughunde bewegen sich im Luftraum tropischer Regenwälder.

Erschließungsfeld Information

Schimpansen verständigen sich in ihrer Gruppe durch vielerlei Signale wie zum Beispiel Berührungen, Gesten oder Laute. Beim Anblick einer Schlange reagiert ein Schimpanse mit Kreischen und warnt dadurch die Gruppenmitglieder. Es werden also Informationen zwischen Artgenossen ausgetauscht beziehungsweise Signale von einem Sender zu einem Empfänger übertragen. Aber auch Vorgänge innerhalb eines Lebewesens wie zum Beispiel die Aufnahme von Reizen durch Sinnesorgane und die Verarbeitung im Gehirn gehören zum Erschließungsfeld Information.

Erschließungsfeld Angepasstheit

Die Vielfalt der Säugetiere wird vor allem durch Unterschiede in ihrem Körperbau, ihrer Färbung und ihrem Verhalten bedingt. Die mit den Elefanten verwandten Seekühe (Sirenen) beispielsweise können hervorragend schwimmen und tauchen. Ihre Vorderbeine sind zu breiten Flossen umgeformt. Hinterbeine fehlen, aber der Schwanz bildet eine mächtige Schwanzflosse. Durch den stromlinienförmigen Körper und die haarlose Haut ist der Wasserwiderstand äußerst gering. So sind Seekühe an das Leben im Wasser bestens angepasst.

Erschließungsfeld Fortpflanzung

Bei den Säugetieren entwickeln sich die Jungtiere im Körper der Mutter und werden nach der Geburt mit Milch aus den Milchdrüsen ernährt. Die Jungtiere mancher Arten sind bereits bei der Geburt weit entwickelt und recht selbstständig. Man bezeichnet sie als Nestflüchter. Nesthocker sind dagegen weniger entwickelt und sind auf eine intensive Brutpflege durch die Eltern angewiesen.

Erschließungsfeld Wechselwirkungen

Wenn eine Katze eine Maus fängt und frisst, zieht die Katze einen Vorteil aus dieser Beziehung, die Maus jedoch hat einen deutlichen Nachteil. Dagegen haben in der Beziehung zwischen Hauskatze und Mensch beide Partner Vorteile. Diese Beziehungen sind Teile der Wechselwirkungen zwischen Lebewesen und ihrer Umwelt.

Register

Grüne Seitenzahlen weisen auf ausführliche Behandlung im Text hin; f. = die folgende Seite; ff. = die folgenden Seiten.

Q

R

S

T

U

Bildquellen

Cover (Graugans): Vario Images, Bonn; Cover (Teich): TopicMedia Service, Ottobrunn (Wegner); 8.1: Konopka; 8.2: Okapia, Frankfurt (Labat-Lanceau/Cogis); 9.1: Reinhard-Tierfoto, Heiligkreuzsteinach; 9.2: Joachim Dobers, Walsrode/Krelingen; 9.3: Okapia, Frankfurt (Nigel Cattlin/Holt Studios); 10.2 A: mauritius images, Mittenwald (Weyer); 10.2 B: Picture-Alliance, Frankfurt (Ehlers/dpa); 10.2 C: Konopka; 12.1: Dr. Thomas Huk, Braunschweig; 12.2: Okapia, Frankfurt (Janfot/Naturbild); 12.3: Okapia, Frankfurt (Nigel Cattlin/Holt Studios); 12.5: Okapia, Frankfurt (Kjell-Arne Larsson); 12.6: Okapia, Frankfurt (Jeffrey Rotman/SAVE); 14.1 A: mauritius images, Mittenwald (Oxford Scientific); 14.1 B: Reinhard-Tierfoto, Heiligkreuzsteinach; 15.1 C: mauritius images, Mittenwald (Steve Bloom Images); 15.1 D: Okapia, Frankfurt (Nigel Cattlin/Holt Studios); 15.1 E: Okapia, Frankfurt (Hans Reinhard); 15.1 F: Okapia, Frankfurt (J. C. Révy/ISM); 15.1 G: mauritius images, Mittenwald (Tsuneo Nakamura); 16.1 A: Okapia, Frankfurt (NAS/H. A. Miller); 16.1 B: TopicMedia Service, Ottobrunn (Willner); 18.1: Optisches Museum der Ernst-Abbe-Stiftung, Jena; 18.2: Wildlife, Hamburg (D. Harms); 18.2 B: Okapia, Frankfurt (Moll); 18.3: F1online, Frankfurt (Ojo Images); 19.2: Okapia, Frankfurt (Manfred Danegger); 19.3: StockFood GmbH, München (Peter Rees); 20.1: TopicMedia Service, Ottobrunn (Bienert); 20.2: Corbis, Düsseldorf (Ocean); 21.1: Picture-Alliance, Frankfurt (ZB); 21.2: Okapia, Frankfurt (Nigel Cattlin/Holt Studios); 21.3: vario images, Bonn; 22.1: Tierbildarchiv Angermayer, Holzkirchen (Pfletschinger); 22.2: Hippocampus Bildarchiv, Seeheim-Jugenheim; 22.3: F1online, Frankfurt (Stuart Westmorland/AGE); 23.1: Okapia, Frankfurt (Friedrich Saurer); 23.2: Heidi & Hans-Jürgen Koch, Freiburg; 24.2: Sea Tops, Karlsruhe (Mark Conlin); 24.3: Bildagentur Huber, Garmisch-Partenkirchen; 25.1: Institut für Meeresforschung der Universität Kiel, Kiel; 25.3: Dr. Manfred Keil/Lichtbild-Archiv, Neckargemünd; 25.4: Okapia, Frankfurt (Ikan); 26.1: Okapia, Frankfurt (Reinhard); 26.2: Reinhard-Tierfoto, Heiligkreuzsteinach; 26.3: Tierbildarchiv Angermayer, Holzkirchen (Reinhard); 26.4: TopicMedia Service, Ottobrunn (Gross); 27.1: Bildagentur Geduldig, Maulbronn; 27.2: Rolf Kopfle – rk-press photo, Telkwa; 28.1: Okapia, Frankfurt (Christen); 33.1 A, 33.1 B: WaterFrame, München (Wolfgang Poelzer); 34.1: Picture-Alliance, Frankfurt (Okapia); 35.3 A: Okapia, Frankfurt (Frank Hecker); 35.3 B: Okapia, Frankfurt (Christen); 36.1: Bernd Blume, Mockrehna, OT Klitzschen; 36.2: Blickwinkel, Witten (F. Hecker); 36.3: Uwe Schmid-Fotografie, Duisburg; 36.4: Blickwinkel, Witten (M. Henning); 37.5: vario images, Bonn; 37.6: bildagentur-online, Burgkunstadt; 37.7: Hans Blossey – Luftbildfotografie, Hamm; 41.1: Okapia, Frankfurt (Nill); 42.1 A, 42.1 B: Tierbildarchiv Angermayer, Holzkirchen (Pfletschinger); 42.1 C: Rolf Wellinghorst, Quakenbrück; 42.1 D, 44.1: Tierbildarchiv Angermayer, Holzkirchen (Pfletschinger); 46.1: Alois Greiner, Braunschweig (Schrempp); 46.3, 47.5: Tierbildarchiv Angermayer, Holzkirchen (Hans Pfletschinger); 48.1, 49.3, 50.1: Reinhard-Tierfoto, Heiligkreuzsteinach; 50.2 A: mauritius images, Mittenwald (Lacz); 50.2 B: Okapia, Frankfurt (Herbert Schwind); 50.2 C: Okapia, Frankfurt (A. & M. Shah); 50.2 D: Okapia, Frankfurt (NAS/Tom McHugh); 50.2 E: mauritius images, Mittenwald (Lacz); 51.3: Reinhard-Tierfoto, Heiligkreuzsteinach; 52.1: Juniors, Ruhpolding; 52.2: Arco Images GmbH, Lünen (NPL); 52.3: Biosphoto, Berlin (Thouvenin Claude); 53.1: Okapia, Frankfurt (Martinez); 53.2: Okapia, Frankfurt (Reinhard); 53.3: Tierbildarchiv Angermayer, Holzkirchen (Pfletschinger); 53.4: mauritius images, Mittenwald (Reinhard); 56.2: Wildlife, Hamburg (W. Poelzer); 57.3 A: Blickwinkel, Witten (A. Hartl); 57.3 B: Juniors, Ruhpolding; 57.4: Okapia, Frankfurt (Jonathan Fieber); 58.1: Focus Photo- u. Presseagentur, Hamburg (Tom McHugh / Nature Source); 59.1: Blickwinkel, Witten (Hecker/Sauer); 59.2: magics, Grafing (Peter Schatz); 60.1: wikipedia.org (Nobu Tamura/ArthurWeasley); 60.2: Astrofoto, Sörth; 62.2: Focus Photo- u. Presseagentur, Hamburg (Photo Researchers/Gilbert S. Grant); 62.3: Tierbildarchiv Angermayer, Holzkirchen; 65.1: Naturbildportal, Hannover (Aschemann); 66.1: Focus Photo- u. Presseagentur, Hamburg (Scimat/Photo Researchers); 67.1: Picture-Alliance, Frankfurt (dpa); 67.2: Martin Bilfinger, Wolfratshausen; 68.1: mauritius images, Mittenwald (Oxford Scientific); 69.1: Reinhard-Tierfoto, Heiligkreuzsteinach; 69.2: Okapia, Frankfurt (Dr. Hermann Brehm); 69.3: mauritius images, Mittenwald (Chrile); 69.4: Tierbildarchiv Angermayer, Holzkirchen (Rudolf Schmidt); 70.1: Wildlife, Hamburg (R. Usher); 71.1: Okapia, Frankfurt (Dietmar Nill); 71.2: Okapia, Frankfurt (Hans Reinhard); 71.3: TopicMedia Service, Ottobrunn (Thielscher); 71.4: Okapia, Frankfurt (Pölking); 72.1: Okapia, Frankfurt (Dietmar Nill/SAVE); 73.2: Okapia, Frankfurt (Jens-Peter Laub); 74.1: Reinhard-Tierfoto, Heiligkreuzsteinach; 75.1 A, 75.1 B, 75.1 C, 75.1 D: Dr. Manfred Keil/Lichtbild-Archiv, Neckargemünd; 76.1: Okapia, Frankfurt (Wolfgang Lummer); 77.1: Minkus Images, Isernhagen; 78.1: mauritius images, Mittenwald (Oxford Scientific); 79.3: TopicMedia Service, Ottobrunn (Wilmshurst); 79.4: Okapia, Frankfurt (P. Laub); 80.1: Okapia, Frankfurt (W. Paton/Survival OSF); 80.2: Okapia, Frankfurt (Alain Saunier); 80.3: TopicMedia Service, Ottobrunn (Nill); 80.4: Tierbildarchiv Angermayer, Holzkirchen (Hans Reinhard); 81.1: Juniors, Ruhpolding; 85.1 A: F1online, Frankfurt (Alaskastock RM); 85.1 B: Bildagentur Geduldig, Maulbronn; 85.1 C: mauritius images, Mittenwald (Fritz); 85.1 D: mauritius images, Mittenwald (Nill); 85.1 F: Picture-Alliance, Frankfurt (dpa); 86.1: mauritius images, Mittenwald (imagebroker.net); 86.2 A: mauritius images, Mittenwald (imagebroker.net); 86.2 B: mauritius images, Mittenwald (Markus Mitterer); 89.1: Okapia, Frankfurt (Peter Weimann); 89.2: Reinhard-Tierfoto, Heiligkreuzsteinach; 90.1: Juniors, Ruhpolding (M. Wegler); 90.2: Okapia, Frankfurt (J-L Klein & M-L Hubert); 90.3: TopicMedia Service, Ottobrunn (J & C Sohns); 90.4: Tierbildarchiv Angermayer, Holzkirchen; 92.1: Monika Wegler, München; 96.1: Minkus Images, Isernhagen; 97.1 A, 97.1 B, 97.1 C: DK Images, London; 97.2 A: TopicMedia Service, Ottobrunn (Stadler); 97.2 B: Kerstin Plosz; 97.3 A, 97.3 B: Alois Greiner, Braunschweig; 98.1: Erdmann, Bad Sachsa; 98.2: TopicMedia Service, Ottobrunn (Nagel); 100.1: Focus Photo- u. Presseagentur, Hamburg (David R. Frazier/Nature Source); 102.1: Okapia, Frankfurt (Hans Reinhard); 103.6: Reinhard-Tierfoto, Heiligkreuzsteinach; 105.3 A: Okapia, Frankfurt (Paul Hobson/FLPA/Holt St.); 105.3 B: Dr. Manfred Keil/Lichtbild-Archiv, Neckargemünd; 106.1: Tierbildarchiv Angermayer, Holzkirchen (Edgar Mönch); 108.1: Okapia, Frankfurt (Laßwitz/Naturbild); 108.2: Okapia, Frankfurt (Seitre); 109.4: Okapia, Frankfurt (Tony Bomford/OSF); 110.3 A: Okapia, Frankfurt (Thielscher); 110.3 B: mauritius images, Mittenwald (Lacz); 111.1: Blickwinkel, Witten (E. Menz); 111.2: Wildlife, Hamburg (O. Diez); 111.3: Blickwinkel, Witten (A. Hartl); 111.4: Biosphoto, Berlin (Roger Puillandre); 112.1: dieKLEINERT, München (Arnold Metzinger); 114.1: Okapia, Frankfurt (G. Ziesler); 116.1: TopicMedia Service, Ottobrunn (A. N. T.); 118.1: Jürgen Ritterbach, Düren; 121.1: Tierbildarchiv Angermayer, Holzkirchen (Schmidt); 122.1: Catprint Media GmbH, Langenhagen; 122.2: Boehme; 123.1: Harald Drös, Heidelberg; 124.1: Lappan Verlag, Oldenburg (J. Bauer); 124.2 A: mauritius images, Mittenwald (age fotostock); 124.2 B: mauritius images, Mittenwald (Heidi Velten); 124.2 C, 125.4, 125.5: Minkus Images, Isernhagen; 130.1: Johannes Lieder, Ludwigsburg; 131.1: Minkus Images, Isernhagen; 132.1: Okapia, Frankfurt (NAS/David M. Philipps); 133.3: mauritius images, Mittenwald (Phototake); 133.4 B: Albert Bonniers Förlag, Stockholm (Lennart Nilsson); 134.1: Okapia, Frankfurt (NAS/Russel D. Curtis); 135.1 B: mauritius images, Mittenwald (Kai Mahrholz); 136.1: mauritius images, Mittenwald (Stock Image); 137.1: PhotoAlto, Berlin (Odilon Dimier); 137.2 B: Klaus G. Kohn, Braunschweig; 138.1, 141.1: Minkus Images, Isernhagen; 142.1: Dr. E. Philipp, Berlin; 142.2: Picture-Alliance, Frankfurt (ZB); 142.3: Picture-Alliance, Frankfurt (dpa); 142.4, 143.1: Minkus Images, Isernhagen; 143.2: Okapia, Frankfurt (Lenz); 143.3: alimdi.net, Deisenhofen (Silwen Randebrock); 143.4: Arco Images GmbH, Lünen (Huetter); 144.1: Okapia, Frankfurt (Manfred Klindwort); 145.3: Karlheinz Oster, Mettmann; 146.1: Corbis, Düsseldorf (Dr. Richard Kessel & Dr. Gene); 148.1 B: Uwe Anders, Cremlingen/Destedt; 149.1: mauritius images, Mittenwald (Eugen Gebhardt); 151.2: Dr. Joachim Jaenicke, Rodenberg; 152.1 A: Wildlife, Hamburg (D. Harms); 153.1 E: mauritius images, Mittenwald (imagebroker.net); 154.1: Imagepoint.biz (Günther Wannenmacher); 155.4 A: Wildlife, Hamburg (Delpho); 155.4 B: mauritius images, Mittenwald (Karl Gottfried Vock); 156.1: Okapia, Frankfurt (Ernst Schacke/Naturbild); 156.2 A: Wildlife Bildagentur GmbH, Hamburg; 156.2 B: Okapia, Frankfurt (Fritz Hanneforth); 156.2 C: Wildlife, Hamburg (Lanes P. Albert); 157.1: Wildlife, Hamburg (D. Harms); 157.2: Wildlife, Hamburg (R. Usher); 157.3: mauritius images, Mittenwald (CuboImages); 157.4: mauritius images, Mittenwald (Botanica); 159.1: Minkus Images, Isernhagen; 160: Michael Fabian, Hannover; 160.1, 160.2: Juniors, Ruhpolding (Steimer); 160.3: Vitakraft-Werke, Bremen; 161.1: picture-alliance, Frankurt (dpa); 162.1: Wildlife, Hamburg (G. Delpho); 163.4: Okapia, Frankfurt (Foto Spring); 164.3 A: Institut für Vogelforschung – Vogelwarte, Helgoland; 164.3 B: Okapia, Frankfurt (Dr. Pott); 165.4 A: Focus Photo- u. Presseagentur, Hamburg (Jim Zipp/NatureSource); 165.4 B: Focus Photo- u. Presseagentur, Hamburg (Richard R. Hansen/NatureSource); 165.4 C: mauritius images, Mittenwald (Martin Siepmann); 167.3: TopicMedia Service, Ottobrunn (Danegger); 169.3 A: Reinhard-Tierfoto, Heiligkreuzsteinach; 169.3 B: Okapia, Frankfurt (Owen Newman/OSF); 169.4: Reinhard-Tierfoto, Heiligkreuzsteinach; 170.1: mauritius images, Mittenwald (Reinhard Dirscherl); 171.1: Picture-Alliance, Frankfurt (Okapia); 171.2: Picture-Alliance, Frankfurt (NHPA/photoshot); 171.3: mauritius images, Mittenwald (age); 171.4: mauritius images, Mittenwald (imagebroker.net); 172.1: vario images, Bonn; 175.3: Corbis, Düsseldorf (Ray Nelson/MedNet); 175.4 A, 175.4 B: Natural History Museum, London (Kokoro); 175.5: Focus Photo- u. Presseagentur, Hamburg (Garlick/SPL); 178.1 A: Siegfried Kuttig, Lüneburg; 178.1 B: fotosearch.com (age fotostock); 179.1: transit – Fotografie und Archiv, Leipzig (Peter Hirth); 180.1: agrar-press, St. Goar; 181.1: A1PIX / Your Photo Today, Taufkirchen; 181.2: Reinhard-Tierfoto, Heiligkreuzsteinach; 181.3: Uwe Tönnies, Laatzen; 181.4: mauritius images, Mittenwald (Ludwig Mallaun); 182.1 A: Juniors, Ruhpolding; 182.1 B: Heidi & Hans-Jürgen Koch, Freiburg; 182.2 A: vario images, Bonn; 182.2 B: ecopix-Fotoagentur, Berlin (Andreas Gebert); 183.3 A: Wildlife, Hamburg (D. Harms); 183.3 B, 183.4: vario images, Bonn; 183.5: argus, Hamburg (Fred Dott); 184.1: Blickwinkel, Witten (H. Schmidbauer); 184.2: Michael Friedel, Dietramszell-Steingau; 184.3: Biosphoto, Berlin (Cole Brandon); 184.4: Juniors, Ruhpolding; 184.5: Zoonar.com, Hamburg (Alfred Schauhuber); 185.1: Zoonar.com, Hamburg (Michael Krabs); 185.2: Wildlife, Hamburg (S. Muller).